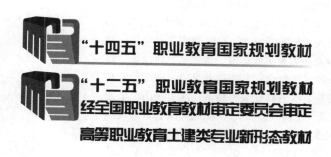

"十四五"职业教育国家规划教材

"十二五"职业教育国家规划教材
经全国职业教育教材审定委员会审定

高等职业教育土建类专业新形态教材

房屋建筑构造

第5版

主　编　孙玉红

副主编　梁　媛　陈天柱　韩古月

参　编　张志民　刘海丰

主　审　赵　研

机 械 工 业 出 版 社

本书分"民用建筑构造""工业建筑构造"两大部分共十三个单元，从职业教育的特点和培养高技能人才的实际出发，尽量做到重点突出，并注重实用性，结合工程和专业特点，加入了新标准、新工艺、新技术、新材料的内容，做到了理论与实践的有机结合，开拓读者思路，满足读者在理论、技能两方面能力培养的需要。本书具有编写精炼、深入浅出、适用面广的特点，非常适合目前课时条件下的教学要求，可用作职业教育（高职专科、高职本科）、继续教育土建类专业教学用书（推荐学时数为 60~80 学时，各院校可根据实际情况决定内容的取舍），也可作为广大自学者及从事土木建筑设计和施工人员的参考书。

图书在版编目（CIP）数据

房屋建筑构造/孙玉红主编. —5 版. —北京：机械工业出版社，2023. 11 （2025. 1 重印）

高等职业教育土建类专业新形态教材

ISBN 978-7-111-74043-8

Ⅰ.①房…　Ⅱ.①孙…　Ⅲ.①建筑构造-高等职业教育-教材　Ⅳ.①TU22

中国国家版本馆 CIP 数据核字（2023）第 191380 号

机械工业出版社（北京市百万庄大街 22 号　邮政编码 100037）
策划编辑：常金锋　　　　　　责任编辑：常金锋　陈将浪
责任校对：张爱妮　陈越　　　封面设计：陈沛
责任印制：刘媛
唐山三艺印务有限公司印刷
2025 年 1 月第 5 版第 4 次印刷
184mm×260mm·20 印张·491 千字
标准书号：ISBN 978-7-111-74043-8
定价：59.00 元

电话服务　　　　　　　　　网络服务
客服电话：010-88361066　　机 工 官 网：www.cmpbook.com
　　　　　010-88379833　　机 工 官 博：weibo.com/cmp1952
　　　　　010-68326294　　金 书 网：www.golden-book.com
封底无防伪标均为盗版　　机工教育服务网：www.cmpedu.com

关于"十四五"职业教育
国家规划教材的出版说明

为贯彻落实《中共中央关于认真学习宣传贯彻党的二十大精神的决定》《习近平新时代中国特色社会主义思想进课程教材指南》《职业院校教材管理办法》等文件精神，机械工业出版社与教材编写团队一道，认真执行思政内容进教材、进课堂、进头脑要求，尊重教育规律，遵循学科特点，对教材内容进行了更新，着力落实以下要求：

1. 提升教材铸魂育人功能，培育、践行社会主义核心价值观，教育引导学生树立共产主义远大理想和中国特色社会主义共同理想，坚定"四个自信"，厚植爱国主义情怀，把爱国情、强国志、报国行自觉融入建设社会主义现代化强国、实现中华民族伟大复兴的奋斗之中。同时，弘扬中华优秀传统文化，深入开展宪法法治教育。

2. 注重科学思维方法训练和科学伦理教育，培养学生探索未知、追求真理、勇攀科学高峰的责任感和使命感；强化学生工程伦理教育，培养学生精益求精的大国工匠精神，激发学生科技报国的家国情怀和使命担当。加快构建中国特色哲学社会科学学科体系、学术体系、话语体系。帮助学生了解相关专业和行业领域的国家战略、法律法规和相关政策，引导学生深入社会实践、关注现实问题，培育学生经世济民、诚信服务、德法兼修的职业素养。

3. 教育引导学生深刻理解并自觉实践各行业的职业精神、职业规范，增强职业责任感，培养遵纪守法、爱岗敬业、无私奉献、诚实守信、公道办事、开拓创新的职业品格和行为习惯。

在此基础上，及时更新教材知识内容，体现产业发展的新技术、新工艺、新规范、新标准。加强教材数字化建设，丰富配套资源，形成可听、可视、可练、可互动的融媒体教材。

教材建设需要各方的共同努力，也欢迎相关教材使用院校的师生及时反馈意见和建议，我们将认真组织力量进行研究，在后续重印及再版时吸纳改进，不断推动高质量教材出版。

机械工业出版社

前　言

本书自 2003 年出版以来，历经了 4 次修订，累计印刷 18 万余册，深受广大院校师生的厚爱与好评。本书第 2 版为普通高等教育"十一五"国家级规划教材，辽宁省精品教材；本书第 3 版为"十二五"职业教育国家规划教材；本书第 4 版为"十四五"职业教育国家规划教材。

本书在此次修订过程中，编者队伍深入学习贯彻党的二十大精神，依据建筑工程技术专业教学标准的要求，以施工员、质量员等岗位能力需求为导向，结合党的二十大报告中提出的"实施科教兴国战略，强化现代化建设人才支撑"，努力培养学生劳动意识、爱岗敬业的职业精神和精益求精的大国工匠精神；深入落实立德树人根本任务，书中融入了新理念、新材料、新技术、新规范，并进行了教学内容重构，对接建筑业高质量发展和转型升级需求。

此次修订的主要内容如下：

1. 秉持深化教育领域综合改革，加强教材建设和管理的思想——本书对第 4 版中有关排版、内容等方面存在的纰漏和差错进行了校正。

2. 秉持制度化、规范化、程序化全面推进的思想，强调建筑工程的一切活动必需以现行规范和标准为引领，实现制度化、规范化、程序化操作，杜绝一切违章、违法、违规——本书对各部分过时、作废的内容进行了删减，并根据现行的规范对相关内容进行了修改。

3. 秉持完整、准确、全面贯彻新发展理念，着力推动高质量发展，主动构建新发展格局，蹄疾步稳推进改革的思想——本书增加了近年来广泛应用的新材料、新技术、新工艺、新设备方面的内容。

4. 秉持加强企业主导的产学研深度融合，强化目标导向的思想——本书编写团队引入企业专家，校企共同合作开发教材，以行业特色调整教材内容，按"知识目标""能力目标"整合知识和技能，进一步突出职业教育特色，构建理实一体化，使教材更适用于教学。

5. 坚持推进教育数字化的思想——本书强化立体化教材建设，将"互联网+职业教育"的理念应用到教材信息化建设中，教材配套资源见下表。选用本书作为教材的老师可登录机械工业出版社教育服务网 www.cmpedu.com 获取。

所在单元	资源名称		
	视频	图文	其他资源
单元一	建筑物的分类		1. 课程标准
单元二	基础的埋置深度及其影响因素		2. 参考教案
		地下室的分类	3. PPT 课件
单元三	墙体的类型		4. 模拟试卷及参考答案
		轻质隔墙与幕墙	

（续）

所在单元	资源名称		
	视频	图文	其他资源
单元四	楼板的类型		
		楼板层的细部构造	
单元五	楼梯构造设计内容		
		电梯与自动扶梯	
单元六	门窗的构造设计要求		1. 课程标准
		门的分类	2. 参考教案
单元七		阳台与雨篷	3. PPT 课件
单元八		屋面保温层	4. 模拟试卷及参考答案
单元十	单层工业厂房的结构组成及内部的起重运输设备		
单元十一	单层工业厂房的基础与基础梁		
单元十二		厂房大门构造	
	天窗		
单元十三	门式刚架		

　　本书第 5 版由沈阳科技学院孙玉红教授任主编，石家庄职业技术学院梁嫒和辽宁建筑职业学院陈天柱、韩古月任副主编，石家庄铁道大学张志民、中建二局第一建筑工程有限公司刘海丰参加了编写工作。具体分工为：单元一、单元二、单元十、单元十一、单元十二由孙玉红编写，单元三、单元五由梁嫒编写，单元四、单元六由陈天柱编写，单元七、单元十三由韩古月编写，单元八由张志民编写，单元九由刘海丰编写。

　　黑龙江建筑职业技术学院赵研教授对本书的修订稿进行了审阅，在此表示衷心的感谢！

　　鉴于编者水平有限，有不当之处，敬请广大读者批评指正。

编　者

二维码清单

名称	二维码	名称	二维码
建筑物的分类		门窗的构造设计要求	
基础的埋置深度及其影响因素		单层工业厂房的结构组成及内部的起重运输设备	
墙体的类型		单层厂房的基础与基础梁	
楼板的类型		天窗	
楼梯构造设计内容		门式刚架	

目　录

第一部分　民用建筑构造

单元一

概述

单元二

地基与基础

单元三

墙体

单元八

屋顶

单元九

装配式混凝土建筑构造

第二部分　工业建筑构造

单元十

工业建筑概述

单元十一

单层工业厂房的主要结构构件

第一部分　民用建筑构造

单元一

概　述

1.1 ▶ 建筑的基本构成要素和我国的建筑方针

一、建筑的基本构成要素

构成建筑的基本要素是建筑功能、建筑技术和建筑形象，通常称为建筑的三要素。

建筑功能是建筑的物质和精神方面的具体使用要求，它体现着建造建筑物的目的性。例如建造工厂是为了生产的需要，建造住宅是为了居住、生活和休息的需要，建造学校是为了学生学习的需要，建造影剧院是为了文化生活的需要等。因此，不同类型的建筑总有不同的建筑功能，随着人类社会的发展，物质和文化水平的提高，人们对建筑功能的要求也日益提高。

建筑技术包括建筑材料、结构与构造、设备、施工技术等有关方面的内容。建筑不可能脱离建筑技术而存在，结构和材料构成了建筑的骨架；设备是保证建筑达到某种要求的技术条件；施工是保证建筑实施的重要手段；建筑功能的实施离不开建筑技术的保证。

随着社会生产和科学技术的不断发展，各种新材料、新结构、新设备不断出现，施工工艺也在不断更新。

建筑形象包括建筑内部空间组合、建筑外部体形、立面构图、细部处理、材料的色彩和质感及装饰处理等内容。建筑形象处理得当，能产生良好的艺术效果，给人以感染力和美的享受，如庄严雄伟、朴素大方、简洁明快、生动活泼等不同的感觉，这就是建筑形象的魅力。另外，建筑形象还不可避免地反映社会和时代的特点，不同时期、不同地域、不同民族的建筑具有不同的建筑形象，从而形成不同的建筑风格和特色。

建筑的三要素彼此之间是辩证统一的关系，既相互依存，又有主次之分。第一是建筑功能，是起主导作用的因素；第二是建筑技术，是达到目的的手段，同时建筑技术对建筑功能具有约束和促进的作用；第三是建筑形象，是建筑功能和建筑技术在形式美方面的反映，在同样的建筑功能和建筑技术条件下，可创造出不同的建筑形象。

二、我国的建筑方针

1986 年，建设部明确指出建筑业的主要任务是"全面贯彻适用、安全、经济、美观"的方针。

"适用"是指恰当的建筑面积，合理的布局，必需的技术设备，良好的设施以及保温、隔声的环境。

"安全"是指结构的安全度，建筑物耐火等级及防火设计、建筑物的耐久年限等应符合相关要求。

"经济"主要是指经济效益，它包括节约建筑造价，降低能源消耗，缩短建设周期，降低运行、维修和管理费用等，既要注意建筑物本身的经济效益，又要注意建筑物的社会和环境的综合效益。

"美观"是指在适用、安全、经济的前提下，把建筑美和环境美作为设计的重要内容，搞好室内外环境设计，为人民创造良好的工作和生活条件。

1.2 ▷ 建筑物的分类

微课：建筑物的分类

建筑通常是建筑物与构筑物的总称。建筑物是指供人们在其中生产、生活或进行其他活动的房屋或场所，如住宅、办公楼、厂房、教学楼等。构筑物是指人们不直接在其内部进行生产、生活活动的建筑，如水塔、堤坝、蓄水池、栈桥、烟囱等。建筑物可以按不同的方法进行分类。

一、按建筑物的使用功能分类

1. 民用建筑

（1）居住建筑　居住建筑是指供人们生活起居的建筑物，如宿舍、住宅、公寓等。

（2）公共建筑　公共建筑是指供人们进行各种社会活动的非生产性建筑物，如办公楼、医院、图书馆、商店、影剧院等。

2. 工业建筑

工业建筑是指各类生产用房和为生产服务的附属用房，如钢铁、机械、化工、纺织、食品等工业企业中的生产车间及发电站、锅炉房等。

3. 农业建筑

农业建筑是指用于农业、牧业生产和加工的建筑，如粮库、畜禽饲养场、温室、农机修理站等。

4. 园林建筑

园林建筑是指建造在园林内供游憩用的建筑物，如亭、台、楼、阁、厅等。

二、按主要承重结构所用的材料分类

1. 木结构建筑

该类建筑物的主要承重构件均用圆木、方木等木材制作，并通过接榫、螺栓、销、键等连接。这种结构多用于古建筑和旅游性建筑。

2. 混合结构建筑

该类建筑物的主要承重构件由两种及两种以上不同材料组成，如砖墙和木楼板的砖木结构、砖墙和钢筋混凝土楼板的砖混结构等。其中，砖混结构应用较多，适用于六层及以下的多层建筑。

3. 钢筋混凝土结构建筑

该类建筑物的主要承重构件（梁、楼板、柱）全部采用钢筋混凝土制作，而非承重墙用空心砖或其他轻质材料。钢筋混凝土结构建筑又分为框架结构、剪力墙结构、框架-剪力墙结构、筒结构、框-筒结构等。这种结构应用范围非常广，从多层建筑到高层建筑都可以使用。

4. 钢结构建筑

该类建筑物的主要承重构件（梁、柱、楼板）均为钢材，墙体由薄金属板内填轻质保温材料构成。因钢材质量轻，可建造超高层建筑和大跨度的厂房或公共建筑。

5. 其他类型建筑

其他类型的建筑包括生土建筑、充气建筑、塑料建筑、薄膜建筑等。

三、按建筑物的层数或总高度分类

1）住宅建筑按层数分类，1~3层的为低层建筑，4~6层的为多层建筑，7~9层的为中高层建筑，10层及以上的为高层建筑。

2）公共建筑按总高度分类，总高度在24m以下者为非高层建筑，总高度超过24m者为高层建筑（不包括高度超过24m的单层主体建筑）。

3）建筑物总高度超过100m时，不论其是住宅建筑还是公共建筑，均为超高层建筑。

四、按建筑物的规模和数量分类

1. 大量性建筑

大量性建筑是指单体建筑规模不大，但兴建数量多、分布面广的建筑，如住宅、学校、办公楼、商店等。

2. 大型性建筑

大型性建筑是指建筑规模大、数量少，单栋建筑体量大的公共建筑，如大型体育馆、航空港、大会堂等。

1.3 ◎ 建筑物的耐火等级

我国《建筑设计防火规范》（GB 50016—2014）规定，民用建筑根据其建筑高度和层数可分为单、多层民用建筑和高层民用建筑。高层民用建筑根据其建筑高度、使用功能和楼层的建筑面积可分为一类和二类。民用建筑的分类应符合表 1-1 的规定。

表 1-1 民用建筑的分类

名称	高层民用建筑		单、多层民用建筑
	一类	二类	
住宅建筑	建筑高度大于 54m 的住宅建筑（包括设置商业服务网点的住宅建筑）	建筑高度大于 27m，但不大于 54m 的住宅建筑（包括设置商业服务网点的住宅建筑）	建筑高度不大于 27m（包括设置商业服务网点的住宅建筑）
公共建筑	1. 建筑高度大于 50m 的公共建筑 2. 建筑高度 24m 以上部分任一楼层建筑面积大于 1000m² 的商店、展览、电信、邮政、财贸金融建筑和其他多种功能组合的建筑 3. 医疗建筑、重要公共建筑 4. 省级及以上的广播电视和防灾指挥调度建筑、网局级和省级电力调度建筑 5. 藏书超过 100 万册的图书馆、书库	除一类高层公共建筑外的其他高层公共建筑	1. 建筑高度大于 24m 的单层公共建筑 2. 建筑高度不大于 24m 的单层公共建筑

民用建筑耐火等级应根据其建筑高度、使用功能、重要性和火灾扑救难度等确定，可分为一～四级。不同耐火等级建筑相应构件的燃烧性能和耐火极限不应低于表 1-2 的规定。并应符合下列规定：

1）地下或半地下建筑（室）和一类高层建筑的耐火等级不应低于一级。

2）单、多层重要公共建筑和二类高层建筑的耐火等级不应低于二级。

3）建筑高度大于 100m 的民用建筑，其楼板的耐火极限不应低于 2.00h。

4）一级、二级耐火等级建筑的上人平屋顶，其屋面板的耐火极限分别不应低于 1.50h 和 1.00h。

燃烧性能是指组成建筑物的主要构件在明火或高温作用下燃烧与否，以及燃烧的难易程度。建筑构件按燃烧性能分为三类，即不燃性、难燃性和可燃性。

耐火极限是指建筑构件从受到火的作用开始，到失去支持能力或完整性被破坏或失去隔火作用为止的这段时间，一般以小时为单位，用 h 表示。

表 1-2　不同耐火等级建筑相应构件的燃烧性能和耐火极限　　　（单位：h）

构件名称		耐火等级			
		一级	二级	三级	四级
墙	防火墙	不燃性 3.00	不燃性 3.00	不燃性 3.00	不燃性 3.00
	承重墙	不燃性 3.00	不燃性 2.50	不燃性 2.00	难燃性 0.50
	非承重外墙	不燃性 1.00	不燃性 1.00	不燃性 0.50	可燃性
	楼梯间和前室的墙 电梯井的墙 住宅建筑单元之间的墙和分户墙	不燃性 2.00	不燃性 2.00	不燃性 1.50	难燃性 0.50
	疏散走道两侧的隔墙	不燃性 1.00	不燃性 1.00	不燃性 0.50	难燃性 0.25
	房间隔墙	不燃性 0.75	不燃性 0.50	难燃性 0.50	难燃性 0.25
柱		不燃性 3.00	不燃性 2.50	不燃性 2.00	难燃性 0.50
梁		不燃性 2.00	不燃性 1.50	不燃性 1.00	难燃性 0.50
楼板		不燃性 1.50	不燃性 1.00	不燃性 0.50	可燃性
屋顶承重构件		不燃性 1.50	不燃性 1.00	可燃性 0.50	可燃性
疏散楼梯		不燃性 1.50	不燃性 1.00	不燃性 0.50	可燃性
吊顶（包括吊顶格栅）		不燃性 0.25	难燃性 0.25	难燃性 0.15	可燃性

1.4 ▷ 建筑标准化和统一模数制

一、建筑标准化

建筑标准化包括两个方面：一方面是建筑设计的标准化，包括建筑法规、建筑设计规范、建筑标准、定额等；另一方面是建筑标准化设计，即根据统一的标准编制的标准构件与标准配件图集、整个房屋的标准设计图等。标准构件与标准配件图集一般由国家或地方设计部门进行编制，供设计人员选用，同时也为构件的加工生产单位提供制作依据。标准设计图包括整个房屋的设计图和单元设计图两个部分。标准设计图一般由地方设计院进行编制，供建设单位选择使用。整个房屋的标准化设计一般只进行地上部分，地下部分的基础与地下室由设计单位根据当地的地质勘探资料另行出图。单元设计图一般是平面图的一个组成部分，应用时可进行拼接，形成一个完整的建筑组合体。建筑标准化设计在大量性建筑中（如商品住宅、大型公寓等）应用比较普遍。

二、统一模数制

为实现建筑标准化，使建筑制品、建筑构（配）件实现工业化大规模生产，必须制定建筑构件和配件的标准化规格系列，使建筑设计各部分尺寸，建筑构（配）件、建筑制品的尺寸统一协调，并使之具有通用性和互换性，加快设计速度，提高施工质量和效率，降低造价。为此，国家颁发了《建筑模数协调标准》（GB/T 50002—2013）。

1. 模数

模数是选定的标准尺寸单位，作为建筑空间、构（配）件、建筑制品以及有关设备等尺寸相互间协调的基础和增值单位。

（1）基本模数　基本模数是模数协调中选用的基本尺寸单位，其数值规定为100mm，符号为 M，即 1M = 100mm。

（2）导出模数　导出模数分为扩大模数和分模数。扩大模数是基本模数的整数倍，扩大模数的基数应为 2M（200mm）、3M（300mm）、6M（600mm）、9M（900mm）、12M（1200mm）等。分模数是基本模数的分值，一般为整数分数，分模数基数应为 M/2（50mm）、M/5（20mm）、M/10（10mm）等。为了满足建筑发展的实际需求，可采用灵活的模数数列，即3M模数不再为主推的模数数列。

2. 模数数列

模数数列是以基本模数、扩大模数和分模数为基础扩展成的一系列尺寸，见表1-3。

表 1-3　模数数列　　（单位：mm）

基本模数	扩大模数							分模数		
1M	2M	3M	6M	12M	15M	30M	60M	$\frac{1}{10}$M	$\frac{1}{5}$M	$\frac{1}{2}$M
100	200	300	600	1200	1500	3000	6000	10	20	50
200	400	600	600					20	20	
300	600	900						30		
400	800	1200	1200	1200				40	40	
500	1000	1500			1500			50		50
600	1200	1800	1800					60	60	
700	1400	2100						70		
800	1600	2400	2400	2400				80	80	
900	1800	2700						90		
1000	2000	3000	3000		3000	3000		100	100	100
1100	2200	3300						110		

（续）

基本模数	扩大模数							分模数		
1M	2M	3M	6M	12M	15M	30M	60M	$\frac{1}{10}$M	$\frac{1}{5}$M	$\frac{1}{2}$M
1200	2400	3600	3600	3600				120	120	
1300	2600	3900						130		
1400	2800	4200	4200					140	140	
1500	3000	4500			4500			150		150
1600	3200	4800	4800	4800				160	160	
1700	3400	5100						170		
1800	3600	5400	5400					180	180	
1900	3800	5700						190		
2000	4000	6000	6000	6000	6000	6000	6000	200	200	200
2100	4200	6300							220	
2200	4400	6600	6600						240	
2300	4600	6900								250
2400	4800	7200	7200	7200					260	
2500	5000	7500			7500				280	
2600	5200		7800						300	300
2700			8400	8400					320	
2800			9000		9000	9000			340	
2900			9600	9600						350
3000					10500				360	
3100				10800					380	
3200				12000	12000	12000	12000		400	400
3300						15000				450
3400						18000	18000			500
3500						21000				550
3600						24000	24000			600
						27000				650
						30000	30000			700
						33000				750
						36000	36000			800
										850
										900
										950
										1000

1）水平基本模数 1M（100mm）～20M（2000mm），主要用于门窗洞口和构（配）件截面尺寸。

2）竖向基本模数 1M（100mm）～36M（3600mm），主要用于建筑物的层高、门窗洞口和构（配）件截面尺寸。

3）水平扩大模数的基数为 2M、3M、6M、12M、15M、30M、60M，其相应尺寸分别为 200mm、300mm、600mm、1200mm、1500mm、3000mm、6000mm，主要用于建筑物的开间、

柱距、进深、跨度、构（配）件尺寸和门窗洞口尺寸等。

4）竖向扩大模数的基数为 3M 和 6M，其相应的尺寸为 300mm、600mm，主要用于建筑物的高度、层高和门窗洞口尺寸等。

5）分模数的基数为 $\frac{1}{10}$M、$\frac{1}{5}$M、$\frac{1}{2}$M，其相应的尺寸为 10mm、20mm、50mm，主要用于缝隙、构造节点、构（配）件截面尺寸等。

模数数列是以选定的模数基数为基础而展开的数值系统，它可以确保不同类型的建筑物及其各组成部分之间的尺寸统一与协调，减少尺寸的范围，并使尺寸的叠加和分割有较大的灵活性。

三、几种尺寸

为了保证建筑制品、构（配）件等有关尺寸之间的统一与协调，规定了标志尺寸、构造尺寸、实际尺寸及其相互间的关系，如图 1-1 所示。

（1）标志尺寸　标志尺寸用以标注建筑物定位轴线之间的距离以及建筑制品、建筑构（配）件、有关设备位置界限之间的尺寸。标志尺寸应符合模数数列的规定。

（2）构造尺寸　构造尺寸是建筑制品、建筑构（配）件等的设计尺寸。一般情况下，构造尺寸加上缝隙尺寸等于标志尺寸。缝隙尺寸应符合模数数列的规定。

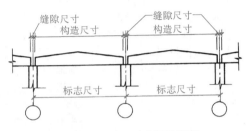

图 1-1　几种尺寸之间的关系

（3）实际尺寸　实际尺寸是建筑制品、建筑构（配）件等生产制作后的实际尺寸。实际尺寸与构造尺寸之间的差数应符合允许的误差数值。

四、定位线

定位线是用来确定建筑物主要结构构件位置及其标志尺寸的基准线，同时也是施工放线的依据。用于平面时称为平面定位线（即定位轴线）；用于竖向时称为竖向定位线。

（一）定位轴线

建筑物在平面中对结构构件（墙、柱）的定位，用定位轴线标注。

1. 定位轴线及其编号

定位轴线应设横向定位轴线和纵向定位轴线。横向定位轴线的编号用阿拉伯数字从左至右按顺序编写；纵向定位轴线的编号用大写的英文字母从下至上按顺序编写，其中 O、I、Z 不得用于轴线编号，以免与数字 0、1、2 混淆，如图 1-2 所示。附加轴线的编号用分数表示，分母表示前一轴线的编号，分子表示附加轴线的编号，附加轴线的编号用

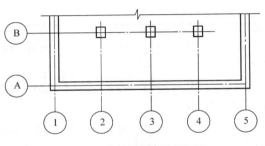

图 1-2　定位轴线的编号顺序

阿拉伯数字按顺序编写。

2. 定位轴线的标定

（1）混合结构建筑　承重外墙顶层墙身内缘与定位轴线的距离应为 120mm（图 1-3a）；承重内墙顶层墙身中心线应与定位轴线相重合（图 1-3b）。楼梯间墙的定位轴线与楼梯的梯段净宽、平台净宽有关，可有三种标定方法：①楼梯间墙内缘与定位轴线的距离为 120mm（图 1-3c）；②楼梯间墙外缘与定位轴线的距离为 120mm；③楼梯间墙的中心线与定位轴线相重合。

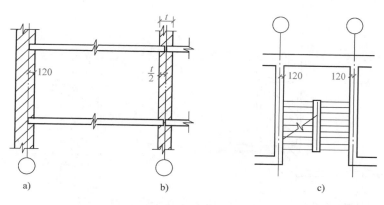

图 1-3　混合结构墙体定位轴线

a）外墙　b）内墙　c）楼梯间墙

（2）框架结构建筑　中柱定位轴线一般与顶层柱截面中心线相重合（图 1-4a）。边柱定位轴线一般与顶层柱截面中心线相重合或距柱外缘 250mm（图 1-4b）。

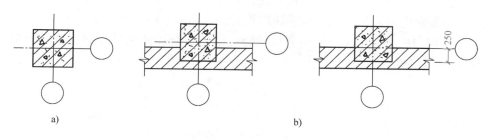

图 1-4　框架结构柱定位轴线

a）中柱　b）边柱

（二）标高及构件的竖向定位

1. 建筑物的标高

建筑物在竖向对结构构件（楼板、梁等）的定位，用标高标注。标高可分为绝对标高与相对标高、建筑标高与结构标高。

（1）绝对标高　绝对标高是以一个国家或地区统一规定的基准面作为零点的标高，我国规定以青岛附近的黄海平均海平面作为标高的零点，所计算的标高称为绝对标高。

（2）相对标高　相对标高是根据工程需要而自行选定的基准面，也称假定标高。一般将建筑物底层地面定为相对标高零点，用±0.000 表示。

（3）建筑标高　楼地层装修面层的标高一般称为建筑标高（在建筑施工图中标注）。

（4）结构标高　楼地层结构表面的标高一般称为结构标高（在结构施工图中标注）。建筑标高减去楼地面面层厚度即为结构标高。

2. 建筑构件的竖向定位

建筑构件的竖向定位包括楼地面、屋面及门窗洞口的定位。

（1）楼地面的竖向定位　楼地面的竖向定位应与楼地面的上表面重合，即用建筑标高标注（图 1-5）。

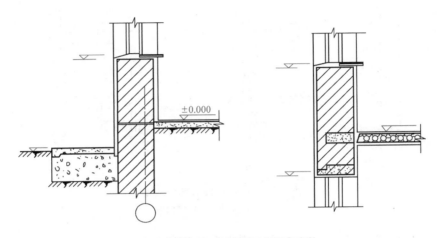

图 1-5　楼地面、门窗洞口的竖向定位

（2）屋面的竖向定位　屋面的竖向定位应位于屋面结构层的上表面与距墙内缘 120mm 处（或与墙内缘重合处）的外墙定位轴线的相交处，即用结构标高标注（图 1-6）。

（3）门窗洞口的竖向定位　门窗洞口的竖向定位与洞口结构层表面重合，用结构标高标注（图 1-5、图 1-6）。

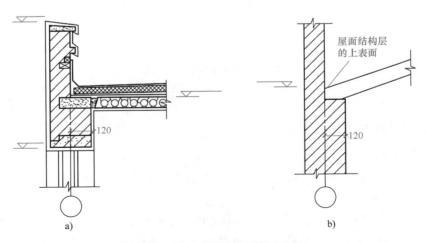

a)　　　　　　　　　　　　　　　　　b)

图 1-6　屋面、门窗洞口的竖向定位

1.5 ▷ 民用建筑的构造组成和常用专业名词

一、民用建筑的构造组成

民用建筑的构造组成如图 1-7 所示。

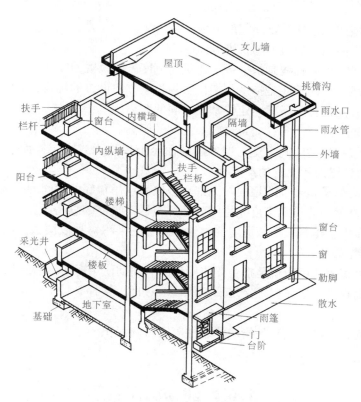

图 1-7　民用建筑的构造组成

从图 1-7 中可以看到房屋的主要组成部分如下：

（1）基础　基础是建筑物埋在自然地面以下的部分，承受建筑物的全部荷载，并把这些荷载传给地基。

（2）墙或柱　墙或柱是建筑物竖直方向的承重构件，承受屋顶和楼板传来的荷载，并将这些荷载及自重传给基础。墙同时起围护和分隔作用。

（3）楼板　楼板是建筑物水平方向的承重构件，它承受着作用在其上的荷载并将这部分荷载及自重传给墙或柱，同时还对墙体起着水平支撑作用。楼板将整个建筑物在垂直方向上分成若干层。

（4）室内地坪　室内地坪也叫室内地面，它承受着家具、设备、人和自身的重力荷载，并通过垫层将这些荷载传给地基。

（5）楼梯 楼梯是楼房建筑的垂直交通设施，供人们日常上下楼层和紧急疏散时使用。

（6）屋顶 屋顶是建筑物顶部的围护和承重构件，除承受自重、积雪、风力荷载并将这些荷载传给墙或柱外，还具有防雨雪侵袭、防太阳辐射、保温、隔热等作用。

（7）门窗 门主要用作内外交通联系及分隔房间，有时也兼采光通风的作用。窗主要是用于采光和通风，也起围护和分隔作用。

除上述组成部分外，还有一些附属部分，如阳台、雨篷、台阶、散水等。

二、常用建筑专业名词

（1）横向 横向是指建筑物的宽度方向。

（2）纵向 纵向是指建筑物的长度方向。

（3）横向轴线 横向轴线是指平行于建筑物宽度方向设置的轴线。

（4）纵向轴线 纵向轴线是指平行于建筑物长度方向设置的轴线。

（5）开间 开间是指两条横向定位轴线之间的距离。

（6）进深 进深是指两条纵向定位轴线之间的距离。

（7）层高 层高是指层间高度，即本层地面至上层楼面或本层楼面至上层楼面的高度（顶层为顶层楼面到屋面板上皮的高度）。

（8）净高 净高是指楼面或地面与上部楼板底面或吊顶底面之间的距离。

（9）建筑总高度 建筑总高度是指室外地坪至檐口顶部的总高度。

（10）建筑面积 建筑面积是指建筑物外包尺寸的乘积再乘以层数，由使用面积、交通面积和结构面积组成。

（11）使用面积 使用面积是指主要使用房间和辅助使用房间的净面积。

（12）交通面积 交通面积是指走廊、门厅、过厅、楼梯、坡道、电梯、自动扶梯等所占的净面积。

（13）结构面积 结构面积是指墙体、柱等所占的面积。

1.6 ▷ 建 筑 节 能

一、建筑节能的概念

建筑节能是指在建筑物的规划、设计、建造（改建、扩建）、改造和使用过程中，执行节能标准，采用节能型的技术、工艺、设备、材料和产品，提高保温隔热的性能，以及采暖供热、空调制冷制热系统的效率；加强建筑物用能系统的运行管理；利用可再生能源，在保证室内热环境质量的前提下，增大室内外能量交换的热阻，以减少供热系统、空调系统、照明系统、热水供应系统因大量的热消耗而产生的能耗。

二、建筑节能的途径

建筑物的总得热包括采暖设备供热、太阳辐射得热和建筑物内部得热（包括炊事、照明、家电和人体等的散热）。这些热量在围护结构的传热和通过门窗缝隙的空气向外渗透热量的过程中向外散失。建筑物的总失热包括围护结构的传热损失（占 70%~80%）和通过门窗缝隙的空气渗透热损失（占 20%~30%）。当建筑物的总得热和总失热达到平衡时，室内温度得以保持。因此，对于建筑物来说，节能的主要途径应是充分利用太阳辐射得热和建筑物内部得热的同时，尽可能减少建筑物的总失热，最终达到节约采暖供能的目的。

三、建筑节能的要点

1）选择有利于节能的建筑朝向，充分利用太阳能。

2）选择有利于节能的建筑平面和体型。在体积相同的情况下，建筑物的外表面积越大，采暖制冷负荷越大。因此，应尽可能取最小的外表面积。

3）改善外围护构件的保温性能，并尽量避免热桥。这是建筑构造中的一项主要节能措施。

4）改进门窗设计。通过提高门窗的气密性，采用适当的窗墙面积比，增加窗玻璃的层数，采用百叶窗帘、窗板等措施来提高门窗的保温隔热性能。

5）重视日照调节与自然通风。理想的日照调节是夏季在确保采光和通风的条件下，尽量防止太阳热辐射进入室内；冬季尽量使太阳辐射进入室内。

6）采暖系统的节能。城市供暖实行城市集中供暖和区域供暖，可以大大提高热效率。在管网系统中安设平衡阀，可以使管网系统达到水力平衡。与未安设平衡阀的不平衡系统相比，在保证所有房间满足规定室温的条件下，可以相对地降低所供暖区域的平均室内温度，从而节约能源。

小 结

建筑物通常可按以下方法分类：

1）按建筑物的使用功能分为民用建筑、工业建筑、农业建筑、园林建筑。

2）按主要承重结构所用的材料分为木结构建筑、混合结构建筑、钢筋混凝土结构建筑、钢结构建筑、其他类型建筑。

3）按建筑物的层数或总高度分为低层、多层、中高层、高层、超高层建筑。

4）按建筑物的规模和数量分为大型性建筑和大量性建筑。

建筑物的耐久等级指标为设计使用年限，共分为 4 类，1 类建筑的设计使用年限为 5 年，2 类建筑的设计使用年限为 25 年，3 类建筑的设计使用年限为 50 年，4 类建筑的设计使用年限为 100 年。

建筑物的耐火等级标准是依据主要构件的燃烧性能和耐火极限确定的。我国《建筑设计防火规范》（GB 50016—2014）规定，民用建筑根据其建筑高度和层数可分为单、多层民用建筑和高层民用建筑。高层民用建筑根据其建筑高度、使用功能和楼层的建筑面积可分为一类和二类。

模数分为基本模数和导出模数，导出模数又可分为扩大模数和分模数。

为保证建筑制品、构（配）件等有关尺寸之间的统一与协调，规定了标志尺寸、构造尺寸、实际尺寸及其相互之间的关系。

民用建筑的主要组成部分有：基础、墙或柱、楼板、室内地坪、楼梯、屋顶、门窗等。

常用建筑专业名词有：横向、纵向、横向轴线、纵向轴线、开间、进深、层高、净高、建筑总高度、建筑面积、使用面积、交通面积、结构面积等。

建筑节能要点：

1）选择有利于节能的建筑朝向。

2）选择有利于节能的建筑平面和体型。

3）改善外围护构件的保温性能，并尽量避免热桥。

4）改进门窗设计。

5）重视日照调节与自然通风。

6）采暖系统的节能。

复习思考题

1. 什么是建筑物？什么是构筑物？
2. 建筑物如何进行分类？
3. 建筑物的等级有哪些？如何划分？
4. 建筑标准化的含义是什么？
5. 什么是基本模数？导出模数有哪些？
6. 怎样区分标志尺寸、构造尺寸、实际尺寸，它们的关系如何？
7. 民用建筑由哪几部分组成？
8. 常用的建筑专业名词有哪些？
9. 混合结构、框架结构的定位轴线如何定位？
10. 建筑构件如何竖向定位？

单元二 地基与基础

知识目标

1. 了解地基的分类及要求。
2. 掌握基础埋置深度的概念及影响因素。
3. 熟练掌握基础的分类及常用基础的构造。
4. 了解基础中特殊问题的处理。
5. 掌握地下室的分类。
6. 了解地下室的防潮与防水构造。

能力目标

1. 能根据图样准确判断建筑物基础的类型。
2. 能选择地下室的防潮与防水构造。
3. 能准确指出地下室的类型。

2.1 ▶ 概　　述

一、有关概念

（1）地基　地基是基础下面承受从基础传来的全部荷载的土层。地基因承受建筑物荷载而产生的应力和应变是随着土层深度的增加而减小的，在达到一定的深度以后就可以忽略不计了。

（2）基础　基础是建筑物埋在地面以下的承重构件。它承受上部建筑物传递下来的全部荷载，并将这些荷载连同自重传给下面的土层，是建筑物的重要组成部分。

（3）持力层　地基中直接承受建筑物荷载的土层称为持力层。

（4）下卧层　持力层以下的土层称为下卧层。

地基与基础的构成如图 2-1 所示。

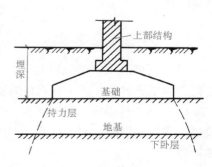

图 2-1　地基与基础的构成

二、地基的分类

地基分为天然地基和人工地基两大类。

（1）天然地基 天然地基是指天然土层本身就具有足够的承载能力，不需要经人工改良或加固即可直接在上面建造房屋。如岩石、碎石土、砂土和黏性土等，一般可作为天然地基。

（2）人工地基 人工地基是指天然土层的承载力较差或虽然土层较好，但其上部荷载较大，不能在这样的土层上直接建造房屋，必须对其进行人工加固以提高它的承载力。

三、对地基的要求

（1）强度要求 地基的承载力应足以承受基础传来的压力。地基承受的荷载有一定的限值，单位面积所承受的最大垂直压力称为地基承载力。

（2）变形要求 地基的沉降量和沉降差应保证在允许的沉降范围内。建筑物的荷载通过基础传给地基，地基因此产生应变，出现沉降。若沉降量过大，会造成建筑物下沉过多，影响建筑物的正常使用；若沉降不均匀，沉降差过大，会引起建筑物开裂、倾斜，甚至破坏。

（3）稳定性要求 地基应有防止产生滑坡、倾斜的能力。

四、人工地基的常见做法

（1）换土法 换土法是指将基础下一定范围内的土层挖去，然后换填密度大、强度高的砂、碎石、灰土、矿渣等性能稳定、无侵蚀性的材料，并分层夯实（或压实、振实），作为基础的持力层。适用于厚度较薄的软弱土、杂填土、淤泥质土、湿陷性土等浅层地基处理。

（2）压实法 压实法是指在基础施工前，对地基土进行加载预压，将小颗粒土压进大颗粒土的空隙中，排除空隙中的空气，使土壤板结，提高地基土的强度。适用于杂填土、黄土的浅层地基处理。

（3）挤密法 挤密法是以振动或冲击的方法成孔，然后在孔中填入砂、石、土、灰土或其他材料并加以捣实，成为桩体。按其填入的材料不同，分为砂桩、砂石桩、灰土桩等。挤密法主要用于处理松散砂类土、杂填土、素填土、湿陷性黄土等，该法可将土挤密或消除其湿陷性，效果显著。

五、对基础的要求

（1）强度要求 基础应具有足够的强度，才能稳定地把荷载传给地基，如果基础在承受荷载后受到破坏，整个建筑物的安全就无法保证。

（2）耐久性要求 基础是埋在地下的隐蔽工程，由于它在土中经常受潮，而且建成后检查、维修、加固很困难，所以在选择基础的材料和构造形式时应与上部建筑物的使用年限相适应。

（3）经济方面的要求 基础工程的造价占建筑物总造价的10%～40%，确定基础方案时，要在坚固耐久、技术合理的前提下，尽量就地取材、减少运输，以降低整个工程的造价。

2.2 ◆ 基础的埋置深度

微课：基础的
埋置深度及其
影响因素

一、基础埋置深度的定义

基础埋置深度是指室外设计地坪到基础底面的距离。室外地坪分为自然地坪和设计地坪。自然地坪是指施工地段的现存地坪；设计地坪是指按设计要求工程竣工后，室外场地经垫起或开挖后的地坪。

根据基础埋置深度的不同，基础分为浅基础和深基础。一般情况下，基础埋置深度不超过 5m 时称为浅基础，超过 5m 时称为深基础。在确定基础的埋深时，应优先选用浅基础，因为基础埋深越浅，工程造价越低，且构造简单，施工方便。只有在表层土质极弱，总荷载较大或其他特殊情况下，才选用深基础。但基础的埋置深度也不能过小，不能小于 500mm，因为地基受到建筑荷载作用后可能将基础四周的土挤出，使基础失去稳定，或地面受到雨水冲刷、机械破坏而导致基础裸露。

二、影响基础埋深的因素

（1）地基土层构造　基础应建造在坚实的土层上，如果地基土层为均匀、承载力较好的坚实土层，则应尽量浅埋，但埋深应大于 0.5m，如图 2-2a 所示。如果地基土层不均匀，既有承载力较好的坚实土层，又有承载力较差的软弱土层，且坚实土层离地面较近（距地面小于 2m），土方开挖量不大，可挖去软弱土层，将基础埋在坚实土层上，如图 2-2b 所示。若坚实土层很深（距地面大于 5m），可做地基加固处理，如图 2-2c 所示。当地基土由坚实土层和软弱土层交替组成，建筑总荷载又较大时，可采用桩基础，如图 2-2d 所示。具体方案应在做技术经济比较后确定。

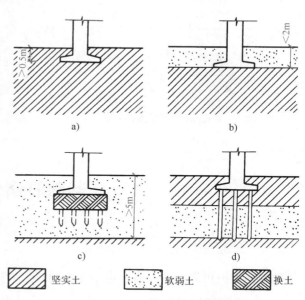

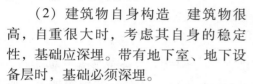

图 2-2　地基土层对基础埋深的影响

（2）建筑物自身构造　建筑物很高，自重很大时，考虑其自身的稳定性，基础应深埋。带有地下室、地下设备层时，基础必须深埋。

（3）地下水位　地基土的含水率对地基承载力影响很大，如黏性土在地下水位以下时，承载力明显下降；若地下水中含有侵蚀性物质，还会对基础产生腐蚀作用。所以，基础应尽量埋置在地下水位以上，如图 2-3a 所示。当地下水位比较高，基础不得不埋置在地下水中时，应将基础底面置于最低地下水位之下，不应使基础底面处于地下水位变化的范围之内，如图 2-3b 所示。

（4）冻结深度 地面以下冻结土与非冻结土的分界线称为冰冻线，冰冻线的深度为冻结深度，冻结深度主要由当地的气候决定。由于各地区气温不同，冻结深度也不同，如北京地区约为 1m，哈尔滨地区约为 1.9m，沈阳地区约为 1.2m。如果基础置于冰冻线以上，当土壤冻结时，冻胀力可将房屋拱起；融化后房屋又会下沉，日久天长，会造成基础的破坏，因此基础底面必须置于冰冻线以下100~200mm，如图 2-4 所示。

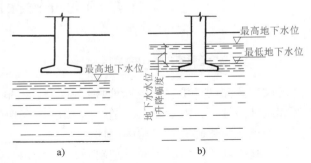

图2-3 地下水位对基础埋深的影响

a) 地下水位较低时的基础埋深 b) 地下水位较高时的基础埋深

（5）相邻基础的埋深 在既有房屋附近建造房屋时，要考虑新建房屋荷载对既有房屋基础的影响。一般情况下，新建建筑物的基础埋深应浅于相邻的既有建筑物的基础埋深，以避免扰动既有建筑物的地基土壤。当新建建筑物的基础埋深大于既有建筑物的基础埋深时，两基础之间应保持一定的水平距离，其数值应根据荷载的大小和性质等情况而定，一般为相邻两基础底面高差的 2 倍，如图 2-5 所示。

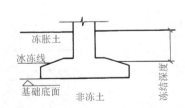

图2-4 冻结深度对基础埋深的影响

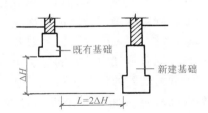

图2-5 相邻基础埋深的影响

2.3 ◈ 基础的分类和构造

一、基础的类型

基础的类型很多，分类方法也不尽相同。

（一）按所用材料分类

基础按所用材料可分为砖基础、毛石基础、灰土基础、混凝土基础、钢筋混凝土基础等。

（1）砖基础 砖基础用于地基土质好，地下水位低，5 层以下的砖混结构建筑中，如图 2-6 所示。

（2）毛石基础 毛石基础用于地下水位较高，冻结深度较大的单层、多层民用建筑，如图 2-7 所示。

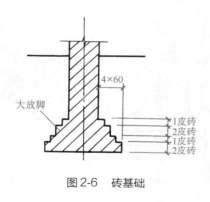

图 2-6 砖基础

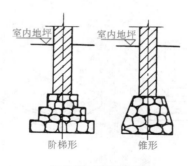

图 2-7 毛石基础

（3）灰土基础　灰土基础用于地下水位低，冻结深度较小的南方地区的 4 层以下民用建筑，如图 2-8 所示。

（4）混凝土基础　混凝土基础用于潮湿的地基或有水的基槽中，如图 2-9 所示。

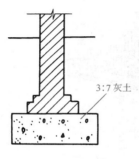

图 2-8 灰土基础

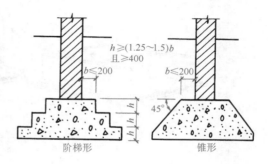

图 2-9 混凝土基础

（5）钢筋混凝土基础　钢筋混凝土基础用于上部荷载大，地下水位高的大中型工业建筑和多层民用建筑，如图 2-10 所示。

（二）按构造形式分类

基础按构造形式可分为独立基础、条形基础、筏形基础、桩基础、箱形基础等。

（1）独立基础　当建筑物上部采用框架结构或单层排架结构承重，且柱距较大时，基础常采用方形或矩形的单独基础，这种基础称为独立基础。独立基础是柱下基础的基本形式，常用的断面形式有阶梯形、锥形、杯形等，如图 2-11 所示。

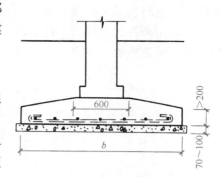

图 2-10 钢筋混凝土基础

（2）条形基础　当建筑物为墙承重时，基础沿墙身设置成长条形，这样的基础称为条形基础。条形基础是墙承重基础的基本形式，如图 2-12 所示。

（3）筏形基础　当上部荷载较大，地基承载力较低时，可选用整片的筏板承受建筑物传来的荷载，并将其传给地基，这种基础形似筏子，称为筏形基础。

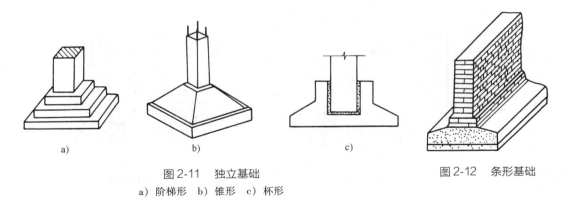

图 2-11 独立基础

a) 阶梯形 b) 锥形 c) 杯形

图 2-12 条形基础

筏形基础按结构形式可分为板式结构与梁板式结构两类。板式结构筏形基础的板的厚度较大，构造简单，如图 2-13a 所示；梁板式筏形基础的板的厚度较小，但增加了双向梁，构造较复杂，如图 2-13b 所示。

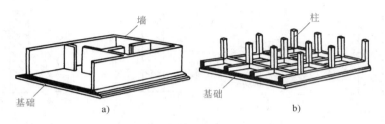

图 2-13 筏形基础

a) 板式 b) 梁板式

（4）桩基础 当建筑物荷载较大，地基的软弱土层厚度在 5m 以上，基础不能埋在软弱土层内，或对软弱土层进行人工处理较困难和不经济时，常采用桩基础。桩基础的种类很多，常采用的是钢筋混凝土桩。根据施工方法不同，钢筋混凝土桩可分为打入桩、压入桩、振入桩及灌入桩等；根据受力性能不同，又可以分为端承桩和摩擦桩等，如图 2-14 所示。

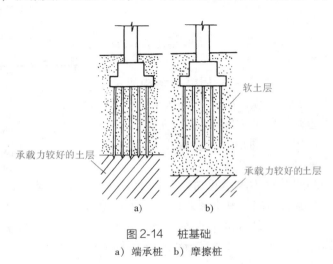

图 2-14 桩基础

a) 端承桩 b) 摩擦桩

（5）箱形基础　当建筑物荷载很大、浅层地质情况较差或建筑物很高，基础需深埋时，为增加建筑物的整体刚度，不致因地基的局部变形影响上部结构，常采用由钢筋混凝土整浇成的刚度很大的盒状基础，称为箱形基础，如图 2-15 所示。

（三）按使用材料的受力特点分类

基础按使用材料的受力特点可分为无筋扩展基础和扩展基础，如图 2-16 所示。

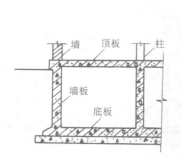

图 2-15　箱形基础

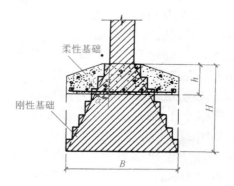

图 2-16　无筋扩展基础和扩展基础

（1）无筋扩展基础　无筋扩展基础也称为刚性基础，它是用刚性材料建造、受刚性角⊖限制的基础，如混凝土基础、砖基础、毛石基础、灰土基础等。

（2）扩展基础　扩展基础也称为柔性基础，它是指基础宽度的加大不受刚性角限制，抗压、抗拉强度都很高的基础，如钢筋混凝土基础。

二、常用基础的构造

（1）混凝土基础　这种基础多采用强度等级为 C20 的混凝土浇筑而成，一般有锥形和阶梯形两种形式（图 2-17）。

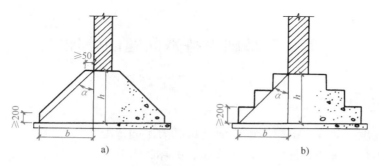

图 2-17　常用混凝土基础形式

a）锥形　b）阶梯形

⊖　在由砖、石、混凝土等材料构成的基础中，墙或柱传来的压力是沿一定角度分布的，这个角叫压力分布角，又
　　称为刚性角，不同材料有不同的刚性角，如图 2-16 所示。

混凝土基础的刚性角 α 一般为 45°，阶梯形断面台阶的宽高比应小于 1∶1 或 1∶1.5，锥形断面的斜面与水平面的夹角 β 应大于 45°。

混凝土基础的底面应设置垫层，垫层的作用是找平，常用 C15 混凝土浇筑垫层，厚度一般为 100mm。

（2）钢筋混凝土基础　钢筋混凝土基础底板下应均匀浇筑一层素混凝土作为垫层，目的是保证基础钢筋和地基之间有足够的距离，以免钢筋锈蚀。垫层一般采用 C15 混凝土，厚度一般为 100mm，垫层每边比底板宽 100mm。钢筋混凝土基础由底板及基础墙（柱）组成，现浇底板是基础的主要受力结构，其厚度和配筋均由计算确定，受力筋直径不得小于 8mm，间距不大于 200mm，混凝土的强度等级不宜低于 C20。钢筋混凝土基础底板的外形一般有锥形和阶梯形两种。

钢筋混凝土锥形基础底板边缘的厚度 H_1 一般不小于 200mm，也不宜大于 500mm，如图 2-18 所示。

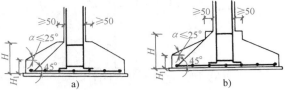

图 2-18　钢筋混凝土锥形基础
a）形式一　b）形式二

钢筋混凝土阶梯形基础的每阶高度一般为 300～500mm。当基础高度在 500～900mm 时采用两阶，超过 900mm 时用三阶，如图 2-19 所示。

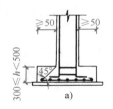 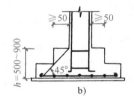 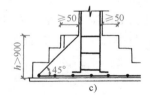

图 2-19　钢筋混凝土阶梯形基础
a）单阶　b）两阶　c）三阶

2.4 ◈ 基础中特殊问题的处理

一、基础沉降缝的做法

建筑物因高度、荷载、结构类型或地基承载力不同等原因，将会产生不均匀沉降，导致建筑物开裂、破坏，影响使用，因此需设沉降缝。沉降缝应使建筑物从基础底面到屋顶全部断开，此时基础有三种处理方法。

（1）双墙式处理方法　将基础平行设置，沉降缝两侧的墙体均位于基础的中心，两墙之间有较大的距离，如图 2-20a 所示。若两墙间距小，则基础受偏心荷载作用，此时的双墙

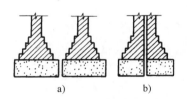

图 2-20　基础沉降缝
双墙式处理方法

式处理方法适用于荷载较小的建筑，如图 2-20b 所示。

（2）交叉式处理方法　将沉降缝两侧的基础交叉设置，在各自的基础上支承基础梁，墙砌筑在梁上。该法适用于荷载较大，沉降缝两侧的墙体间距较小的建筑，如图 2-21 所示。

（3）悬挑式处理方法　将沉降缝一侧的基础按一般设计，而另一侧采用挑梁支承基础梁，再在基础梁上砌墙，墙体材料尽量采用轻质材料，如图 2-22 所示。

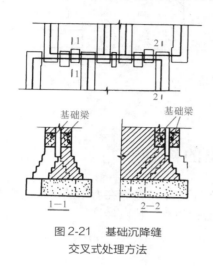

图 2-21　基础沉降缝
交叉式处理方法

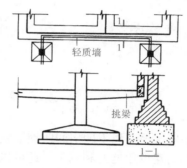

图 2-22　基础沉降缝
悬挑式处理方法

二、不同埋深的基础

当建筑物设计上要求基础局部需深埋时，应采用阶梯式逐渐落深，为使基坑开挖时不致松动地基土，阶梯的坡度应不大于 1：2，如图 2-23 所示。

三、基础管沟

建筑物内一般有采暖设备，这些设备的管线在进入建筑物之前需埋在地下，进入建筑物之后一般布置在管沟中。这些管沟一般沿内、外墙布置，也有从建筑物中间通过的情况。管沟一般有以下三种类型：

（1）沿墙管沟　这种管沟的一边是建筑物的基础墙，另一边是管沟墙，沟底采用灰土或混凝土垫层，沟顶用钢筋混凝土板做沟盖板，管沟的宽度一般为 1000～1600mm，深度为 1000～1400mm，如图 2-24 所示。

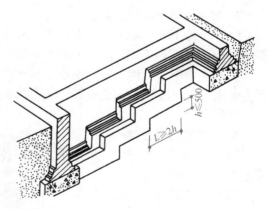

图 2-23　不同埋深基础处理

（2）中间管沟　这种管沟在建筑物的中部或室外，一般由两道管沟墙支承上部的沟盖板。这种管沟在室外时，还应特别注意上部地面是否过车，如有汽车通过，应选择强度较高的沟盖板，如图 2-25 所示。

（3）过门管沟　暖气的回水管线走在地上，遇有门口时，应将管线转入地下通过，需做过门管沟，这种管沟的断面尺寸为 400mm×400mm，上铺沟盖板，如图 2-26 所示。

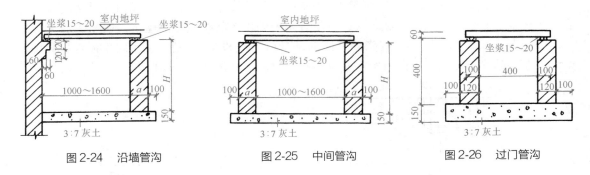

图 2-24　沿墙管沟　　　　　图 2-25　中间管沟　　　　　图 2-26　过门管沟

2.5 ▶ 地下室的构造

建筑物底层地面以下的房间叫地下室。建造地下室不仅能够在有限的占地面积内增加使用空间，提高建设用地的利用率，还可以省掉房心回填土，比较经济。

一、地下室的分类

1. 按使用性质分类

（1）普通地下室　即普通的地下空间，一般按地下楼层进行设计，可用于满足多种建筑功能的要求，如储藏、办公、居住等。

（2）人防地下室　即有防空要求的地下空间。人防地下室应妥善解决紧急状态下的人员隐蔽与疏散问题，应有保证人身安全的技术措施，同时还应考虑和平时期的利用。

2. 按埋入地下深度分类

（1）全地下室　地下室地面低于室外地坪面的高度超过该房间净高的 1/2 者为全地下室。由于人防地下室有防止地面水平冲击波破坏的要求，故多采用这种类型。

（2）半地下室　地下室地面低于室外地坪面的高度超过该房间净高的 1/3 且不超过 1/2 者为半地下室。这种地下室一部分在地面以上，易于解决采光、通风等问题，普通地下室多采用这种类型。

3. 按结构材料分类

（1）砖墙结构地下室　即地下室的墙体用砖来砌筑。这种地下室适用于上部荷载不大及地下水位较低的情况。

（2）钢筋混凝土结构地下室　即地下室全部用钢筋混凝土浇筑。这种地下室适用于地下水位较高、上部荷载很大及有人防要求的情况。

二、地下室的构造

地下室一般由墙、顶板、底板、门和窗、采光井等部分组成，如图 2-27 所示。

1. 墙

地下室的墙不仅承受上部的垂直荷载，还要承受土、地下水及土壤冻胀时产生的侧压

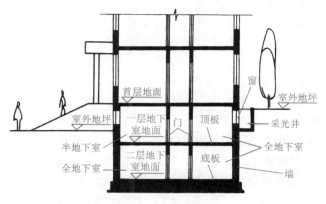

图 2-27　地下室的组成

力。所以地下室墙体的厚度应经计算确定。地下室墙体一般为混凝土或钢筋混凝土结构，其厚度一般不小于 200mm。如地下水位较低，可采用砖墙，其厚度应不小于 370mm。

2. 顶板

地下室的顶板采用现浇板或预制板。人防地下室的顶板一般应为现浇板。当采用预制板时，往往在板上浇筑一层钢筋混凝土整体层，以保证顶板有足够的整体性。

3. 底板

地下室的底板不仅承受作用于它上面的垂直荷载，当地下水位高于地下室底板时，还必须承受底板之下水的浮力，所以要求底板具有足够的强度、刚度和抗渗能力，否则易出现渗漏现象，因此地下室底板常采用现浇钢筋混凝土板。

4. 门窗

地下室的门窗与地上部分相同。人防地下室的门应符合相应等级的防护和密闭要求，一般采用钢门或钢筋混凝土门，人防地下室一般不允许设窗。

5. 采光井

当地下室的窗在地面以下时，为达到采光和通风的目的，应设置采光井，一般每个窗设一个采光井，当窗的距离很近时，也可将采光井连在一起。

采光井由侧墙、底板、遮雨设施或铁箅子组成，侧墙一般为砖墙，井底板则由混凝土浇筑而成，如图 2-28 所示。

采光井的深度视地下室窗台的高度而定，一般采光井底板顶面应较窗台低 250~300mm。采光井在进深方向（宽）为 1000mm 左右，在开间方向（长）应比窗宽大 1000mm 左右。

采光井侧墙顶面应比室外地面标高高 250~300mm，以防止地面水流入。

6. 楼梯

地下室楼梯可与地面部分的楼梯结合设置。由于地下室的层高较小，故多设单跑楼梯。一个地下室至少应有两部楼梯通向地面，

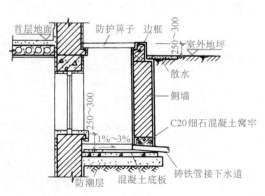

图 2-28　采光井的构造

人防地下室也应至少有两个出口通向地面，其中一个必须是独立的安全出口，且安全出口与地面以上建筑物应有一定距离，一般不得小于地面建筑物高度的一半，以防止地面建筑物破坏坍落后将出口堵塞。

三、地下室的防潮与防水

（一）地下室的防潮

当设计最高地下水位低于地下室底板 300mm 以上，且地基范围内的土壤及回填土无上层滞水时，地下室只需做防潮处理。此时，如果地下室墙为混凝土或钢筋混凝土结构，本身就有防潮作用，不必再做防潮层；如果地下室为砖砌体结构，应做防潮层，通常做法是在墙身外侧抹防水砂浆并与墙基础的水平防潮层相连接，如图 2-29 所示。

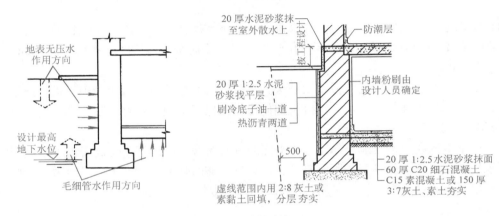

图 2-29　地下室的防潮

（二）地下室的防水

当设计最高地下水位高于地下室底板时，地下室的墙身、底板不仅受地下水、上层滞水、毛细管水等作用，也受地表水的作用，如地下室防水性能不好，轻则引起室内墙面灰皮脱落，墙面上生霉，影响人体健康；重则进水，使地下室不能使用或影响建筑物的耐久性。因此，如何保证地下室在使用时不渗漏，是地下室构造设计的主要任务。《地下工程防水技术规范》（GB 50108—2008）把地下工程防水分为四级，见表 2-1。

表 2-1　地下工程防水等级标准

防水等级	防水标准
一级	不允许渗水，结构表面无湿渍
二级	不允许漏水，结构表面可有少量湿渍 工业与民用建筑：总湿渍面积不应大于总防水面积（包括顶板、墙面、地面）的 1/1000；任意 100m² 防水面积上的湿渍不超过 2 处，单个湿渍的最大面积不大于 0.1m² 其他地下工程：总湿渍面积不应大于总防水面积的 2/1000；任意 100m² 防水面积上的湿渍不超过 3 处，单个湿渍的最大面积不大于 0.2m²

（续）

防水等级	防水标准
三级	有少量漏水点，不得有线流和漏泥沙 任意100m² 防水面积上的漏水或湿渍点数不超过7处，单个漏水点的最大漏水量不大于2.5L/d，单个湿渍的最大面积不大于0.3m²
四级	有漏水点，不得有线流和漏泥沙 整个工程平均漏水量不大于2L/(m²·d)；任意100m² 防水面积的平均漏水量不大于4L/(m²·d)

各地下工程的防水等级应根据工程的重要性和使用中对防水的要求按表2-2选定。

表2-2　不同防水等级的适用范围

防水等级	适用范围
一级	人员长期停留的场所；有少量湿渍会使物品变质、失效的储物场所及严重影响设备正常运转和危及工程安全运营的部位；极重要的战备工程、地铁车站
二级	人员经常活动的场所；在有少量湿渍的情况下不会使物品变质、失效的储物场所及基本不影响设备正常运转和工程安全运营的部位；重要的战备工程
三级	人员临时活动的场所；一般战备工程
四级	对渗（漏）水无严格要求的工程

目前，地下室防水常用做法有：防水混凝土防水、水泥砂浆防水、卷材防水、涂料防水、金属板防水层防水、塑料防水板防水等。选用何种防水材料，应根据地下室使用功能、结构形式、环境条件等因素合理确定。一般处于侵蚀性介质中的工程，应采用耐侵蚀的防水混凝土、防水砂浆、防水卷材或防水涂料；结构刚度较差或受振动作用的工程，应采用卷材、涂料等柔性防水材料。

1. 防水混凝土防水

当地下室的墙采用混凝土或钢筋混凝土结构时，可连同底板一同采用防水混凝土，使承重、围护、防水功能三者合一。防水混凝土墙和底板不能过薄，一般不应小于250mm；迎水面钢筋保护层厚度不应小于50mm。防水混凝土结构底板的混凝土垫层，强度等级不应小于C15，厚度不应小于100mm，在软弱土层中不应小于150mm。当防水等级要求较高时，还应与其他防水层配合使用，如图2-30所示。

2. 水泥砂浆防水

水泥砂浆防水层的基层，如果是混凝土结构，强度等级不应小于C15；如果是砌体

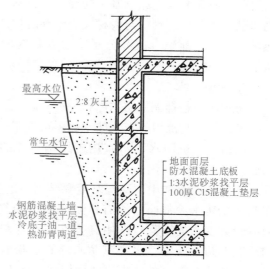

最高水位

2:8灰土

常年水位

地面面层
防水混凝土底板
1:3水泥砂浆找平层
100厚 C15混凝土垫层

钢筋混凝土墙
水泥砂浆找平层
冷底子油一道
热沥青两道

图2-30　防水混凝土防水的做法

结构，砌筑用的砂浆强度等级不应低于 M7.5。水泥砂浆防水层可用于结构主体的迎水面或背水面，水泥砂浆防水层包括普通水泥砂浆、聚合物水泥防水砂浆、掺外加剂或掺合料防水砂浆等。聚合物水泥防水砂浆防水层的厚度，单层施工宜为 6~8mm，双层施工宜为 10~12mm；掺外加剂或掺合料防水砂浆防水层的厚度宜为 18~20mm。水泥砂浆防水一般需与其他防水方式配合使用，如图 2-31 所示。

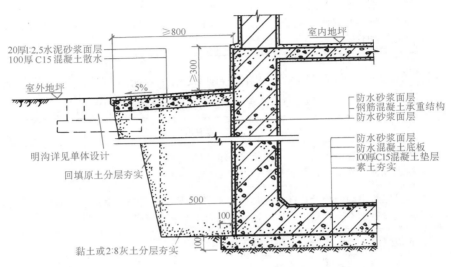

图 2-31　水泥砂浆防水与防水混凝土防水结合的做法

3. 卷材防水

卷材防水适用于受侵蚀性介质作用或受振动作用的地下室。卷材防水层用于建筑物地下室时，应铺设在结构主体底板垫层至墙体顶端的基面上，在外围形成封闭的防水层。卷材防水常用的材料为高聚物改性沥青防水卷材或合成高分子防水卷材，可铺设一层或两层。铺贴卷材前，应在基面上涂刷基层处理剂，当基面较潮湿时，应涂刷湿固化型胶粘剂或潮湿界面隔离剂，基层处理剂应与卷材及胶粘剂的材性相容。铺贴高聚物改性沥青防水卷材时应采用热熔法施工，铺贴合成高分子防水卷材时应采用冷粘法施工。卷材防水的做法如图 2-32 所示。

4. 涂料防水

防水涂料包括无机防水涂料和有机防水涂料。无机防水涂料可选用水泥基防水涂料、水泥基渗透结晶型涂料。有机防水涂料可选用反应型防水涂料、水乳型防水涂料、聚合物水泥防水涂料。无机防水涂料宜用于结构主体的背水面，有机防水涂料宜用于结构主体的迎水面。

潮湿基层宜选用与潮湿基面黏结力大的无机防水涂料或有机防水涂料，或采用先涂水泥基无机防水涂料而后涂有机防水涂料的复合涂层；埋置深度较深的重要工程、有振动或有较大变形的工程宜选用高弹性防水涂料；有腐蚀性的地下环境宜选用耐腐蚀性较好的反应型防水涂料、水乳型防水涂料、聚合物水泥防水涂料并做刚性保护层。涂料防水可采用外防外涂、外防内涂两种做法。涂料防水做法如图 2-33 所示。

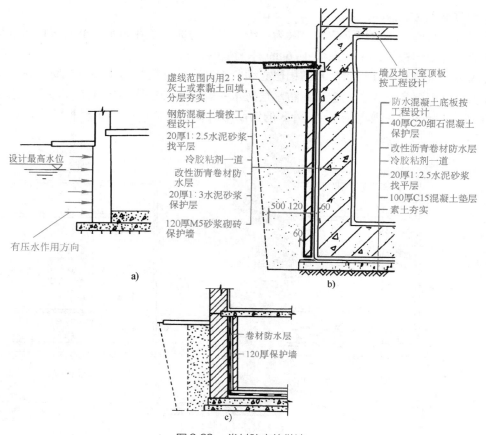

图 2-32　卷材防水的做法
a) 有压地下水情况　b) 外防水　c) 内防水

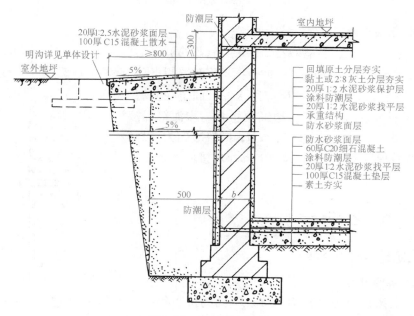

图 2-33　涂料防水做法

5. 金属板防水层防水

金属板防水层防水适用于防水等级为一级、二级的地下工程防水，金属板包括钢板、铜板、铝板、合金钢板等，一般采用 4~6mm 厚的低碳钢板。

金属板防水层防水其防水层和结构层必须紧密结合，金属板防水层只起防水作用，其承重部分仍以钢筋混凝土为主。金属板防水层防水一般采用钢筋锚固法施工，即在防水钢板上每 300mm×300mm 焊一根直径不小于 φ8 的钢筋与结构层牢固结合。金属板防水层防水做法如图 2-34 所示。

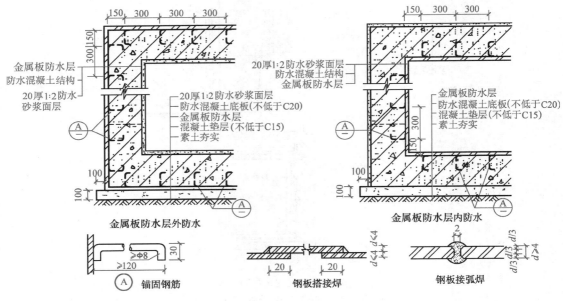

图 2-34   金属板防水层防水做法

6. 塑料防水板防水

塑料防水板可选用乙烯-醋酸乙烯共聚物（EVA）、乙烯-共聚物沥青（ECB）、聚氯乙烯（PVC）、高密度聚乙烯（HDPE）、低密度聚乙烯（LDPE）或其他性能相近的材料。铺设塑料防水板前应先铺缓冲层，缓冲层应用水泥钉固定在基层上，如图 2-35 所示；铺设防水板时，边铺边将其与水泥钉焊接牢固。两副防水板的搭接宽度应为 100mm，搭接缝应为双焊缝，单条焊缝的有效焊接宽度不应小于 10mm，焊接应严密，不得焊焦、焊穿。

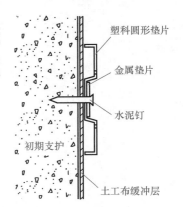

图 2-35   水泥钉固定缓冲层

四、人防地下室简介

（一）人防地下室的分类

1. 按抗力等级分类

人防地下室按抗力等级分为六级。不同的抗力等级有不同的抗力及相应的防护要求。《人民防空地下室设计规范》

（GB 50038—2005）只包括 6B 级、6 级、5 级、4B 级和 4 级五个等级的防护设计要求。6B 级和 6 级人防是指抗力为 0.05MPa 的人员掩蔽和物品储存的人防工事，5 级人防是指普通建筑物下部的人员掩蔽工程，4B 级和 4 级人防是指医院、救护站及重要的工业企业人防工事。

2. 按使用功能分类

人防地下室按使用功能分为指挥通信类、防空专业队队员掩蔽类、人员掩蔽类、配套工程类和交通设施类等类型。

3. 按埋入地下的深度分类

（1）全埋式人防地下室　顶板下表面不高于室外地坪面的人防地下室。

（2）非全埋式人防地下室　顶板下表面高于室外地坪面的人防地下室。

（二）人防地下室的一般要求

为保证疏散，人防地下室的房间出口不设门，而以空门洞为主。与外界联系的入口门设三道：与地上交接处设水平推拉门，主要供分隔、管理之用；入口通道外设弧形防波门，主要是抵挡冲击波，常用钢筋混凝土制作，厚度可达 1m；内部设密闭防护门，主要是防细菌、毒气及放射性尘埃等，密闭防护门用钢丝水泥制成，四周设橡胶密封条，关闭后保持密闭状态。地下室楼梯可与地上部分的楼梯结合设置，地下室的出入口至少应有两个，其具体做法是一个与地上楼梯连通，另一个与人防通道或专用出口连接。

人防地下室室内地面至顶板底面的高度不应低于 2.4m，梁下净高不应低于 2.0m。人防地下室结构构件最小厚度不应低于表 2-3 的要求。

表 2-3　人防地下室结构构件最小厚度　　　　　（单位：mm）

构件类型	材料种类		
	钢筋混凝土	砖砌体	料石砌体
顶板、中间楼板	200	—	—
承重外墙	200	490	300
承重内墙	200	370	300
非承重墙	—	240	—

（三）人防地下室的出入口

1. 出入口的分类

1）出入口按设置位置分类可分为室外出入口、室内出入口、连通口等。

2）出入口按使用功能分类可分为主要出入口、次要出入口、备用出入口、连通口、设备安装口、平时出入口等。人防地下室的每个防护单元不应少于两个出入口，且其中必须设一个室外出入口。战时使用的主要出入口应设在室外。

2. 出入口的形式

出入口的形式是指防护密闭门以外的通道形式，常见的有：直通式出入口、单向式出入口、穿廊式出入口、竖井式出入口、楼梯式出入口等。直通式出入口是指防护密闭门外的通道在水平方向没有转折通至地面的出入口，如图 2-36 所示。单向式出入口是指防护密闭门外的通道在水平方向有垂直转折，并从一个方向通至地面的出入口，如图 2-37 所示。穿廊式出入口是指防护密闭门外的通道出入端从两个方向通至地面的出入口，如图 2-38 所示。竖井式出入口是指防护密闭门外的通道从竖井通至地面的出入口，如图 2-39 所示。楼梯式出入口是指防护密闭门外的通道出入端从楼梯通至地面的出入口，如图 2-40 所示。

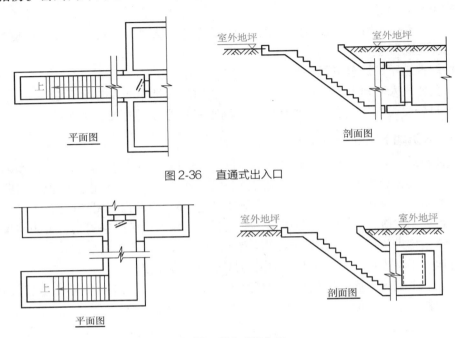

图 2-36　直通式出入口

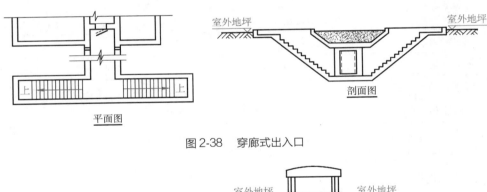

图 2-37　单向式出入口

图 2-38　穿廊式出入口

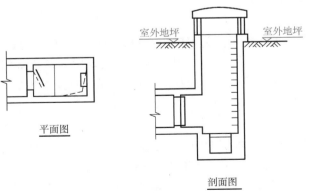

图 2-39　竖井式出入口

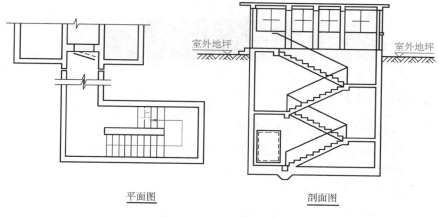

平面图　　　　　　　　剖面图

图2-40　楼梯式出入口

小　结

地基可分为天然地基、人工地基。地基应满足强度、变形及稳定性要求。

基础应满足强度、耐久性、经济方面的要求。

影响基础埋深的因素有：地基土层构造、建筑物自身构造、地下水位、冻结深度、相邻基础的埋深。

基础按所用材料分为砖基础、毛石基础、灰土基础、混凝土基础、钢筋混凝土基础；按构造形式分为独立基础、条形基础、筏形基础、桩基础、箱形基础；按使用材料的受力特点分为无筋扩展基础和扩展基础。

地下室一般由墙、顶板、底板、门和窗、采光井等部分组成。

地下室按使用性质分为普通地下室、人防地下室；按埋入地下深度分为全地下室、半地下室；按结构材料分为砖墙结构地下室、钢筋混凝土结构地下室。

复习思考题

1. 基础和地基各指什么？
2. 什么是基础的埋深？影响基础埋深的因素有哪些？
3. 基础是如何分类的？
4. 地下室是如何分类的？地下室是由哪些部分组成的？各组成部分的构造如何？
5. 不同埋深的基础如何处理？
6. 地下室的防潮与防水有哪些做法？
7. 人防地下室的出入口形式有哪些？

单元三

墙　体

知识目标

1. 熟悉墙体的分类、设计要求。
2. 熟悉墙体的材料、组砌方式。
3. 熟悉墙体的细部构造。
4. 熟悉墙体的节能构造。
5. 熟悉墙面的装修构造。

能力目标

1. 能够描述墙体组砌方式。
2. 能够绘制墙体细部构造节点图，并运用构造知识解决实际工程问题。
3. 能够正确绘制普通墙面装修做法构造图，能够识读标准图。
4. 能识读并绘制墙身详图。

3.1 ➤ 墙体的作用及设计要求

一、墙体的作用

1. 承重作用

在墙体承重的结构中，墙体所承担的荷载有：墙体顶部的楼板或屋顶传递的荷载、水平的风荷载、地震作用荷载以及墙体的自重等。墙体承担这些荷载，并将它们传给墙下的基础。

2. 围护作用

作为建筑物的围护结构，墙体可以抵御自然界风、雨、雪的侵袭，防止太阳辐射、噪声干扰以及室内热量的散失，起保温、隔热、隔声等作用。

3. 分隔作用

墙体将建筑物室内空间与室外空间分隔开来，并将建筑物内部划分为若干个房间和各个使用空间。

二、墙体类型

1. 墙体按所处的位置和方向分类

墙体按所处位置不同可分为外墙和内墙，位于房屋周边的墙统称为外墙，

微课：墙体的
类型

起围护作用。凡位于房屋内部的墙统称为内墙，它主要起分隔房间的作用。墙体按方向不同可分为纵墙和横墙，沿建筑物长轴方向布置的墙称为纵墙，分为外纵墙、内纵墙；沿建筑物短轴方向布置的墙称为横墙，分为外横墙和内横墙。外横墙位于房屋两端，称为山墙。在一道墙中，窗与窗之间的墙和窗与门之间的墙称为窗间墙，窗台下面的墙称为窗下墙。图3-1所示为墙体各部分的名称。

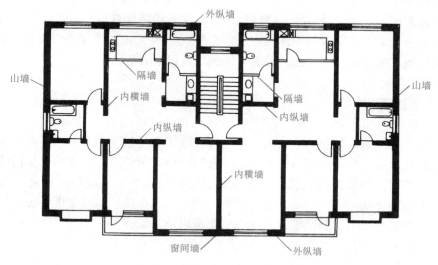

图3-1 墙体各部分的名称

2. 墙体按结构受力情况分类

墙体按结构受力情况分为两种：承重墙、非承重墙。承重墙直接承担上部结构传来的荷载，非承重墙不承受上部结构传来的荷载。非承重墙又分成隔墙、填充墙、幕墙等，不承担外来荷载，只把自身重量传给楼板或梁。填充在框架结构柱之间的墙称为框架填充墙；悬挂在建筑物外部的轻质墙称为幕墙，包括金属幕墙、玻璃幕墙等。

3. 墙体按材料分类

墙体所用材料很多，主要有用砖和砂浆砌筑的砖墙；用石块和砂浆砌筑的石墙；用土坯和黏土砂浆砌筑的墙或在模板内填充黏土夯实而成的土墙；现浇或预制的钢筋混凝土墙；利用工业废料制作的各种砌块砌筑的砌块墙。

4. 墙体按构造方式分类

墙体按构造方式不同有实体墙、空体墙、复合墙。实体墙是由普通黏土砖或其他砌块砌筑或由混凝土等材料浇筑而成的实心墙体；空体墙是由普通黏土砖砌筑而成的空斗墙或由多孔砖砌筑而成的具有空腔的墙体；复合墙是由两种或两种以上的材料组合而成的墙体。

5. 墙体按施工方法分类

墙体按施工方法不同有叠砌墙、板筑墙、装配式板材墙三种。叠砌墙是将各种加工好的块材（如黏土砖、灰砂砖、石块、空心砖、加气混凝土砌块）用胶结材料砌筑而成的墙体；板筑墙是指在施工时，直接在墙体部位竖立模板，在模板内夯筑黏土或浇筑混凝土并振捣密实而成的墙体，如夯土墙和采用大模板、滑模施工的混凝土墙体；装配式板材墙是将工厂生产的大型板材运至现场进行机械化安装而成的墙体。

三、墙体的设计要求

根据墙体所在位置和功能不同，墙体设计应满足以下要求。

（一）墙体应具有足够的强度和稳定性

墙体的强度是指墙体承受荷载的能力，它取决于构成墙体的材料种类、材料的强度等级以及墙体的截面面积。如钢筋混凝土墙体比同截面的砖墙强度要高，用强度等级高的砖砌筑的墙体比强度等级低的砖砌筑的墙体强度要高；相同材料、相同强度等级的墙体之间相比，截面面积大的墙体强度更高。因此，提高墙体强度有以下方法：

1）选用适当的墙体材料。

2）加大墙体截面面积。

3）在截面面积相同的情况下，提高构成墙体的材料和砂浆的强度等级。

墙体作为一种较高、较长、较薄的受压构件，除了满足强度要求外，还必须保证其稳定性。墙体高厚比的验算是保证墙体结构在施工阶段和使用阶段的稳定性的重要措施。墙体高厚比是墙体计算高度与墙厚的比值，高厚比越大，则墙体稳定性越差；反之，则稳定性越好。高厚比还与墙体间的距离、墙体的开洞情况以及砌筑墙体的砂浆强度有关。因此，在一定的长度和高度的情况下，提高墙体稳定性可采取以下方法：

1）增加墙体的厚度，但这种方法有时不够经济。

2）提高墙体材料的强度等级。

3）增设墙垛、壁柱、圈梁等构件。

（二）墙体应具有保温隔热的性能

作为围护结构的外墙，是保证室内适宜温度和湿度，满足人们生产、生活需求的重要构件。根据不同气候条件，外墙应具有足够的保温或隔热性能。要想提高墙体的保温能力，在选材方面，应选择热导率小的墙体材料或复合墙体；在构造方面，应加强热桥处保温、墙体密封等处理，并采取隔汽措施。要想提高墙体的隔热能力，防止炎热地区夏季室内温度过高，可采取设通风层外墙，采用浅色、光滑的外饰面，遮阳等方法。

（三）墙体应具有隔声性能

为了使室内有安静的环境，保证人们的工作、生活不受噪声干扰，应根据建筑的使用性质不同，进行噪声控制。

声音的传递有两种形式，一种是声响发生后，通过空气透过墙体再传递到人耳，叫空气传声。另一种是直接撞击墙体或楼板，发出的声音再传递到人耳，叫固体传声。墙体隔声主要是隔绝空气传声。声音在墙体中的传播途径有两种：一是通过墙体的缝隙和微孔传播；二是在声波的作用下，墙体受到振动，致使墙体向其他空间辐射声能。墙体隔声一般采取以下措施：

（1）加强墙体的密封处理　如对墙体与门窗、通风管道间等处的缝隙进行密封处理。

（2）增加墙体密实性及厚度　避免噪声穿透墙体及引起墙体振动。

（3）采用有空气间层或多孔材料的夹层墙　由于空气或玻璃棉等多孔材料具有减振和吸声作用，从而可提高墙体的隔声能力。

（4）在建筑总平面中考虑隔声问题　将对噪声不敏感的建筑靠近城市干道布置，这样对后排建筑可起到隔声作用，也可选用枝叶茂密、四季常青的绿化带降低噪声。

（四）其他要求

墙体除了应满足以上要求外，还应满足下列要求：

（1）防火要求　墙体的设置应满足防火规范的要求，墙体的材料选择和构造应满足燃烧性能、耐火极限的要求。

（2）防水、防潮的要求　在卫生间、厨房、实验室等有水的房间应采取防潮、防水措施，选择良好的防水材料以及恰当的构造做法，保证墙体坚固、耐久，使室内有良好的卫生环境。

（3）建筑工业化的要求　建筑工业化的关键是墙体改革，要提高机械化施工的程度，降低劳动强度，并应采用轻质高强的墙体材料，以减轻自重、降低成本。

3.2 ▶ 叠砌墙体的材料与砌筑

叠砌墙体是由砂浆将砖或砌块等块体按一定规律和技术要求砌筑而成的砌体。

一、承重砖墙

（一）承重砖墙材料

1. 砖

砖按照材料和制作方法不同有烧结普通砖、烧结多孔砖、蒸压灰砂砖、蒸压粉煤灰砖等。

烧结普通砖是以黏土、页岩、煤矸石或粉煤灰为原料，经成型、干燥、焙烧而成的实心或孔洞不大于规定值且外形尺寸符合规定的砖，分为烧结黏土砖、烧结页岩砖、烧结煤矸石砖、烧结粉煤灰砖。由于烧结黏土砖需消耗大量的土地资源和能源，且砌筑的外墙保温性能差，不利于建筑的节能与环保，因此已逐步禁止使用。烧结页岩砖、烧结粉煤灰砖的规格为 240mm×115mm×53mm，强度等级有 MU30、MU25、MU20、MU15、MU10 五个级别。

烧结多孔砖简称多孔砖，以黏土、页岩、煤矸石为主要原料经焙烧而成，孔洞率不小于15%，孔形为圆孔或非圆孔，孔的尺寸小而数量多，主要适用于承重部位。目前，多孔砖分为 KP1 型多孔砖和 DM 型多孔砖。KP1 型多孔砖外形尺寸为 240mm×115mm×90mm。DM 型多孔砖外形尺寸有以下分类：DM1 砖为 190mm×240mm×90mm、DM2 砖为 190mm×190mm×90mm；DM3 砖为 190mm×140mm×90mm；DM4 砖为 190mm×90mm×90mm，如图 3-2 所示。多孔砖的强度等级有 MU30、MU25、MU20、MU15、MU10 五个级别。

蒸压灰砂砖是以石灰和砂为主要原料，经坯料制备、压制成型、蒸压养护而成的实心砖，简称灰砂砖。

蒸压粉煤灰砖是以粉煤灰为主要原料，掺加适量石膏和集料，经坯料制备、压制成型、高压蒸汽养护而成的实心砖。

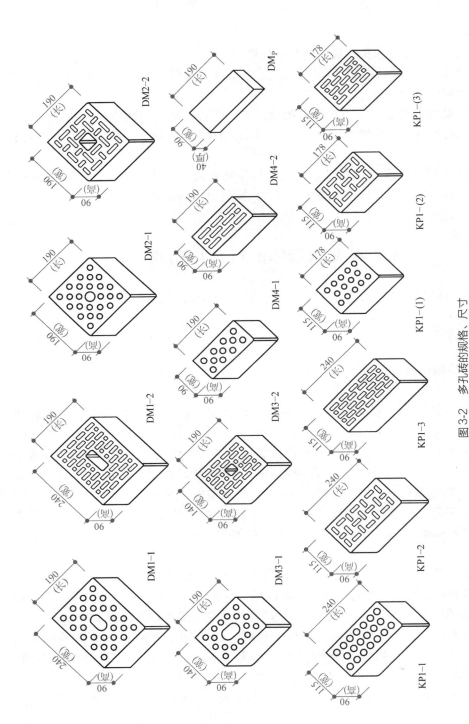

图 3-2 多孔砖的规格、尺寸

注：DM 型多孔砖有四种砖型，两种孔型，即 DM1、DM2、DM3、DM4；带有后缀 "-1" 的为圆孔，"-2" 的为长方形孔；DM_P 为配砖。

KP1 型多孔砖有两种孔型，带有后缀 "-1" 的为圆孔，"-2" 的为长方形孔；"KP-（）" 编号为 "七分砖"。

2. 砂浆

砂浆是砌体的黏结材料，它将砌块黏结成为整体，并将砌块之间的缝隙填实，使上层砌块所承受的荷载能均匀地传到下层砌块，以保证砌体的强度。

砌筑墙体常用的砂浆有水泥砂浆、石灰砂浆和混合砂浆三种。石灰砂浆由石灰膏、砂加水拌和而成，属气硬性材料，强度不高，多用于砌筑次要的民用建筑中地面以上的砌体；水泥砂浆由水泥、砂加水拌和而成，属水硬性材料，强度高，较适合于砌筑潮湿环境下的砌体；混合砂浆由水泥、石灰膏、砂加水拌和而成，这种砂浆强度较高，和易性、保水性较好，常用于砌筑地面以上的砌体。砂浆的强度等级有 M15、M10、M7.5、M5、M2.5 五个等级。

目前多采用预拌砂浆砌筑砌体，预拌砂浆是指由专业生产厂生产的湿拌砂浆或干混砂浆。湿拌砂浆是将原材料按照一定比例，在专业生产厂经计算、搅拌后，运至使用地点，并在规定时间内使用的拌合物。干混砂浆是将原材料按一定比例，在专业生产厂经计量、混合而成的干态混合物，在使用地点按规定比例加水或配套组分经拌和后使用。预拌砂浆的强度等级有 M30、M25、M20、M15、M10、M7.5、M5。

（二）砖墙组砌方式及墙的厚度

砖墙的组砌是指砌块在砌体中的排列。砖墙组砌应满足横平竖直、砂浆饱满、错缝搭接、避免出现通缝等基本要求，以保证墙体的强度和稳定性。在砖墙组砌中，把砖的长方向垂直于墙面砌筑的砖叫丁砖，把砖的长方向平行于墙面砌筑的砖叫顺砖，每排列一层砖称为一皮。上下皮之间的水平灰缝称为横缝，左右两块砖之间的垂直缝称为竖缝（图 3-3a）。如果墙体的表面或内部的垂直缝处于一条线上，则形成通缝（图 3-3b），在荷载的作用下，通缝会使墙体的强度和稳定性显著降低。

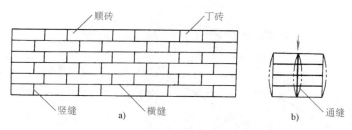

图 3-3 砖墙组砌名称及通缝

1. 烧结普通砖墙的组砌形式

烧结普通砖墙的组砌形式主要有以下五种（图 3-4）：

（1）一顺一丁 丁砖和顺砖隔层砌筑，这种砌筑方法整体性好，主要用于砌筑一砖以上的墙体。

（2）每皮丁顺相间 又称为"梅花丁""沙包丁"，在每皮之内，丁砖和顺砖相间砌筑而成，优点是墙面美观，常用于清水墙的砌筑。

（3）多顺一丁 多层顺砖、一皮丁砖相间砌筑。

（4）全顺 每皮均为顺砖，上下皮错缝 120mm，适用于砌筑 120mm 厚砖墙。

（5）两平一侧 每层由两皮顺砖与一皮侧砖组合相间砌筑而成，主要用来砌筑 180mm 厚砖墙。

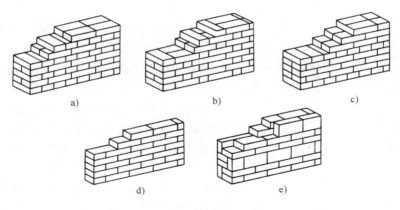

图 3-4 砌墙组砌形式

a) 一顺一丁 b) 每皮丁顺相间 c) 多顺一丁 d) 全顺 e) 两平一侧

2. 烧结多孔砖墙的组砌形式

烧结多孔砖墙应上下错缝、内外搭砌。KP1 型多孔砖宜采用一顺一丁或梅花丁的砌筑形式，DM 型多孔砖应采用全顺的砌筑形式。

在砌筑时应注意：

1）烧结多孔砖的孔洞应垂直于受压面。

2）灰缝应横平竖直，竖缝要刮浆适宜，不得出现透明缝。

3）烧结多孔砖墙不够整块多孔砖的部位应用七分砖或烧结普通砖来补砌，不得用砍过的烧结多孔砖来填补。

4）砖柱和宽度小于 1m 的窗间墙，应选用整砖砌筑，半砖应分散使用在受力较小的砌体中或墙心。

烧结多孔砖墙砌筑形式如图 3-5 所示。

图 3-5 烧结多孔砖墙砌筑形式

a) KP1 型多孔砖砌筑形式 b) DM 型多孔砖砌筑形式

3. 砖墙厚度

以标准砖砌筑墙体，常见的厚度为 115mm、240mm、365mm、490mm 等，分别称为一二墙（半砖墙）、二四墙（一砖墙）、三七墙（一砖半墙）、四九墙（二砖墙），墙厚与砖规格的关系如图 3-6 所示。

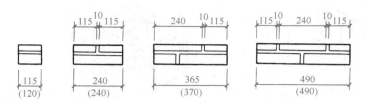

图 3-6　墙厚与砖规格的关系

二、承重砌块墙

承重砌块墙是采用预制砌块按一定技术要求砌筑而成的承重墙体。砌块按材料来分有普通混凝土砌块、轻集料砌块、加气混凝土砌块以及利用各种工业废料（如炉渣、粉煤灰等）制成的砌块。砌块一般利用工业废料和地方性材料制成，既不占用耕地，又减少了环境污染，具有投资小、见效快、生产工艺简单、节约能源等优点。

砌块按重量及幅面大小可分为小型砌块、中型砌块、大型砌块。大型砌块高度大于980mm，中型砌块高度为 380～980mm，小型砌块高度为 115～380mm。大中型砌块由于体积和重量较大，不便于人工搬运，必须采用起重设备施工。我国目前采用的砌块多以小型和中型为主，如混凝土小型空心砌块、粉煤灰小型空心砌块、装饰混凝土砌块等。混凝土小型空心砌块由普通混凝土或轻集料混凝土制成，主规格尺寸为 390mm×190mm×190mm、空心率在 25%～50% 的空心砌块，其强度等级有 MU20、MU15、MU10、MU7.5、MU5。砌筑砂浆宜选用专用小砌块砌筑砂浆，其强度等级有 Mb20、Mb15、Mb10、Mb7.5、Mb5。

用砌块砌筑墙体时，应将砌块交错搭接，以保证建筑物有一定的整体性。但砌块不能像砖那样只用一种规格并可砍断使用，因此必须在多种规格之间进行排列设计，设计时需要在建筑平面图和立面图上进行砌块的排列，并注明每一块砌块的型号。砌块排列设计应正确选择砌块的规格、尺寸，减少砌块规格的类型，优先选用大规格的砌块作为主要砌块，以加快施工速度；上下皮应错缝搭接，内外墙和转角处砌块应彼此搭接，以加强整体性；空心砌块上下皮应孔对孔、肋对肋，上下皮搭接长度不小于 90mm，以保证有足够的受压面积。混凝土小型空心砌块如图 3-7 所示。

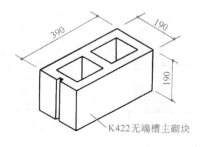
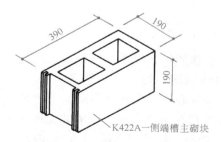

a)

图 3-7　混凝土小型空心砌块

a）主砌块形式之一

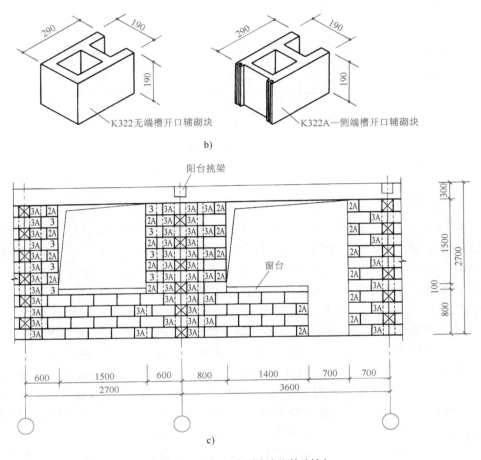

K322无端槽开口辅砌块   K322A一侧端槽开口辅砌块

b)

c)

图 3-7 混凝土小型空心砌块（续）

b）辅砌块形式之一 c）建筑立面排列设计

3.3 ➢ 墙体的细部构造

一、墙脚构造

墙脚是指室内地面以下、基础以上的这段墙体。内外墙均有墙脚，如图 3-8 所示。由于砌体本身存在很多微孔以及墙脚所处的位置，墙脚处常有地表水和土壤中的无压水渗入，墙身受潮，饰面脱落，影响室内环境。因此必须做好内外墙的防潮，增强墙脚的坚固性和耐久性，排除房屋四周的地面水。

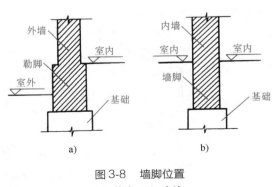

图 3-8 墙脚位置

a）外墙 b）内墙

（一）墙身防潮

墙身防潮的做法是在内外墙的墙脚处铺设连续的水平防潮层，称为墙身水平防潮层，用来防止土壤中的无压水渗入墙体。

1. 防潮层的位置

防潮层应在所有的内外墙中连续设置，其位置与所在墙体及地面情况有关。

1）当室内地面垫层为混凝土等密实材料时，内外墙防潮层应设在垫层范围内，一般低于室内地坪 60mm，如图 3-9a、b 所示。

2）室内地面垫层为透水材料时（如炉渣、碎石），水平防潮层的位置应平齐或高于室内地面 60mm。

3）当室内地面垫层为混凝土等密实材料，且内墙两侧地面出现高差或室内地坪低于室外地面时，应在高低两个墙脚处分别设一道水平防潮层，并在土壤一侧的墙面设垂直防潮层，如图 3-9c 所示。

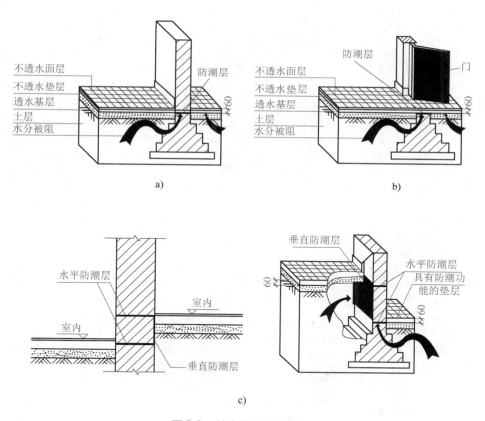

图 3-9 墙身防潮层的位置

a）内墙水平防潮层位置 b）水平防潮层在内门处位置 c）室内地面有高差防潮层位置

2. 防潮层的做法

（1）墙身水平防潮层的构造做法

1）防水砂浆防潮层。防水砂浆为 1∶2 水泥砂浆加质量分数为 3%~5% 的防水粉，厚度为 20~25mm，或用防水砂浆砌三皮砖做防潮层。这种做法构造简单，但砂浆不饱满或开裂时会影响防潮效果，不适用于地基有不均匀沉降的建筑物，防水砂浆防潮层做法如图 3-10a 所示。

2）油毡防潮层。在防潮层的位置先抹 20mm 厚水泥砂浆找平层，上铺一毡二油，此种做法防潮效果好，但油毡层的隔离削弱了砖墙的整体性，在下端按固定端考虑的砖砌体和有抗震设防要求的建筑中禁止使用。同时，油毡的寿命一般只有 20 年左右，长期使用将失去防潮作用，目前已较少采用。油毡防潮层做法如图 3-10b 所示。

3）细石混凝土防潮层。在设置防潮层的位置铺设 60mm 厚与墙等宽的细石混凝土带，内配 3φ6 或 3φ8 钢筋。由于其抗裂性能好、防潮效果好，且能与砌体结合为一体，故适用于整体刚度要求较高的建筑。细石混凝土防潮层做法如图 3-10c 所示。

4）圈梁兼防潮层。当水平防潮层处设有钢筋混凝土圈梁时，可不另设防潮层，而由圈梁代替防潮层，如图 3-10d 所示。

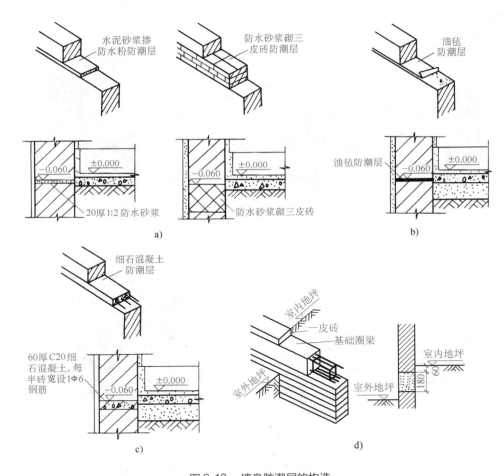

图 3-10　墙身防潮层的构造

a）防水砂浆防潮层　b）油毡防潮层　c）细石混凝土防潮层　d）圈梁兼防潮层

（2）墙身垂直防潮层的构造做法　用 20mm 厚 1∶2.5 水泥砂浆找平，外刷聚氯乙烯涂料二道。也可用其他建筑防水涂料、防水砂浆制作垂直防潮层。

（二）勒脚构造

勒脚是外墙的墙脚。勒脚有三个作用：一是保护墙体、防止各种碰撞，二是防止地表水对墙脚的侵蚀，三是可对建筑物立面的处理产生美观效果。所以，勒脚应坚固、防水、美观。勒脚处墙体的构造做法有以下几种：

1）在勒脚部位抹 20~30mm 厚 1：2.5 水泥砂浆或水刷石，为了保证抹灰层与砖墙粘接牢固，施工时应注意清扫墙面，浇水润湿，也可在墙面上留槽，使抹灰嵌入，称为咬口。

2）用天然石材（如花岗石、大理石）或人工石材（如水磨石板等）作为勒脚贴面。这种做法防撞性能较好，耐久性强，装饰性好。

3）勒脚部位的墙体采用天然石材（如毛石）砌筑。

勒脚构造如图 3-11 所示。

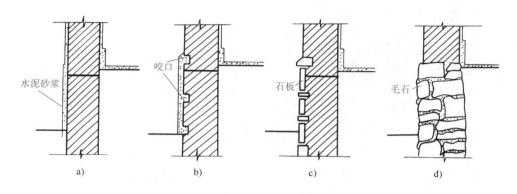

图 3-11　勒脚构造
a）抹灰勒脚　b）带咬口抹灰勒脚　c）石板贴面勒脚　d）毛石勒脚

勒脚的高度当仅考虑防水和防止碰撞时，应不低于 500mm；从美观的角度考虑，应结合立面处理确定。

（三）散水和明沟

房屋四周的地表水渗入地下时，会增加基础周围土的含水率，还可能降低地基承载力。为保护墙基不受水的侵蚀，要在房屋四周勒脚与室外地面相接处设明沟和散水，将勒脚附近的地表水排走。

（1）散水　散水是建筑物四周坡度为 3%~5% 的护坡，能将地表积水排离建筑物。散水宽一般为 600~1000mm，当屋面排水方式为自由排水时，散水应比屋面檐口宽 200mm，且散水应加滴水砖带。散水一般是在素土夯实的基础上铺三合土、灰土、混凝土等材料，也可用砖、石等材料铺砌而成。散水与外墙交接处应设分隔缝，分隔缝内应用有弹性的防水材料嵌缝，以防止外墙下沉时散水被拉裂。同时，散水整体面层在纵向距离每隔 6~12m 做一道伸缩缝，缝内处理同勒脚与散水相交处的处理。散水构造如图 3-12 所示。

（2）明沟　明沟是在建筑物四周设置的排水沟，能将水有组织地导向集水井，然后流入排水系统。明沟可用混凝土浇筑而成，或用砖砌、石砌制成。沟底应做纵坡，坡度为 0.5%~1%，坡向集水井。明沟中心应正对屋檐滴水位置。一般雨水较多的地区应做明沟。明沟构造如图 3-13 所示。

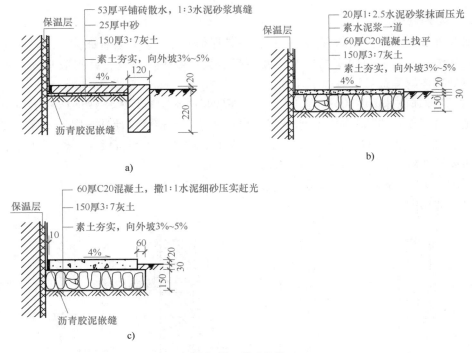

图 3-12 散水构造

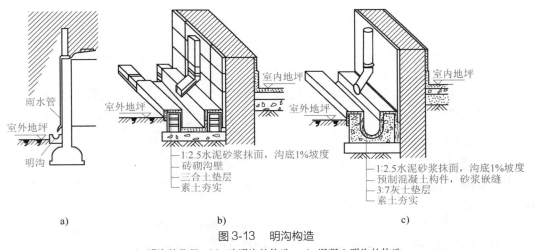

图 3-13 明沟构造

a) 明沟的位置　b) 砖明沟的构造　c) 混凝土明沟的构造

二、窗洞口构造

(一) 门窗过梁

当墙体开设洞口时，为了承受上部砌体传来的各种荷载，并把这些荷载传给两侧的墙体，常在门窗洞口上设置横梁，即门窗过梁。过梁是承重构件，它的种类很多，可依据洞口跨度和洞口上的荷载不同进行选择。常见的有砖拱过梁、钢筋砖过梁和钢筋混凝土过梁三种。

1. 砖拱过梁

砖拱过梁有平拱和弧拱两种，是我国的传统过梁做法。平拱过梁的做法：将立砖和侧砖相间砌筑，使砖缝上宽下窄，砖对称向两边倾斜，相互挤压形成拱，用来承担荷载。平拱的适宜跨度为1.2m以内，弧拱的跨度稍大些。砖拱过梁节约钢材和水泥，但施工麻烦，整体性差，不宜用于上部有集中荷载、振动较大或地基承载力不均匀以及地震区的建筑。砖拱过梁如图3-14所示。

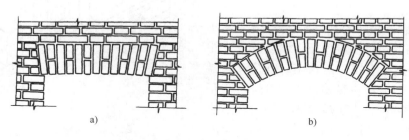

图3-14 砖拱过梁
a）平拱 b）弧拱

2. 钢筋砖过梁

钢筋砖过梁是在洞口顶部配置钢筋，形成能承受弯矩的加筋砖砌体。钢筋直径为6mm，间距不大于120mm，钢筋伸入洞口两侧的墙体内不小于240mm，并设90°直弯钩埋在墙体的竖缝中。过梁采用M5水泥砂浆砌筑，高度一般不小于5皮砖，且不小于门窗洞口宽度的1/4。钢筋砖过梁的外观与外墙的砌筑形式相同，清水墙面效果统一，但施工麻烦，最大跨度为1.5m。钢筋砖过梁如图3-15所示。

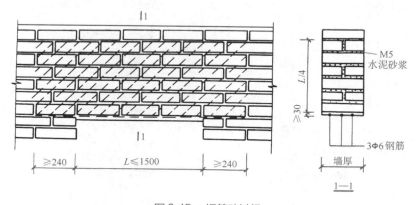

图3-15 钢筋砖过梁

3. 钢筋混凝土过梁

钢筋混凝土过梁的承载力较强，可用于较宽的门窗洞口，如图3-16所示。对洞口上部有集中荷载以及房屋的不均匀沉降、振动都有一定的适应性。它坚固耐用、施工方便，目前已广泛采用。钢筋混凝土过梁有预制和现浇两种，预制钢筋混凝土过梁施工速度快，是较常用的一种过梁。

钢筋混凝土过梁的截面尺寸应根据洞口的跨度和荷载经计算确定。为了施工方便，过梁

宽一般同墙厚，过梁的高度应与砖的皮数相配合，作为烧结普通砖墙的过梁，梁高常采用

60mm、120mm、240mm等；作为烧结多孔砖墙的过梁，梁高常采用90mm、180mm等。钢筋混凝土过梁的两端伸进墙内的支承长度不小于240mm。当洞口上部有圈梁时，洞口上部的圈梁可兼作过梁，且过梁部分的钢筋应按计算用量另行增配。

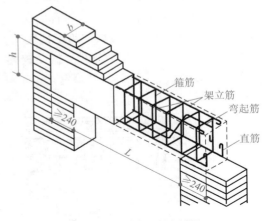

图3-16 钢筋混凝土过梁

钢筋混凝土过梁的截面形式有矩形和L形。矩形截面的过梁一般用于内墙以及部分外混水墙；L形过梁多用于清水墙，以及有保温要求的外墙。过梁部位是墙体中的冷桥，在有保温要求的外墙中，为了减少热量损失，不论外墙面是否装修，都应采用L形过梁。有时，由于立面的需要，为简化构造，可将过梁与窗套、悬挑雨篷、窗楣板、遮阳板结合起来设计。炎热多雨地区，常从过梁上挑出300~500mm宽的窗楣板，既保护窗户不淋雨，又可遮挡部分直射阳光。钢筋混凝土过梁的形式如图3-17所示。

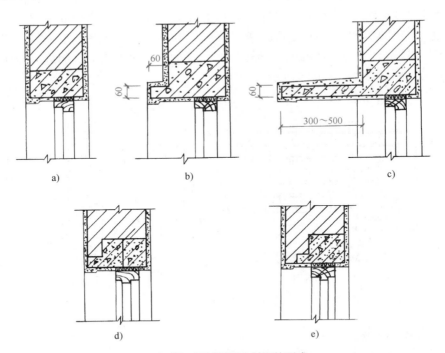

图3-17 钢筋混凝土过梁的形式

（二）窗台

窗台按位置和构造做法不同，分为外窗台和内窗台，外窗台设于室外，内窗台设于室内。

1. 外窗台

外窗台是窗洞下部的排水构件，它可排除窗外侧流下的雨水，防止雨水积聚在窗下侵入墙身和向室内渗透。外窗台分为悬挑窗台和不悬挑窗台。砖墙的外窗台可根据立面形式设悬挑窗台。处于内墙和阳台处的窗不受雨水的冲刷，可设不悬挑窗台，外墙面的饰面材料为贴面砖时，为了使墙面被雨水冲刷干净，也可设不悬挑窗台。

悬挑窗台的做法：第一种做法是顶砌一皮砖出挑 60mm 或 120mm；第二种做法是用一皮砖侧砌并出挑 60mm 或 120mm；第三种做法是采用钢筋混凝土窗台出挑。前两种砖砌悬挑窗台的做法施工简便，应用较为广泛。

外窗台构造要点：①窗台表面应做不透水面层，如抹灰或贴面处理；②窗台表面应做10%左右的排水坡度，并应注意抹灰与窗下槛交接处的处理，防止雨水向室内渗入；③悬挑窗台下做滴水或斜抹水泥砂浆，以引导雨水垂直下落，不影响窗下墙面。

外窗台构造如图 3-18 所示。

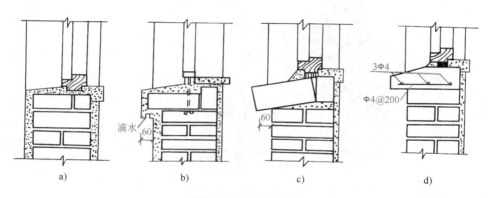

图 3-18　外窗台构造
a）不悬挑窗台　b）带滴水窗台　c）侧砌砖窗台　d）钢筋混凝土窗台

2. 内窗台

内窗台一般水平放置，通常结合室内装修做成水泥砂浆抹面、贴面砖、木窗台板、预制水磨石窗台板等形式。在我国北方寒冷地区，室内为散热器采暖时，为便于安装散热器，窗台下留凹龛，称为散热器槽。散热器槽进墙一般为 120mm，此时应采用预制水磨石窗台板或木窗台板，形成内窗台。预制水磨石窗台板支撑在窗两边的墙上，每端伸入墙内不小于 60mm。

（三）窗套与腰线

窗套与腰线均为立面装修做法，窗套是由挑出的过梁、窗台、窗边挑出保温层或立砖构成，外抹水泥砂浆后，可再刷白色涂料或做其他装饰，窗套构造如图 3-19 所示。腰线是指将带挑檐过梁或窗台连接起来形成的水平线条，外抹水泥砂浆后，刷外墙涂料或做其他装饰。

三、墙体的加固及抗震构造

砖砌体为脆性材料，其抗震能力和承载能力较差，有时需对墙身采取加固措施，以提高墙身的强度和稳定性。

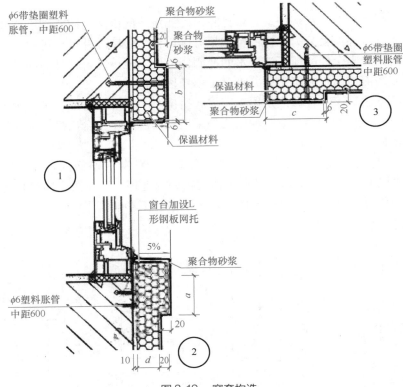

图 3-19 窗套构造

（一）壁柱和门垛

当墙体的高度或长度超过一定限值（如 240mm 厚砖墙长度超过 6m），影响到墙体的稳定性，或墙体受到集中荷载的作用，而墙较薄不足以承担其荷载时，应增设凸出墙面的壁柱（又称扶壁柱），以提高墙体的刚度和稳定性，并与墙体共同承担荷载。壁柱的尺寸应符合砖的模数要求。壁柱凸出墙面的尺寸一般为 120mm×370mm、240mm×370mm、240mm×490mm，如图 3-20a 所示。当墙上开设的门窗洞口处于两墙转角处或丁字墙交接处时，为保证墙体的承载能力及稳定性和便于门框的安装，应设门垛，门垛的长度不应小于 120mm，如图 3-20b 所示。

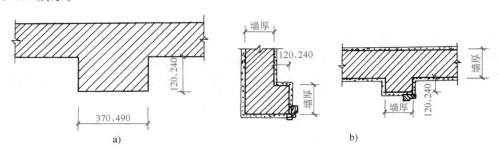

图 3-20 壁柱与门垛
a) 壁柱 b) 门垛

（二）圈梁

圈梁是沿外墙四周及部分内墙设置在同一水平面上的连续闭合交圈的按构造配筋的梁。它的作用是与楼板配合加强房屋的空间刚度和整体性，减少由于基础的不均匀沉降、振动荷载引起的墙身开裂，在抗震设防地区，利用圈梁加固墙身十分必要。

1. 圈梁的设置位置及数量

根据《建筑抗震设计规范》（GB 50011—2010），多层砖砌体房屋的现浇钢筋混凝土圈梁设置应符合下列要求：

1）装配式钢筋混凝土楼（屋）盖或木屋盖的砖房，应按表3-1的要求设置圈梁；纵墙承重时，抗震横墙上的圈梁间距应比表内要求适当加密。

表3-1 现浇钢筋混凝土圈梁设置

墙类	抗震设防烈度		
	6度、7度	8度	9度
外墙和内纵墙	屋盖处及每层楼盖处	屋盖处及每层楼盖处	屋盖处及每层楼盖处
内横墙	屋盖处及每层楼盖处，屋盖处间距不应大于4.5m，楼盖处间距不应大于7.2m；构造柱对应部位	屋盖处及每层楼盖处；各层所有内横墙，且间距不应大于4.5m；构造柱对应部位	屋盖处及每层楼盖处，各层所有内横墙

2）现浇或装配整体式钢筋混凝土楼（屋）盖与墙体有可靠连接的房屋，应允许不另设圈梁，但楼板沿抗震墙体周边均应加强配筋并应与相应的构造柱钢筋可靠连接。

2. 多层砖砌体房屋的现浇钢筋混凝土圈梁构造

1）圈梁应采用现浇混凝土，且宜连续地设置在同一水平面上，形成封闭状；当圈梁被门窗洞口截断时，应在洞口上部增设相同截面的附加圈梁。附加圈梁与圈梁的搭接长度不应小于两者中心线之间的垂直间距的2倍，且不得小于1m，如图3-21所示。

2）圈梁宜与预制板设在同一标高处，称为板平圈梁；或紧靠预制板底，称为板底圈梁，如图3-22所示。

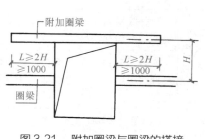

图3-21 附加圈梁与圈梁的搭接

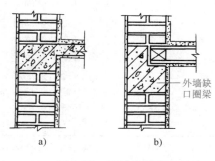

图3-22 圈梁的构造
a）板平圈梁 b）板底圈梁

3）圈梁宽度一般同墙厚，在寒冷地区可略小于墙厚，当墙厚不小于190mm时，其宽度不宜小于 2/3 墙厚。圈梁的高度不宜小于 120mm，且应为砖厚的整倍数，配筋应符合表 3-2 的要求。

表 3-2　圈梁配筋

配筋	抗震设防烈度		
	6 度、7 度	8 度	9 度
最小纵筋	4 Φ 10	4 Φ 12	4 Φ 14
箍筋及最大间距/mm	Φ 6@ 250	Φ 6@ 200	Φ 6@ 150

（三）构造柱

在多层砌体房屋墙体的规定部位，按构造配筋并按先砌墙后浇筑混凝土柱的施工顺序制成的混凝土柱，通常称为钢筋混凝土构造柱，简称构造柱。

在抗震设防地区，为了增加建筑物的整体刚度和稳定性，在多层砖混结构房屋的墙体中，需设置钢筋混凝土构造柱，使之与各层圈梁连接，形成空间骨架，加强墙体的抗弯、抗剪能力，使墙体在破坏过程中具有一定的延性。构造柱是防止房屋倒塌的有效措施。

1. 构造柱设置的位置

多层砌体构造柱一般设置在建筑物的四角，外墙错层部位横墙与外纵墙的交接处，较大洞口的两侧，大房间内外墙的交接处，楼梯间、电梯间以及某些较长墙体的中部。除此以外，根据房屋层数和抗震设防烈度不同，砌体房屋构造柱的设置要求参见表 3-3。

2. 构造柱的构造要点

1）构造柱的最小截面尺寸为 240mm×180mm，纵向钢筋采用 4 Φ 12，箍筋间距不宜大于 250mm，且在每层楼面上下一定范围内适当加密。

表 3-3　砌体房屋构造柱的设置要求

层数/层				设置部位	
6 度	7 度	8 度	9 度		
4、5	3、4	2、3	—	楼梯间、电梯间四角位置，楼梯斜梯段上下端对应的墙体处；外墙四角和对应转角处；错层部位横墙与外纵墙交接处；大房间内外墙交接处；较大洞口两侧	每隔 12m 或单元横墙与外纵墙交接处；楼梯间对应的另一侧内横墙与外纵墙交接处
6、7	5	4	2		隔开间横墙（轴线）与外墙交接处；山墙与内纵墙交接处
7	≥6	≥5	≥3		内墙（轴线）与外墙交接处；内横墙的局部较小墙垛处；内纵墙与横墙（轴线）交接处

注：表中的"较大洞口"，对于内墙是指不小于 2.1m 的洞口；外墙在内外墙交接处已设置构造柱时应允许适当放宽，但洞侧墙体应加强。

2）施工时，应先放构造柱的钢筋骨架，再砌砖墙，最后浇筑混凝土。构造柱与墙连接处应砌成马牙槎，即每 300mm 高伸出 60mm，然后每 300mm 高再缩进 60mm；同时，沿墙高每500mm设2ϕ6拉结钢筋,每边伸入墙内不小于1m。

3)构造柱可不单独设基础,但应伸入室外地面下500mm,或锚入基础梁内。构造柱顶部应与顶层圈梁或女儿墙压顶拉结。

构造柱做法如图3-23所示。

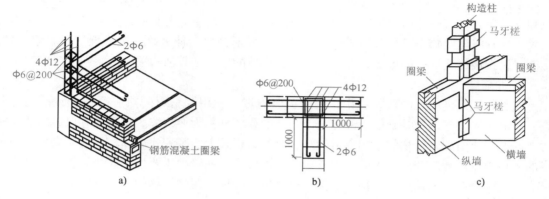

图3-23 构造柱做法

a)外墙转角处构造柱 b)内外墙相交处构造柱 c)构造柱马牙槎透视图

4)在填充墙中,当填充墙长度超过层高2倍时,需设钢筋混凝土构造柱(图3-24),构造柱是与墙体同步施工的,从构造柱中每隔一定距离伸出拉结筋与分段的墙体拉结,这样可加强整段墙体的稳定性。

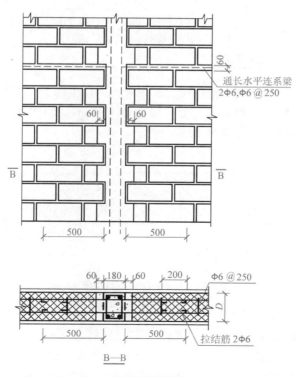

图3-24 填充墙钢筋混凝土构造柱

四、变形缝

建筑物由于受昼夜温差的影响而热胀冷缩，或由于不均匀沉降以及地震等原因，有可能产生内部变形，在应力集中处开裂，影响使用，甚至造成严重破坏。为此，除加强建筑物的整体刚度外，还需要在某些变形敏感部位预先沿整个建筑物的高度设置预留缝，将建筑物分成独立的单元，或是分为简单、规则、均一的单元，以避免应力集中，并给变形留下适当的余量，这种将建筑物垂直分开的缝称为变形缝。变形缝包括伸缩缝、沉降缝、防震缝三种。本节只讲授墙体变形缝的做法，楼面、屋面变形缝的做法见其他相关单元。

1. 伸缩缝

在长度或宽度较大的建筑物中，为避免因温度变化引起材料的热胀冷缩导致的构件开裂，而沿竖向将建筑物基础以上部分全部断开的预留缝称为伸缩缝。当屋顶有保温隔热设施时，温度变化引起建筑物的结构变形较小，反之，则较大。装配式屋顶较易适应变形，而现浇的屋顶则较难适应变形。因此，建筑物是否需要设伸缩缝，主要按建筑物的长度、结构类型、屋盖刚度以及屋顶是否设保温隔热层来决定。砌体房屋伸缩缝的最大间距见表3-4。

表3-4　砌体房屋伸缩缝的最大间距

砌体房屋屋盖或楼盖类别		最大间距/m
整体式或装配整体式钢筋混凝土结构	有保温层或隔热层的屋盖、楼盖	50
	无保温层或隔热层的屋盖	40
装配式无檩体系钢筋混凝土结构	有保温层或隔热层的屋盖、楼盖	60
	无保温层或隔热层的屋盖	50
装配式有檩体系钢筋混凝土结构	有保温层或隔热层的屋盖、楼盖	75
	无保温层或隔热层的屋盖	60
瓦材屋盖、木屋盖或木楼盖、轻钢屋盖		100

伸缩缝要求把建筑物的墙体、楼板层、屋顶等地面以上部分全部断开，基础部分因受温度变化影响较小，不需断开。伸缩缝宽度一般为20~30mm。墙体伸缩缝一般做成平缝、错口缝、企口缝，如图3-25所示；也可做成凹缝。

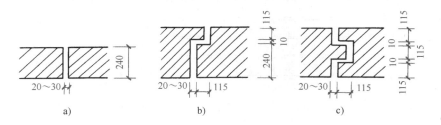

图3-25　砖墙伸缩缝的截面形式
a）平缝　b）错口缝　c）企口缝

为防止外界自然条件通过伸缩缝对墙体及室内环境造成侵袭，需对伸缩缝进行构造处理，以达到防水、保温、防风等目的。外墙外侧常用浸沥青的麻丝或木丝板及泡沫塑料条、油膏等有弹性的防水材料塞缝，缝口可用镀锌薄钢板、铝皮做盖缝处理；内墙可用金属薄板或木盖缝板作为盖缝材料。所有填缝及盖缝材料和构造应保证结构在水平方向自由伸缩而不破坏。另外，在进行盖缝处理时，还应注意与缝所在的墙面相协调。伸缩缝构造如图 3-26 所示。

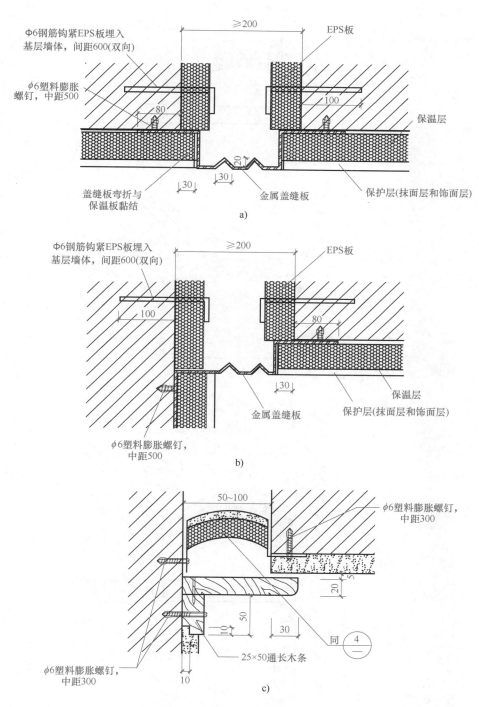

图 3-26　伸缩缝构造

a）、b）外墙伸缩缝构造　c）内墙伸缩缝构造

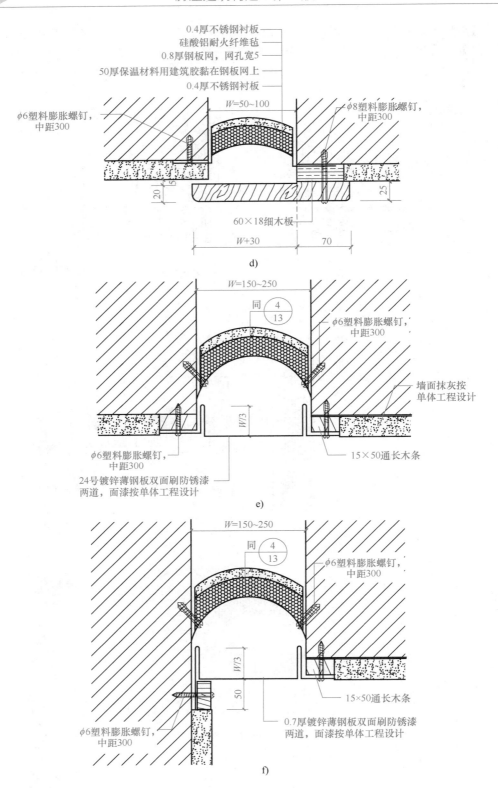

0.4厚不锈钢衬板
硅酸铝耐火纤维毡
0.8厚钢板网，网孔宽5
50厚保温材料用建筑胶黏在钢板网上
0.4厚不锈钢衬板

$W=50\sim100$

φ6塑料膨胀螺钉，中距300

φ8塑料膨胀螺钉，中距300

60×18细木板

$W+30$　　70

d)

$W=150\sim250$

同 ④/⑬

φ6塑料膨胀螺钉，中距300

墙面抹灰按单体工程设计

$W/3$

φ6塑料膨胀螺钉，中距300

15×50通长木条

24号镀锌薄钢板双面刷防锈漆两道，面漆按单体工程设计

e)

$W=150\sim250$

同 ④/⑬

φ6塑料膨胀螺钉，中距300

$W/3$

50

15×50通长木条

0.7厚镀锌薄钢板双面刷防锈漆两道，面漆按单体工程设计

φ6塑料膨胀螺钉，中距300

f)

图 3-26　伸缩缝构造（续）

d)、e) 内墙伸缩缝构造　f) 内墙伸缩缝构造

2. 沉降缝

沉降缝是为了预防建筑物各部分由于不均匀沉降引起的破坏而设置的变形缝。沉降缝一般在下列情况下设置：

1）同一建筑物相邻部分的高度相差较大，或荷载相差悬殊，或结构形式变化较大，而导致地基沉降不均匀时。

2）建筑物各部分相邻基础的形式、宽度及埋深相差较大，造成基础底部压力有很大差异，易形成不均匀沉降时。

3）建筑物建造在不同地基上，且难以保证均匀沉降时。

4）建筑物体型比较复杂，连接部位又比较薄弱时。

5）新建、扩建建筑物与既有建筑物距离较近时。

沉降缝的缝宽与地基情况和建筑物的高度有关，其缝宽一般为30~70mm，修筑在软弱地基及失陷性黄土地基上的建筑，其沉降缝宽度应更大些。

沉降缝和伸缩缝的最大区别在于伸缩缝只需保证建筑物在水平方向的自由伸缩变形，而沉降缝主要应满足建筑物各部分在垂直方向的自由变形，故应将建筑物从基础到屋顶全部断开。同时，沉降缝也兼顾伸缩缝的作用，在构造上应满足伸缩与沉降的双重要求。墙体沉降缝的盖缝处理应满足水平伸缩和垂直变形的要求，同时也要满足抵御外界影响以及美观的要求。沉降缝构造如图3-27所示。

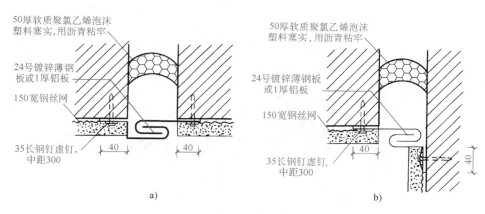

图 3-27 沉降缝构造

a）外墙平缝 b）外墙转角处

虽然设沉降缝可以解决建筑物在垂直方向的变形问题，但设沉降缝也带来了很多麻烦，例如必须做盖缝处理，易发生渗漏，影响美观等。在房屋的高层与低层之间，可采用以下一些措施，将两部分连成整体而不必设沉降缝：

1）裙房等低层部分不设基础，由高层建筑伸出悬臂梁来支撑，以求得同步沉降。

2）采用后浇带。近年来，许多建筑用后浇带代替沉降缝。其做法是：在高层建筑和裙房之间留出800~1000mm的后浇带，待两部分主体施工完成一段时间，沉降均基本稳定后，再浇筑后浇带，使两部分连成整体。

3. 防震缝

防震缝是在抗震设防地区针对可能发生的地震设置的。在这类地区，建筑物的平面和体型最好较为规整，否则一旦有地震发生，某些部位会因变形产生应力集中而破坏。因此需根据不同地区的设防烈度、建筑的结构类型和高度，在可能由地震引起断裂的部位设置防震缝，将建筑物分为简单、规整、单一的单元。砌体房屋有下列情况之一时，应设防震缝：

1）房屋立面高差在 6m 以上。

2）房屋有错层，且楼板高差较大。

3）各部分结构的刚度、质量截然不同。

防震缝的缝宽应根据地震设防烈度和房屋高度确定，可采用 50~100mm。在抗震设防地区，防震缝应同伸缩缝、沉降缝协调布置，做到一缝多用或多缝合一，其构造也必须同时满足它们的变形要求。一般情况下，防震缝的基础可以不断开，但在复杂的建筑中，或建筑相邻部分刚度差别很大时，基础应断开，兼起沉降缝作用的防震缝也应将基础断开。

防震缝的构造要求及做法如图 3-28 所示。

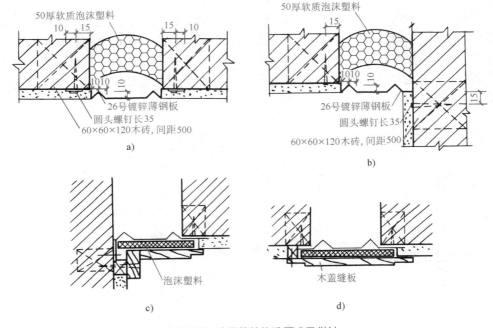

图 3-28 防震缝的构造要求及做法

a）外墙平缝处 b）外墙转角处 c）内墙转角处 d）内墙平缝处

3.4 ▶ 轻质隔墙与幕墙

一、轻质隔墙

轻质隔墙是分隔建筑室内空间的非承重构件，它不承担外来荷载，且本身重量还要由楼板或梁来承担。轻质隔墙应满足以下要求：

1）自重轻，有利于减轻楼板的荷载。

2）厚度薄，可增加建筑的有效空间。

3）便于拆卸，能随使用要求的改变而变化。

4）具有一定的隔声能力，使各使用房间互不干扰。

5）按使用部位不同，有不同的要求，如防潮、防水、防火等。

轻质隔墙按其构造形式分为砌筑隔墙、轻骨架隔墙、板材隔墙三种主要类型。

（一）砌筑隔墙

砌筑隔墙是指采用多孔砖以及各种轻质砌块等砌筑的分隔建筑室内空间的非承重墙体，包括砖隔墙和砌块隔墙。

砖隔墙厚度一般为120mm，普遍采用多孔砖，其构造如图3-29所示。当采用 M2.5 砂浆砌筑时，其高度不宜超过 3.6m，长度不宜超过 5m；当采用 M5 砂浆砌筑时，其高度不宜超过 4m，长度不宜超过 6m。否则，在构造上除砌筑时应与承重墙牢固搭接外，还应在墙身每隔 1.2m 高处加 2φ6 拉结钢筋予以加固。此外，砖隔墙顶部与楼板或梁相接处，不宜过于填实或使砖砌体直接接触楼板和梁，应用两皮烧结普通砖斜砌或留有 30mm 的空隙，待砌体干燥后用混合砂浆填塞墙与楼板间的空隙，以防止由于隔墙沉降在墙与楼板或梁交接处产生裂缝。

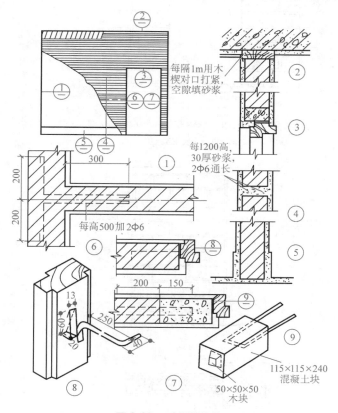

图3-29 砖隔墙构造

在框架结构中常采用加气混凝土砌块、矿渣空心砖、陶粒混凝土砌块等砌筑填充墙和内隔墙，形成砌块隔墙。填充墙的厚度随砌块尺寸而定，加气混凝土砌块的规格一般为长600mm，高 200mm、250mm、300mm，厚 75mm、100mm、125mm、150mm、200mm、250mm。

加气混凝土砌块隔墙的垂直灰缝宽为 20mm，水平灰缝宽为 15mm，墙体厚度有 200mm、250mm、300mm 等。砌块隔墙重量轻、孔隙率大、隔热性能好，但吸水性较强。因此，砌筑时应在砌块隔墙下砌 3~5 皮烧结多孔砖。有水房间的砌块隔墙底部均做与墙体同宽的高出室内地面 200mm 的 C20 现浇混凝土坎台。

砌块隔墙较薄，需采取措施加强其稳定性和抗震性能，根据《建筑抗震设计规范》（GB 50011—2010），砌块隔墙应沿框架柱全高每隔 500~600mm 预留拉结钢筋，以便在砌筑墙体时将拉结钢筋砌入墙体的水平灰缝内，拉结筋不少于 2φ6，拉结筋伸入墙内的长度：抗震设防烈度为 6 度、7 度时宜沿墙全长贯通，8 度、9 度时应全长贯通。

砌块隔墙顶部与楼板或梁相接处留有 30mm 空隙，沿墙体长度方向每隔 1m 用一组木楔对口打紧，其余空隙处用混合砂浆填充。加气混凝土砌块隔墙构造如图 3-30 所示。

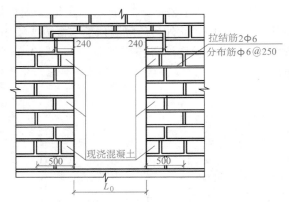

注：本图适用于 1200≤L_0<1800 或墙厚 D<125；L_0<1200 或
墙厚 D>125 时，取消现浇混凝土。

a)

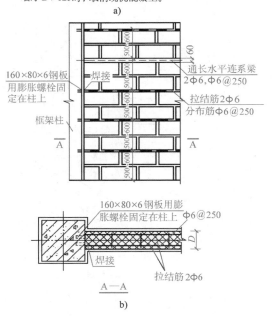

b)

图 3-30　加气混凝土砌块隔墙构造
a）加气混凝土砌块隔墙门洞立面　b）隔墙与框架柱拉结

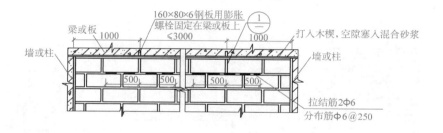

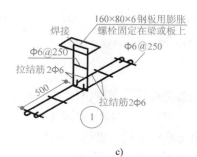

c)

图 3-30　加气混凝土砌块隔墙构造（续）

c）隔墙与梁式板拉结

（二）轻骨架隔墙

轻骨架隔墙又称为立筋式隔墙，它由骨架和面层两部分组成。骨架的种类很多，常用的是木骨架和轻钢骨架。隔墙的饰面层有抹灰面层和人造板面层，抹灰面层一般采用木骨架，如传统的板条抹灰隔墙。人造板面层则是在木骨架或轻钢骨架上铺钉各种人造板材，如装饰吸声板、钙塑板以及各种胶合板、纤维板等。隔墙的名称就是依据不同的面层材料确定的。

1. 木骨架板条抹灰隔墙

木骨架板条抹灰隔墙如图 3-31 所示。其中，木骨架由上槛、下槛、竖筋、横撑组成。面板做法为：先在木骨架的两侧钉灰板条，然后抹灰。这种隔墙目前较少使用。

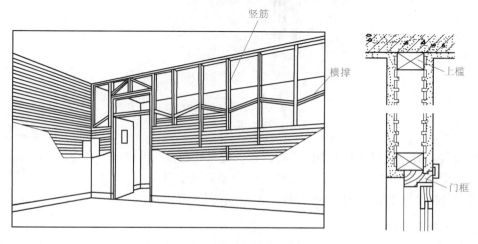

图 3-31　木骨架板条抹灰隔墙

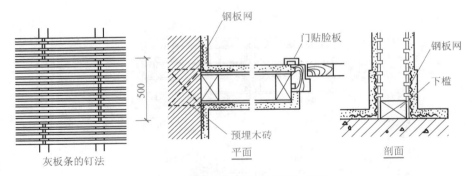

灰板条的钉法

门贴脸板

钢板网

钢板网

下槛

500

预埋木砖

平面

剖面

图 3-31 木骨架板条抹灰隔墙（续）

2. 轻钢龙骨石膏板隔墙

轻钢龙骨石膏板隔墙的骨架是由各种形式的薄型钢加工制成的，也称为轻钢龙骨。它具有强度高、刚度大、重量轻、整体性好、易于加工和大批量生产，以及防火、防潮性能好等优点。轻钢骨架和木骨架一样，也是由上槛、下槛、竖筋、横撑组成。轻钢骨架的安装过程是先用射钉将上（下）槛固定在楼板上，然后安装竖筋、横撑，如图 3-32 所示。

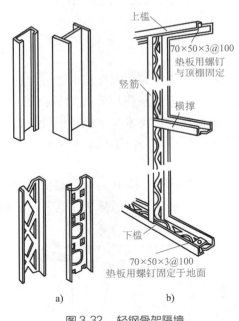

上槛

70×50×3@100
垫板用螺钉
与顶棚固定

竖筋

横撑

下槛

70×50×3@100
垫板用螺钉固定于地面

a)   b)

图 3-32 轻钢骨架隔墙

a）薄壁轻钢竖筋形式 b）骨架组合

轻钢龙骨石膏板隔墙的面板为纸面石膏板、装饰吸声板、钙塑板、胶合板、纤维板或其他轻质薄板，骨架两侧均需铺钉面板，面板采用镀锌螺钉或金属夹子固定在骨架上。为提高隔墙的隔声能力，可在面板之间填岩棉等轻质弹性材料，如图 3-33 所示。

（三）板材隔墙

板材隔墙是指单板相当于房间净高，面积较大，不依赖于骨架直接装配而成的隔墙，具有自重轻、安装方便、施工速度快、工业化程度高等特点。板材隔墙常采用预制条板，如加气混凝土条板、碳化石灰板、石膏珍珠岩板、水泥钢丝网夹芯板、复合彩色钢板等。

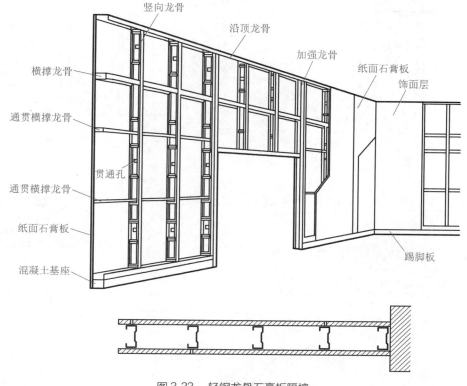

图 3-33 轻钢龙骨石膏板隔墙

　　预制条板的厚度大多为 60~100mm，宽度为 600~1000mm，长度略小于房间净高。安装时，条板顶部用胶粘剂固定在隔墙上方的基底上；条板下部选用小木楔顶紧，然后用细石混凝土堵严板缝。条板表面连接缝用胶粘剂粘贴，并用胶泥刮缝，平整后再做表面装修。石膏（水泥）空心条板隔墙如图 3-34 所示。

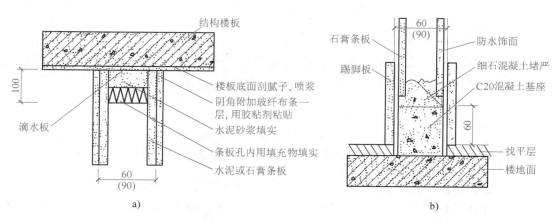

图 3-34 石膏（水泥）空心条板隔墙
a）水泥玻纤空心条板（GRC 板）隔墙 b）水泥玻纤空心条板

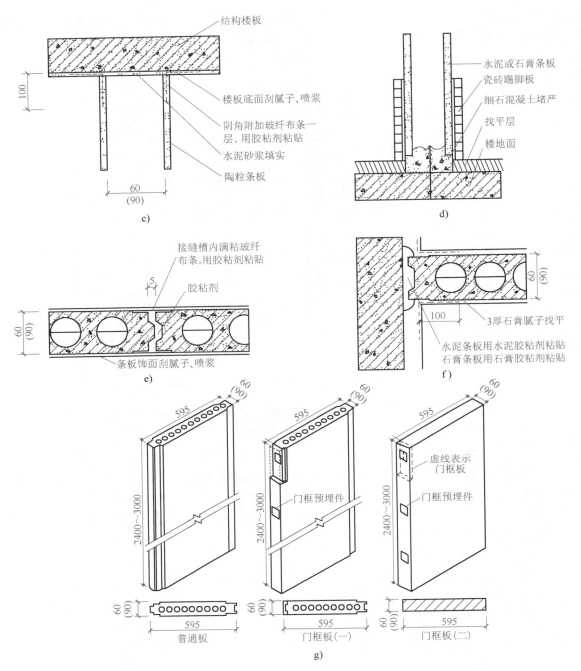

图 3-34　石膏（水泥）空心条板隔墙（续）

c）陶粒条板隔墙　d）水泥或石膏条板隔墙　e）条板缝处理　f）条板与墙面接缝处理　g）各类板型

　　水泥钢丝网夹芯板复合墙板（又称为泰柏板，图 3-35a），以 50mm 厚的阻燃型聚苯乙烯板为芯材，两侧钢丝网间距 70mm，钢丝网格间距 50mm，每个网格焊一根腹丝，腹丝倾角为 45°；再在两侧喷抹 30mm 厚水泥砂浆或细石混凝土，总厚度为 110mm。其定型产品规格为 1200mm×2400mm×70mm。

安装水泥钢丝网夹芯板复合墙板时，先放线，然后在楼面和顶板处设置锚筋或固定用的U形码，将墙板与之可靠连接，并用膨胀螺栓加强墙板与周围墙体、梁、柱的连接（图3-35b）。墙板安装完毕后，分层抹水泥砂浆（总厚度30mm），最后在水泥砂浆表面做涂料、面砖等饰面。这种墙板具有耐火、防水、隔声等优点，且安装、拆卸方便。

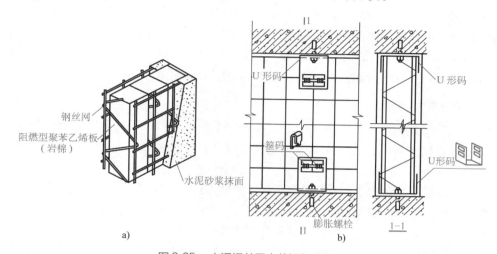

图 3-35 水泥钢丝网夹芯板复合墙板

a）构造 b）水泥钢丝网夹芯板复合墙板与楼板、地面的连接

二、幕墙

幕墙是以板材形式悬挂于主体结构上的外墙，犹如悬挂的幕布而得名。幕墙构造具有如下特征：幕墙不承重，但要承受风荷载，并通过连接件将自重和风荷载传给主体结构；幕墙装饰效果好，安装速度快。幕墙按材料分类有玻璃幕墙、铝板幕墙等。

（一）幕墙材料

1. 幕墙面板材料

幕墙面板多采用玻璃、金属面板和石材等材料。从热工性能看，幕墙用玻璃可选择中空玻璃、低辐射玻璃、偏光玻璃。中空玻璃是用金属框在间隔6~12mm的两片或多片玻璃四周经密封形成闭合空间，在其中充入干燥空气或惰性气体，具有良好的保温、隔热和隔声性能。低辐射玻璃是在玻璃表面镀覆特殊的金属氧化物，对远红外光的反射率较高，而基本不影响可见光的透射，是运用很广的玻璃产品。此外，还有在双层玻璃的间隙中加入光栅做成的偏光玻璃，可以遮挡直射光而允许漫射光进入室内。从安全性能方面考虑，幕墙用玻璃可选择钢化玻璃、夹层玻璃或者用上述玻璃组成的中空玻璃。钢化玻璃的强度要高于普通浮法玻璃，且破坏时形成蜂窝状小颗粒，边缘没有利口，不易伤人。夹层玻璃是在两片或多片普通或钢化玻璃之间夹入透明或彩色的有机聚合物中间膜，经高温高压黏合后，即便遭到撞击并破坏，玻璃碎片也不易脱落。

幕墙所采用的金属面板多为铝合金和钢材。铝合金有单层的、复合型的以及蜂窝铝板几种，表面可用氟碳树脂涂料进行防腐处理。钢材可采用高耐候性材料，或者在表面进行镀锌、烤漆等处理。

2. 幕墙用连接与密封材料

幕墙通常会通过金属框架、杆件或拉索系统以及小型连接件与主体结构相连接，同时为了满足防水及适应变形等功能要求，还会用到许多胶粘材料和密封材料。其中，用作框架、连接杆件及拉索的金属材料有铝合金、钢和不锈钢型材。幕墙中使用的五金配件一般采用不锈钢材料制作。幕墙使用的胶粘材料和密封材料有硅酮结构胶和硅酮耐候胶，前者用于幕墙玻璃与铝合金杆件系统的连接固定或玻璃之间的连接固定；后者则通常用来嵌缝，以提高幕墙的气密性和水密性。为了防止材料之间因接触而发生化学反应，胶粘材料和密封材料与幕墙其他材料之间必须先进行相容性试验，合格后方能配套使用。

（二）幕墙安装构造

幕墙按照其与建筑物主体结构之间的连接杆件系统的类型以及与幕墙面板的相对位置关系，可以分为有框式幕墙、全玻式幕墙、点式幕墙和石材幕墙等。

1. 有框式幕墙

幕墙与主体结构之间的连接系统做成金属框格的形式，这种幕墙称为有框式幕墙。如果金属框全部暴露在室外，形成外观上可见的金属格构，就称为明框幕墙；如果垂直或者水平两个方向的框格杆件只有一个方向暴露出来，就称为半隐框幕墙，包括竖框式（竖明横隐）和横框式（横明竖隐）两种类型；如果框格全部隐藏在面板之下，就称为隐框幕墙，如图 3-36 所示。

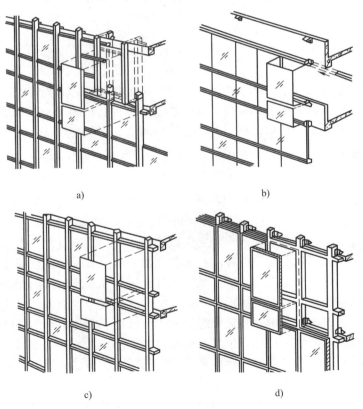

a) 　　　　　　　　　　　　　　　　 b)

c) 　　　　　　　　　　　　　　　　 d)

图 3-36　有框式幕墙

a）竖框式（竖明横隐）半隐框幕墙　b）横框式（横明竖隐）半隐框幕墙　c）明框幕墙　d）隐框幕墙

2. 全玻式幕墙

这种幕墙在视线范围内不出现金属框格，为观赏者提供了宽广的视野，加强了内外空间的交融。为增加玻璃的刚度，每隔一定距离用条形玻璃板作加强肋板。面板与肋板之间的间隙用硅酮系列密封胶注满。全玻式幕墙的玻璃固定有上部悬挂式和下部支承式。上部悬挂式（图 3-37a）用悬吊的吊夹将肋玻璃与面玻璃悬挂固定，幕墙由吊夹及上部的钢结构受力，当全玻式幕墙高度大于 4m 时，必须采用这种方法固定。下部支承式（图 3-37b）采用特殊型材将面玻璃与肋玻璃的上下两端固定，幕墙重量支承在下部，不能用作高于 4m 的全玻式幕墙。

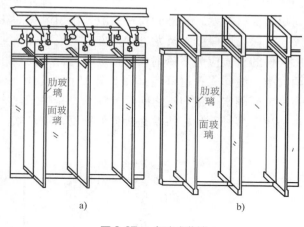

图 3-37 全玻式幕墙
a）上部悬挂式 b）下部支承式

3. 点式幕墙

点式幕墙采用在面板上穿孔的方法，用金属爪件固定幕墙面板（图 3-38）。这种方法多用于需要大片通透效果的玻璃幕墙上，每片玻璃通常开孔 4~6 个。爪件既可以安装在连接杆件上，也可以安装在具有韧性的钢索上。一切连接构件与主体结构之间均为铰接，玻璃之间留出不小于 10mm 的缝用于打胶。这样，在使用过程中可能产生的变形应力就可以消耗在各个层次的柔性节点上。

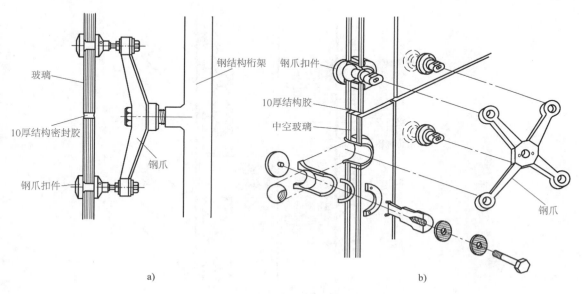

图 3-38 点式幕墙

4. 石材幕墙

石材幕墙是以金属挂件和高强度锚栓把石板材牢固安装于建筑外侧的以金属构架作为幕

墙支承系统的外墙外饰面系统，幕墙支承系统不承担主体结构荷载。幕墙支承系统的型材形式、尺寸、规格应经过计算确定，应在重力荷载、风荷载、地震作用荷载及温度变形、主体结构变形影响下具有安全性。一般情况下主龙骨为竖向龙骨，间距为 800~1200mm，横向龙骨间距同板材宽度。外幕墙石材一般采用耐风化的花岗岩石材，干挂石材装修层的厚度因龙骨尺寸、保温层厚度以及龙骨构架方式的不同而变化，一般层高情况下厚度为 150~220mm。金属挂件的材质应为不锈钢或铝合金，挂件以插板和背栓为主，基本构造分为缝挂式和背栓式两大类。缝挂式石材幕墙（图 3-39）可拆装性较差，石材破坏率较高。背栓式石材幕墙在石材背面固定，板与板之间没有联系，排除了热胀冷缩的相互影响，安装牢固、抗震性能好，适用于多种石材板块，是常见的石材幕墙形式。

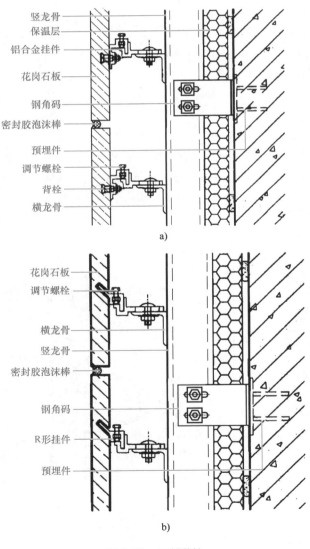

图 3-39　石材幕墙

a）挂式背栓式　b）R 形组合背挂式

3.5 ◎ 墙体的节能构造

建筑节能要求在居住建筑和公共建筑的规划、设计、建造和使用过程中，通过执行建筑节能标准，提高建筑围护结构的热工性能，采用节能型用能系统和可再生资源利用系统，切实降低建筑能源消耗，不断提高能源利用率。建筑节能的主要措施之一是加强围护结构的节能。外墙是建筑围护结构中耗热量较大的构件，约占建筑物总耗热量的25%，改善外墙保温隔热性能将明显提高建筑的节能效果。

一、建筑热工基本知识

（一）墙体保温

对于有冬季保温要求的建筑，必须使外墙有足够的保温能力。在冬季，室内温度高，室外温度较低，由于室内外的温度差，室内热量通过传导、对流、辐射等方式向室外散失，热量在传递过程中，会产生热损失，但热量不是一下子完全消失的，这说明在传热过程中会遇到各种阻力，使热量不至于突然消失，这些阻力之和称为围护结构的热阻，以 R 来表示。热阻表示围护结构阻止热量传递的能力，热阻越大，通过围护结构传递的热量就越少，说明墙体保温性能越好；反之，热阻越小，通过围护结构传出的热量就越多，说明墙体保温性能越差。

墙体热阻与墙体厚度及墙体材料的热导率有关，墙体厚度越厚，热阻越大；墙体材料的热导率越小，热阻越大。材料热导率是衡量材料热工性能的重要指标，其物理意义是：材料层厚度为1m，两表面的温度差为1℃时，在1h内通过 $1m^2$ 面积的热量，以 λ 表示，单位为 $W/(m \cdot K)$。材料的热导率与材料的容重有关，容重大的材料，一般 λ 值亦大；容重小的材料，一般 λ 值亦小。容重小，说明材料内空隙率高，内部静止状态的空气导热性差，所以多孔、轻质的材料保温性能好。在建筑设计中一般把 $\lambda < 0.25W/(m \cdot K)$ 的材料称为保温材料。另外，静止状态的空气介质导热性较差，能起到良好的保温效果。

综上所述，提高墙体保温性能有以下六个途径：

（1）增加墙体厚度　墙体热阻与墙体厚度成正比关系，增加墙体厚度可以提高热阻，从而提高墙体保温性能。但是墙体加厚，会增加结构自重，占用建筑面积，是一种不经济、不实用的做法。

（2）选择热导率小的材料　要增加热阻，比较有效的措施是选用热导率小的保温材料构成墙体，例如加气混凝土砌块墙、陶粒混凝土砌块墙等。

（3）做复合保温墙体　单纯的保温材料，一般强度较低，大多无法单独作为墙体使用。将不同性能的材料组合起来就构成了既能承重又可保温的复合墙体，在这种墙体中，轻质材料（如聚苯乙烯板）专起保温作用，强度高的材料（如混凝土等）专门负责承重。

（4）加强热桥部位的保温　由于结构上的需要，外墙中常设钢筋混凝土柱、梁、垫块、圈梁、过梁等构件，钢筋混凝土的热导率大于砌块或多孔砖的热导率，热量很容易从这些部位传出去，因此它们的内表面温度比主体部分的温度要低，这些保温性能低的部位通常称为冷桥（或热桥），如图3-40所示。为防止热损失增大，同时防止冷桥部分的内表面结露，影响室内卫生环境，应采取局部保温措施：在寒冷地区，外墙中的钢筋混凝土过梁可做成 L 形，并在外侧加保温材料；对于框架柱，当柱子位于外墙内侧时，可不必另做保温处理，当柱子外表面与外墙平齐或突出时，应做保温处理，如图3-41所示。

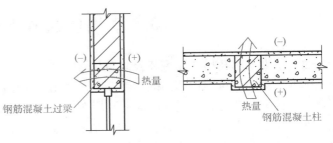

图3-40 冷桥示意

（5）采取隔汽措施 空气有湿空气、干空气之分。湿空气中含有水蒸气，在冬季，室内空气的温度和绝对湿度要比室外高，因此，在围护结构两侧存在着水蒸气压力差，水蒸气分子由压力高的一侧向压力低的一侧扩散，这种现象叫蒸汽渗透。在渗透过程中，水蒸气遇到露点温度时，蒸汽含量达到饱和，并立即凝结成水，称为结露。当结露出现在围护结构表面时，会使内表面出现脱皮、粉化、发霉，影响人们的身体健康；结露出现在保温层内时，则使材料内饱含水分，水的热导率远高于空气的热导率，使得保温材料保温效果降低，使用年限缩短。正常湿度的房间一般不易出现结露现象；而高湿度房间（室内温度18～20℃以上，室内相对湿度75%以上），如浴室、蒸煮间，为避免结露，常在外墙保温层靠高温一侧（即蒸汽渗入的一侧）设置隔汽层，以防止水蒸气发生凝结影响保温层的保温效果（图3-42），隔汽层一般采用沥青、卷材、隔汽涂料以及铝箔等防潮、防水材料。

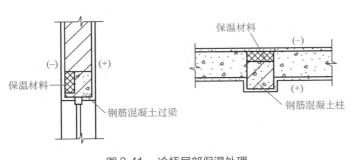

图3-41 冷桥局部保温处理

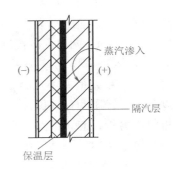

图3-42 隔汽层设置位置

（6）防止外墙出现空气渗透 墙体材料一般不够密实，有很多微小的孔洞；墙体上设置的门窗等构件，因安装不严密或材料收缩等，会产生一些贯通性的缝隙。由于这些孔洞和缝隙的存在，冬季室外风的压力使冷空气从迎风墙面渗透到室内，而室内外又有温差，室内热空气从墙体渗透到室外，所以风压、热压使外墙出现了空气渗透，造成热损失，对保温不利。为了防止外墙出现空气渗透，一般采取以下措施：选择密实度高的墙体材料；墙体内外加抹灰层；加强构件之间的密封处理。

（二）墙体隔热

炎热地区夏季的太阳辐射很强烈，室外热量通过外墙传入室内，使室内温度升高，产生过热现象，影响人们的工作和生活，甚至损害人们的健康。为保证外墙具有足够的隔热能力，一般采取以下措施：

1）外墙表面应选用光滑、平整、浅色的材料，以增加对太阳光的反射。

2）在外墙内部设置通风间层，利用空气的流动带走热量，降低外墙内表面温度。

3）在窗口外侧设置遮阳设施，以避免太阳光直射室内。

4）在外墙底部种植攀缘植物，利用植物的遮挡、蒸发作用、光合作用吸收太阳辐射热，从而起到隔热作用。

二、外墙保温的构造

《严寒和寒冷地区居住建筑节能设计标准》（JGJ 26—2018）提高了围护结构的保温要求，而且考虑了构造柱、圈梁等周边热桥部位对外墙传热的影响，并要求外墙平均传热系数符合规范的要求。根据保温层在建筑外墙表面与基层墙体的相对位置，保温层设在外墙的内侧时，称作内保温；设在外墙的外侧时，称作外保温；设在外墙的夹层空间中时，称作夹芯保温。以下分别介绍这三种外墙保温构造做法。

1. 外墙内保温构造（图 3-43）

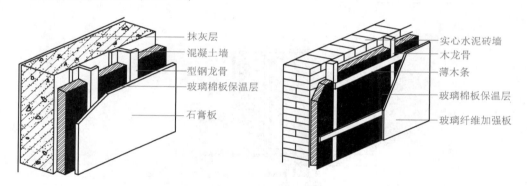

图 3-43 外墙内保温构造

做在外墙内侧的保温层，一般有以下几种构造做法：硬质保温制品内贴、胶粉聚苯保温颗粒浆料内保温、保温层挂装等。硬质保温制品内贴的具体做法：在外墙内侧用胶粘剂粘贴增强聚苯复合保温板、炉渣水泥聚苯复合保温板等硬质建筑保温制品，然后在其表面粉刷石膏，并在里面压入耐碱涂塑玻纤网格布（满铺），最后用腻子嵌平，表面刷涂料。由于石膏的防水性能较差，在卫生间、厨房等较潮湿的房间内不宜使用增强聚苯石膏板。

外墙内保温的优点是不影响外墙外饰面及防水等构造的做法，但易形成热桥，严寒地区可能出现结露，需要占据较多的室内空间，减少了建筑物的使用面积，而且用在居住建筑中会给用户的自主装修造成一定的麻烦。

2. 外墙外保温构造

外墙外保温与外墙内保温相比，其优点是可以不占用室内使用面积，而且可以使整个外墙墙体处于保温层的保护之下，在冬季不产生冻融破坏，是目前应用广泛的一种外墙保温做法。但由于外墙的整个外表面是连续的，不像内墙面那样可以被楼板隔开，同时外墙面又会直接受到阳光照射和雨雪的侵袭，所以外墙外保温构造在对抗变形因素的影响、防止材料脱落以及防火等安全方面的要求更高。

常用外墙外保温构造有以下几种：

（1）外贴保温板材 其做法为将聚苯板用胶粘剂与基层墙体粘贴，并辅以锚栓固定。锚栓应在胶粘剂初凝后安装，每平方米2个以上，高层建筑为每平方米4个以上。用于外保温的板材最好是自防水及阻燃型的，如阻燃型挤塑聚苯板和聚氨酯外墙保温板等。聚苯板外侧做聚合物抗裂砂浆保护层，内嵌耐碱涂塑玻纤网格布，如图3-44所示。

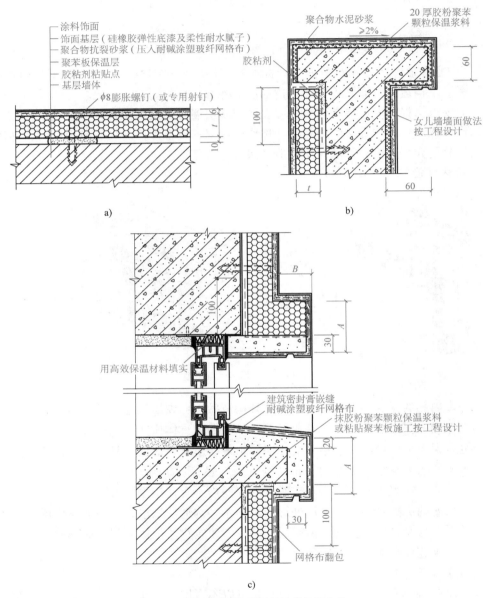

图 3-44 外贴保温板材外墙外保温构造

（2）单面钢丝网架夹芯聚苯板现浇混凝土外墙外保温 保温板为腹丝穿透型单面钢丝网架聚苯板，置于现浇混凝土浇筑前外模板的内侧，与混凝土浇筑为一体，如图3-45所示。这种构造工业化程度高，施工方便，可以节省大量的现场人工，保温效果也非常好。

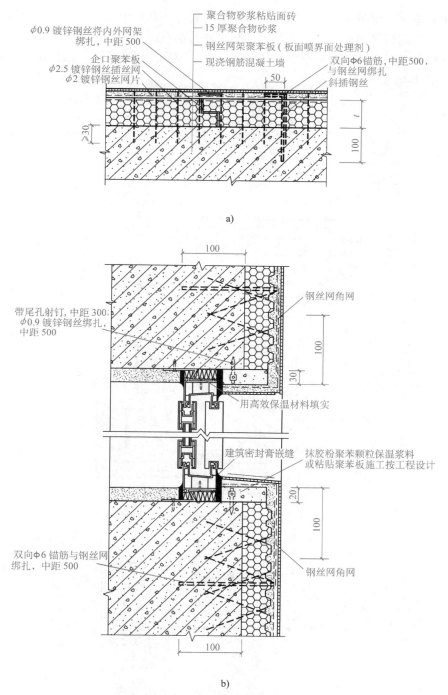

图 3-45　单面钢丝网架夹芯聚苯板现浇混凝土外墙外保温

（3）胶粉聚苯保温颗粒浆料外保温　具体做法是：保温层由胶粉料加聚苯颗粒组成，经搅拌形成膏状浆料涂抹在基层墙体上；保温层干燥后，表面涂抹聚合物抗裂砂浆，并压入耐碱涂塑玻纤网格布。根据不同做法，外饰面可做涂料或面砖。如果保温砂浆的厚度较大，应当在里面钉入镀锌钢丝网，以防止开裂（但满铺金属网时应有防雷措施）。保护层及饰面采用聚合物砂浆加上耐碱涂塑玻纤网格布，最后用柔性耐水腻子嵌平，施以涂料饰面。在高聚物砂浆中夹入耐碱涂塑玻纤网格布是为了防止外粉刷空鼓、开裂。其中，保护层中的耐碱涂塑玻纤网格布在门窗洞口等易开裂处应加铺一道，或者改用通过钉入法固定的镀锌钢丝网来加强，如图3-46所示。

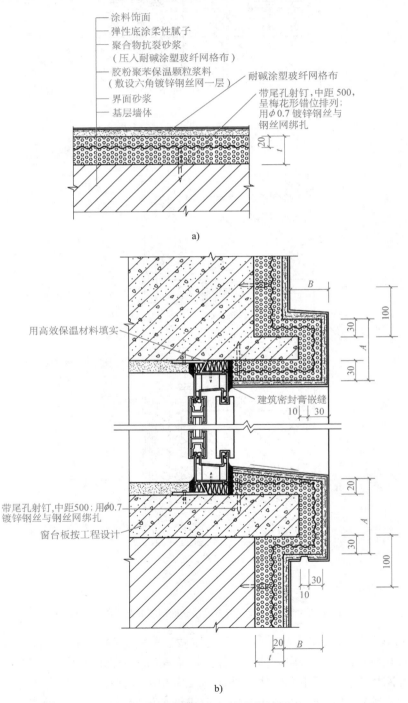

图3-46　胶粉聚苯保温颗粒浆料外保温

3. 外墙夹芯保温构造

在按照不同的使用功能设置多道墙板或者做双层砌体墙的建筑物中，外墙保温材料可以放置在这些墙板或砌体墙的夹层中，如在基层外墙板与装饰面板之间的夹层中铺钉保温板或在双层砌块墙体的中间夹层中放置保温材料，如图 3-47 所示。或者不放入保温材料，只是封闭夹层空间形成静止的空气间层，并在里面设置具有较强反射功能的铝箔等，起到阻挡热量外流的作用。

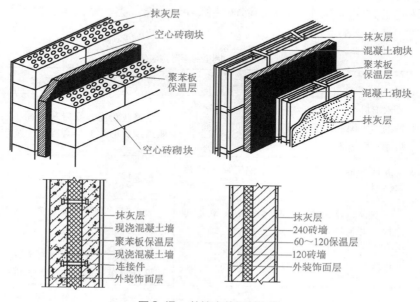

图 3-47 外墙夹芯保温构造

3.6 墙 面 装 修

一、墙面装修的作用

1. 保护作用

墙体暴露在大气中，会受到风、霜、雨、雪、太阳辐射等各种不利因素的影响，墙面装修既可以防止墙体直接接触大气中的有害因素，还可以使墙体不直接受到外力的碰撞，延长墙体的使用寿命。

2. 改善墙体性能，满足房屋使用功能

墙面装修增加了墙体的厚度以及密封性，提高了墙体的保温性能，能有效防止由墙体缝隙引起的空气渗透；墙面装修能提高墙体的隔声能力，对有噪声的房间可通过饰面板吸声；光洁、平整、浅色的墙体可以增加对光线的反射，提高室内照度。同时，经过装修的墙面容易清洁，有助于改善室内的卫生环境。

3. 美化和装饰作用

进行墙面装修，可根据室内外环境的特点，合理运用不同建筑饰面材料的质地色彩，通

过巧妙组合，创造出优美和谐的室内环境，给人以美的感受。

二、墙面装修的分类

墙面装修按其所处的部位不同，可分为室外装修和室内装修。室外装修应选择强度高、耐水性好、抗冻性强、耐腐蚀、耐风化的建筑材料；室内装修应根据房间的功能要求及装修标准来选择材料。

按材料及施工方式的不同，常见的墙面装修可分为抹灰类、贴面类、涂料类、裱糊类和铺钉类五大类，见表3-5。

表3-5　墙面装修分类

类别	室外装修	室内装修
抹灰类	水泥砂浆、混合砂浆、聚合物水泥砂浆、拉毛、水刷石、干粘石、斩假石、假面砖、喷涂、辊涂等	纸筋灰粉面、麻刀灰粉面、石膏粉面、膨胀珍珠岩砂浆、混合砂浆、拉毛、拉条等
贴面类	外墙面砖、陶瓷锦砖、水磨石板、天然石板等	釉面砖、人造石板、天然石板等
涂料类	石灰浆、水泥浆、溶剂型涂料、乳液型涂料、彩色胶砂涂料、彩色弹涂等	大白浆、石灰浆、油漆、乳胶漆、水溶性涂料、弹涂等
裱糊类	不宜使用	塑料墙纸、金属面墙纸、木纹壁纸、花纹玻璃纤维布、纺织面墙布及锦缎等
铺钉类	各种金属饰面板、玻璃等	各种木夹板、木纤维板、石膏板及各种装饰面板等

三、墙面装修的构造

（一）抹灰类墙面装修

抹灰又称为粉刷，是我国传统的饰面做法，是以水泥、石灰膏为胶结材料加入砂或石渣与水拌和成砂浆或石渣浆，再抹到墙面上，属湿作业。其材料来源广泛，施工操作简便，造价低廉，通过改变工艺可获得不同的装饰效果，因此在墙面装修中应用广泛。其缺点是耐久性较差，易干裂、变色，多为人工湿作业施工，工效较低。

抹灰分为一般抹灰和装饰抹灰两类。一般抹灰有石灰砂浆抹灰、混合砂浆抹灰、水泥砂浆抹灰等。装饰抹灰有水刷石、干粘石等。

为避免出现裂缝，保证抹灰层牢固和表面平整，施工时须分层操作。抹灰层由底层、中层和面层三个层次组成，如图3-48所示。

底层抹灰又称为"刮糙"，主要起与基层的粘接及初步找平

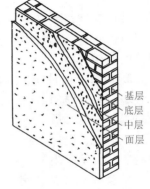

图3-48　墙面抹灰分层构造

的作用。底灰的选用与基层材料有关，对砖、石墙可采用水泥砂浆或石灰水泥混合砂浆打底；当基层为板条时，应采用石灰砂浆作底灰，并在砂浆中掺入麻刀或其他纤维；轻质混凝土砌块墙的底灰多用混合砂浆或聚合物砂浆；对混凝土墙或湿度大的房间或有防水、防潮要求的房间，底灰宜选用水泥砂浆。底灰厚度一般为 5~15mm。

中层抹灰主要起找平作用，其材料与底灰基本相同，也可以根据装修要求选用其他材料，厚度一般为 5~10mm。

面层抹灰主要起装修作用，要求表面平整、色彩均匀、无裂缝，可以做成光滑、粗糙等不同质感的表面，厚度一般为 2~5mm。

抹灰按质量要求和主要工序划分为三种标准：

1）普通抹灰：一层底灰，一层面灰，总厚度不大于 18mm。

2）中级抹灰：一层底灰，一层中灰，一层面灰，总厚度不大于 20mm。

3）高级抹灰：一层底灰，数层中灰，一层面灰，总厚度不大于 25mm。

常见抹灰的具体构造做法见表 3-6。

表 3-6 常见抹灰的具体构造做法

抹灰名称	做法说明	适用范围
水泥砂浆抹灰	① a：清扫积灰，适量洒水 b：刷界面处理剂一道（随刷随抹底灰） ② 12mm 厚 1：3 水泥砂浆打底扫毛 ③ 8mm 厚 1：2.5 水泥砂浆抹面	a：砖石基层的墙面 b：混凝土基层的外墙
	① 13mm 厚 1：3 水泥砂浆打底 ② 5mm 厚 1：2.5 水泥砂浆抹面，压实赶光 ③ 刷（喷）内墙涂料	砖基层的内墙
	① 刷界面处理剂一道 ② 6mm 厚 1：0.5：4 水泥石灰膏砂浆打底扫毛 ③ 5mm 厚 1：1：6 水泥石灰膏砂浆扫毛 ④ 5mm 厚 1：2.5 水泥砂浆抹面，压实赶光 ⑤ 刷（喷）内墙涂料	加气混凝土等轻型内墙
水刷石	① a：清扫积灰，适量洒水 b：刷界面处理剂一道（随刷随抹底灰） ② 12mm 厚 1：3 水泥砂浆打底扫毛 ③ 刷素水泥浆一道 ④ 8mm 厚 1：1.5 水泥石子（小八厘）罩面，水刷露出石子	a：砖石基层的墙面 b：混凝土基层的外墙
	① 刷加气混凝土界面处理剂一道 ② 6mm 厚 1：0.5：4 水泥石灰膏砂浆打底扫毛 ③ 6mm 厚 1：1.6 水泥石灰膏砂浆抹平扫毛 ④ 刷素水泥浆一道 ⑤ 8mm 厚 1：1.5 水泥石子（小八厘）罩面，水刷露出石子	加气混凝土等轻型外墙

（续）

抹灰名称	做法说明	适用范围
斩假石 （剁斧石）	① a：清扫积灰，适量洒水 　　b：刷界面处理剂一道（随刷随抹底灰） ② 10mm 厚 1∶3 水泥砂浆打底扫毛 ③ 刷素水泥浆一道 ④ 10mm 厚 1∶2.5 水泥石子抹平（米粒石内掺30%石屑） ⑤ 剁斧、斩毛两遍成活	a：砖石基层的墙面 b：混凝土基层的外墙

　　在室内抹灰中，对人群活动频繁、易受碰撞的墙面，或有防水、防潮要求的墙身，如门厅、走廊、厨房、浴室、厕所等处的墙面，常做高 1.5m 或 1.8m 的墙裙。具体做法是用 1∶3 水泥砂浆打底，1∶2 水泥砂浆或水磨石罩面，也可贴面砖、刷涂料或铺钉胶合板等，如图 3-49 所示。

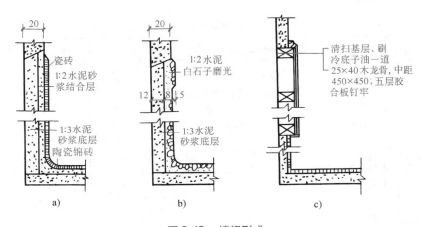

图 3-49　墙裙形式

a）瓷砖墙裙　b）水磨石墙裙　c）木墙裙

　　在内墙面和楼地面的交接处，为了遮盖地面与墙面的接缝、保护墙身，以及防止擦洗地面时弄脏墙面，常做踢脚板。其材料与楼地面相同，常见形式有三种：相平墙面、突出墙面、凹进墙面，如图 3-50 所示。踢脚板高一般为 120～150mm。

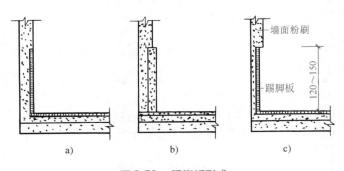

图 3-50　踢脚板形式

a）相平墙面　b）突出墙面　c）凹进墙面

为了增加室内美观，在内墙面与顶棚的交接处可做各种装饰线，如图 3-51 所示。

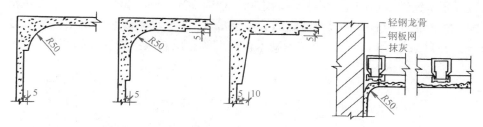

图 3-51 装饰线

对于易被碰撞的内墙阳角或门窗洞口，通常抹 1:2 水泥砂浆做护角，并用素水泥浆抹成圆角，高度 2m，每侧宽度不应小于 50mm，如图 3-52 所示。

外墙面因抹灰面积较大，由于材料干缩和温度变化，容易产生裂缝，常在抹灰面层做分格处理，称为引条线。引条线的做法是在底灰上埋放不同形式的木引条，面层抹灰完毕后及时取下引条，再用水泥砂浆勾缝，以提高抗渗能力。引条线做法如图 3-53 所示。

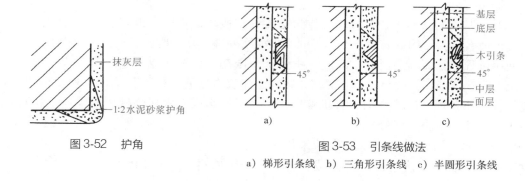

图 3-52 护角

图 3-53 引条线做法
a）梯形引条线 b）三角形引条线 c）半圆形引条线

（二）贴面类墙面装修

贴面类墙面装修是指将各种天然石材或人造板、块，通过绑、挂或直接粘贴于基层表面的装修做法。它具有耐久性好、装饰性强、容易清洗等优点。常用的贴面材料有花岗石板和大理石板等天然石板；水磨石板、水刷石板、剁斧石板等人造石板；以及面砖、瓷砖、锦砖等陶瓷和玻璃制品。质地细腻、耐候性差的各种大理石、瓷砖等一般适用于内墙面的装修；而质感粗犷、耐候性好的材料，如面砖、锦砖、花岗石板等适用于外墙装修。

1. 天然石板及人造石板墙面装修

通常使用的天然石板有花岗石板、大理石板两类。它们具有强度高、结构密实、不易污染、装修效果好等优点。但由于加工复杂、价格昂贵，故多用于高级墙面装修中。

人造石板一般由白水泥、彩色石子、颜料等制成，具有花纹和质感自然、质量轻、表面光洁、色彩多样、造价较低等优点，常见的有水磨石板、仿大理石板等。

（1）湿挂石材法 天然石板和人造石板的安装方法相同，由于石板面积较大、质量较大，为保证石板饰面坚固、耐久，一般应先在墙身或柱内预埋 $\phi 6$ 钢箍，间距按石材的规格确定。在钢箍内立 $\phi 8 \sim \phi 10$ 竖筋和横筋，形成钢筋网，再用双股铜线或镀锌铅丝穿过事先在石板上钻好的孔眼（人造石板则利用预埋在板中的安装环），将石板绑扎在钢筋网上。上下两块石板用不锈钢卡销固定。石板与墙之间一般有 20～30mm 缝隙，上部用定位活动木楔做临时固定；校正无误后，在板与墙之间分层浇灌 1：2.5 水泥砂浆，每次浇灌高度不应超过 200mm。在砂浆初凝后，取掉定位活动木楔，继续上层石板的安装，如图 3-54 所示。

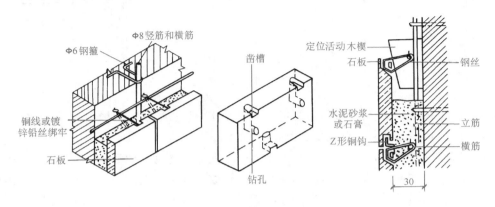

图3-54　湿挂石材做法

（2）干挂石材法　干挂石材法又称为连接件挂接法，是用一组高强度耐腐蚀的金属连接件将饰面石材与结构可靠地连接，其间不做灌浆处理。其主要优点是：①装饰效果好，石材在使用过程中表面不会泛碱；②施工不受季节限制，无湿作业，施工速度快，施工效率高，施工现场清洁；③石材背面不灌浆，减轻了建筑物自重，有利于抗震；④饰面石材与结构连接（或与预埋件焊接）构成有机整体，可用于地震区和大风地区。但采用干挂石材法的造价比湿挂石材法要高 15%～25%。

根据立面石材设计要求，可全部采用不锈钢连接件与墙体直接连接（焊接或栓接）。干挂石材法通常用于钢筋混凝土墙面，如图 3-55 所示。

随着新材料的不断出现，安装石材饰面还可采用聚酯砂浆［胶砂比为 1：（4.5～5.0），固化剂掺量随要求而定］粘贴法和树脂胶粘贴法。施工时，应将板材就位、挤紧、找平、找正后立即顶、卡固定住石材饰面，以防止脱落伤人。

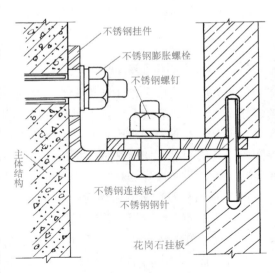

图 3-55　干挂石材做法

2. 陶瓷面砖、陶瓷锦砖墙面装修

陶瓷面砖多数是以陶土和瓷土为原料，压制成型后经煅烧而成的饰面块。由于陶瓷面砖不仅可以用于墙面，也可用于地面，所以也被称为墙地砖。陶瓷面砖分为无釉面砖和釉面砖等不同类型。无釉面砖主要用于建筑外墙面装修，釉面砖主要用于建筑内外墙面及厨房、卫生间的墙裙贴面。无釉面砖常用的规格有 300mm×300mm×9mm、200mm×100mm×

9mm、240mm×52mm×11mm 和 150mm×150mm×6mm 等；釉面砖常用的规格有 108mm× 108mm×5mm、152mm×152mm×5mm、100mm×200mm×7mm、200mm×200mm×7mm、152mm× 75mm×5mm 等。

陶瓷锦砖又名陶瓷马赛克，是以优质陶土烧制而成的小块瓷砖，有挂釉和不挂釉之分。常用规格有 18.5mm×18.5mm×5mm、39mm×39mm×5mm、39mm×18.5mm×5mm 等，有方形、长方形和其他不规则形状。陶瓷锦砖一般用于内墙面，也可用于外墙面装修。陶瓷锦砖与陶瓷面砖相比，造价较低。与陶瓷锦砖相似的玻璃马赛克是透明的玻璃质饰面材料，它质地坚硬、色泽柔和，具有耐热、耐蚀、不开裂、不褪色、造价低的特点。

陶瓷面砖等类型的贴面材料通常是直接用水泥砂浆黏合于墙面。安装前先将陶瓷面砖表面清洗干净，然后将陶瓷面砖放入水中浸泡，贴前取出晾干或擦干。安装时先用 10mm 厚 1∶3 水泥砂浆打底找平，再用 10mm 厚 1∶0.3∶3 水泥石灰膏砂浆或用掺有 108 胶（水泥用量的 5%～10%）的 1∶2.5 水泥砂浆满刮于陶瓷面砖背面，然后将陶瓷面砖贴于墙面，如图 3-56a 所示。一般陶瓷面砖背面有凸凹纹路，更有利于陶瓷面砖粘贴牢固，如图 3-56b 所示。对贴于外墙的陶瓷面砖，常在陶瓷面砖之间留出一定空隙，以利湿气排除。而内墙为便于擦洗，则要求铺贴紧密，不留缝隙。陶瓷面砖如被污染，可用质量分数为 10% 的盐酸洗刷，并用清水冲净。陶瓷面砖的排列方式和接缝大小对立面效果有一定影响，通常有横铺、竖铺、错开排列等几种方式。

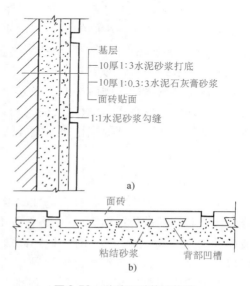

图 3-56　陶瓷面砖饰面构造

陶瓷锦砖一般按设计图样要求，在工厂反贴在标准尺寸为 325mm×325mm 或 500mm× 500mm 的牛皮纸上，施工时将纸面朝外整块粘贴在 1∶1 水泥细砂砂浆上，用木板压平，待砂浆硬结后，洗去牛皮纸即可。

（三）涂料类墙面装修

涂料类墙面装修是指利用各种涂料敷于基层表面形成完整牢固的膜层，从而起到保护和装饰墙面作用的一种装修做法。它具有造价低、装饰性好、工期短、工效高、自重轻、操作简单、维修方便、更新快等特点，因而在建筑上得到广泛的应用和发展。

涂料按其成膜物质的不同可分为无机涂料和有机涂料两大类。

（1）无机涂料　无机涂料有普通无机涂料和无机高分子涂料。普通无机涂料，如石灰浆、大白浆、可赛银浆等，多用于一般标准的室内装修。无机高分子涂料有 JH80-1 型、JH80-2 型、JHN84-1 型、F832 型、LH-82 型、HT-1 型等型号。无机高分子涂料有耐水、耐酸碱、耐冻融、装修效果好、价格较高等特点，多用于外墙面装修和有耐擦洗要求的内墙面装修。

（2）有机涂料　有机涂料依其主要成膜物质与稀释剂不同，有溶剂型涂料、水溶性涂料和乳液型涂料三类。

溶剂型涂料有传统的油漆涂料、苯乙烯内墙涂料、聚乙烯醇缩丁醛内（外）墙涂料、过氯乙烯内墙涂料等；常见的水溶性涂料有聚乙烯醇水玻璃内墙涂料（即 106 涂料）、聚合物水泥砂浆饰面涂层、改性水玻璃内墙涂料、108 内墙涂料、ST-803 内墙涂料、JGY-821 内墙涂料等；乳液型涂料又称为乳胶漆，常见的有乙丙乳胶涂料、苯丙乳胶涂料等，多用于内墙装修。

建筑涂料的施涂方法，一般分为刷涂、辊涂和喷涂 3 种。施涂溶剂型涂料时，后一遍涂料必须在前一遍涂料干燥后再施涂，否则易发生起皮、开裂等质量问题。施涂水溶性涂料时，要求与做法同施涂溶剂型涂料，每遍涂料均应施涂均匀，各层应结合牢固。

在湿度较大，特别是遇明水部位的外墙和厨房、厕所、浴室等房间内施涂涂料时，为确保涂层质量，应选用耐洗刷的涂料和耐水性能好的腻子材料（如聚醋酸乙烯乳液水泥腻子等）。涂料工程使用的腻子，应坚实牢固，不得粉化、起皮和开裂。

用于外墙的涂料，考虑其长期直接暴露于自然界中，经受日晒雨淋的侵蚀，因此要求除应具有良好的耐水性、耐碱性外，还应具有良好的耐洗刷性、耐冻融循环性、耐久性和耐玷污性。当外墙施涂涂料面积过大时，可以外墙的分格缝、墙的阴角或雨水管等处为分界线分批施工；在同一墙面应用同一批号的涂料，每遍涂料不宜施涂过厚，施涂要均匀，颜色应一致。

（四）裱糊类墙面装修

裱糊类墙面装修是将各种装饰性的墙纸、墙布、织锦等装饰材料裱糊在墙面上的一种装修做法。常用的装饰材料有 PVC 塑料壁纸、复合壁纸、玻璃纤维墙布等。裱糊类墙体饰面装饰性强、经济性好、施工方法简捷高效、材料更换方便，并且在曲面和墙面转折处粘贴时可以顺应基层，获得连续的饰面效果。

墙面应采用整幅裱糊，并统一预排对花拼缝。不足一幅的应裱糊在较暗或不明显的部位。裱糊的顺序为先上后下，应使饰面材料的长边对准基层上弹出的垂直准线，用刮板或胶辊赶平压实。阴（阳）角处应垂直、棱角分明。阴角处墙纸（布）应搭接顺光，阳面处不得有接缝，并应包角压实。

（五）铺钉类墙面装修

铺钉类墙面装修是将各种天然或人造薄板镶钉在墙面上的装修做法，其构造与轻骨架隔墙相似，由骨架和面板两部分组成。施工时先在墙面上立骨架（墙筋），然后在骨架上铺钉装饰面板。

骨架分木骨架和金属骨架两种，采用木骨架时，为考虑防火安全，应在木骨架表面涂刷防火涂料。骨架间距及横撑间距一般根据面板的尺寸而定。为防止因墙面受潮而损坏骨架和面板，常在立骨架前先在墙面上抹一层 10mm 厚的混合砂浆，并涂刷热沥青两遍，或粘贴油毡一层。

室内墙面装修用面板，一般采用硬木条板、胶合板、纤维板、石膏板及各种吸声板等。硬木条板装修是将各种截面形式的条板密排竖直镶钉在横撑上，其构造如图 3-57 所示。胶合板、石膏板等人造薄板可用圆钉或木螺钉直接固定在木骨架上，板间留有 5～8mm 缝隙，以保证面板有微量伸缩的余量，可用石膏腻子填缝，如图 3-58a 所示。石膏板与金属骨架的连接一般用自攻螺钉或电钻钻孔后用镀锌螺钉，如图 3-58b 所示。

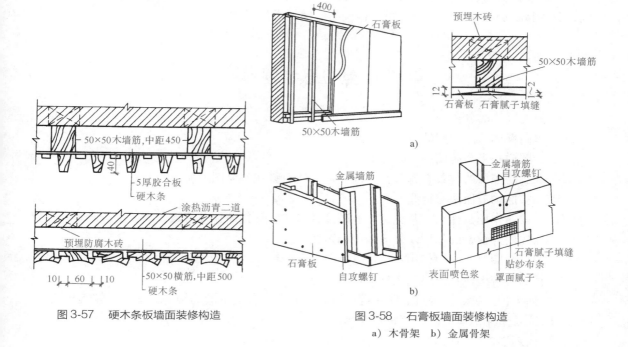

图 3-57　硬木条板墙面装修构造

图 3-58　石膏板墙面装修构造
a）木骨架　b）金属骨架

小　结

墙体是建筑物的重要组成部分，主要起承重、围护和分隔作用。墙体应具有足够的强度和稳定性，还应具有保温隔热、隔声、防火、防水、防潮等性能。按照墙体所处的位置和方向、墙体的受力情况、墙体类型、墙体材料、构造方式、施工方法等的不同，墙体有不同的类型。

叠砌墙体是由砂浆将砖或砌块等块体按一定规律和技术要求砌筑而成的墙体。承重砖墙的材料主要有各类砖、砌块以及砂浆，烧结黏土砖不利于建筑节能和环保，因此已逐步禁止使用。

墙体细部构造主要有墙脚构造、窗洞口构造、墙体的加固及抗震构造、变形缝等。

轻质隔墙是分隔建筑室内空间的非承重构件，主要有砌筑隔墙、轻骨架隔墙、板材隔墙三种形式。

幕墙是以板材形式悬挂于主体结构上的外墙，按材料分类，有玻璃幕墙、铝板幕墙等；按照连接杆件系统的类型以及与幕墙面板的相对位置关系，可以分为有框式幕墙、全玻式幕墙、点式幕墙和石材幕墙等。由于连接杆件系统的存在，会在建筑物的主体结构和幕墙面板之间留下空隙，因此幕墙应注意防火构造。

外墙是建筑围护结构中耗热量较大的构件，改善外墙的保温隔热性能将明显提高建筑的节能效果，外墙保温主要有内保温、外保温、夹芯保温三种形式。外墙外保温是目前应用较广泛的一种墙体保温方法。

墙面装修具有保护墙体、改善墙体性能、美化和装饰等作用。按使用材料及施工方式不同，分为抹灰类、贴面类、涂料类、裱糊类、铺钉类等形式。

复习思考题

1. 简述墙体的分类。

2. 提高墙体保温性能的方法有哪些？

3. 绘图说明多孔砖墙的组砌方式。

4. 墙身防潮层的位置有哪些？具体构造做法有哪些？绘图说明。

5. 勒脚的构造做法有哪些？

6. 过梁的作用是什么？常见过梁有哪几种形式？分别简述其特点。

7. 简述内外窗台的作用及外窗台的构造要点。

8. 什么是圈梁？有何作用？

9. 什么是构造柱？简述构造柱的构造要点。

10. 何为伸缩缝、沉降缝、防震缝？分别绘制这三种变形缝的构造详图，比较其异同。

11. 简述常见隔墙的种类、特点及构造做法。

12. 简述墙面装修的分类。

13. 抹灰之前，应如何对基层进行处理？

14. 墙面抹灰的构造层次及抹灰标准是什么？

15. 绘图说明石材墙面装修的两种工艺方法。

16. 简述幕墙的分类。

17. 简述外墙保温的分类。

18. 外墙内保温与外保温的区别及各自的优缺点是什么？

19. 简述外墙外保温的构造做法。

20. 图 3-59 所示为一教室外墙墙身剖面图。已知：室内外高差为 450mm，窗台距室内地面 900mm，层高 3600mm，室内地坪做法及楼面做法根据当地标准图集自选。要求沿外墙窗纵剖，从二层楼板以下至基础以上，绘制墙身大样图。重点表示清楚以下部位：

（1）过梁与窗。

（2）窗台。

（3）勒脚与防潮处理。

（4）明沟或散水。

各种节点的构造做法很多，可任选一种绘制。图中必须标明材料、做法、尺寸、位置。图中线条、材料符号等均按建筑制图规范绘制，比例为 1：10，用一张 A3 图纸绘制。

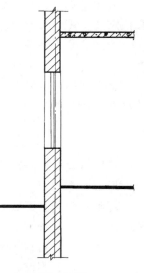

图 3-59

单元四
楼 地 层

知识目标

1. 熟悉楼板层的构造组成、类型及设计要求。
2. 掌握常见楼板的类型、构造与适用范围。
3. 熟悉常见地坪层、楼地面的构造及适用范围。
4. 了解顶棚的分类并熟悉各类型的构造。

能力目标

1. 能够描述楼地层的构造层次。
2. 能够叙述不同类型的钢筋混凝土楼板的构造与要求。
3. 能够区分直接式顶棚与悬吊式顶棚的构造与要求，并能简述吊顶的施工工艺。

楼板层与地坪层是房屋的重要组成部分。楼板层是房屋楼层之间分隔上下空间的构件，除起水平承重作用外，还应具有一定的隔声、保温、隔热等能力。地坪层是建筑物底部与地表连接处的构造层次（一般称为地面）。楼板层和地坪层的面层称为楼、地面，楼、地面直接承受其上的人和设备的各种物理、化学作用，楼面上的荷载通过楼板传给墙或柱，最后传给墙或柱的基础，地坪层上的荷载则通过垫层传给其下部的地基。

4.1 ▶ 楼板层的组成及设计要求

一、楼板层的组成

楼板层主要由面层、结构层、顶棚、功能层四部分组成，如图 4-1 所示。

（1）面层　面层位于楼板层上表面，简称楼面。面层与人、家具、设备等直接接触，起到保护结构层、承受并传递荷载、装饰等作用，对墙体还起水平支撑作用，还可增强建筑物的整体刚度。

（2）结构层　结构层是楼板层的承重部分，由梁、板等承重构件组成，一般称为楼板。楼板承受楼板层的全部荷载并

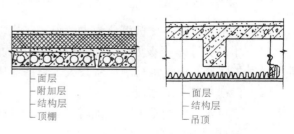

图 4-1　楼板层的组成

将其传给墙或柱，应具有足够的强度、刚度和耐久性。

（3）顶棚　顶棚位于楼板的下表面，同时也是室内空间上部的装修层，俗称天花板。顶棚主要起保护结构层和装饰等作用。

（4）功能层　有时，根据对楼板层的具体功能要求还应设置功能层（即附加层），如保温层、隔热层、防水层、防潮层、防腐层、隔声层等。它们位于面层与结构层或结构层与顶棚之间。

二、楼板层的设计要求

为保证楼板层的结构安全和正常使用，楼板层设计应满足下列要求：

（1）足够的强度和刚度　楼板作为承重构件应具有足够的强度，以承受楼面传来的荷载。为满足正常使用要求，楼板层必须具有足够的刚度，以保证结构在荷载作用下的变形在允许范围之内，一般楼板的允许挠度不大于其跨度的 1/250，通常设计时采用控制楼板的最小厚度来保证。

（2）具备防火、隔声、保温、隔热、防潮、防水等功能　楼板层应按对应等级的建筑要求和防火要求来设计，以避免和减少火灾引起的危害，《建筑设计防火规范》（GB 50016—2014）规定，一级耐火建筑的楼板应采用非燃烧体，耐火极限不少于 1.5h；二级时，耐火极限不少于 1h；三级时，耐火极限不少于 0.5h。为避免楼层上下空间的相互干扰，楼板层必须具有一定的隔声能力，通常采用以下措施来实现：在面层上铺设地毯、橡胶板、塑料毡等柔性材料；在楼板和面层之间加弹性垫层，使楼板与面层隔离；在楼板下加设吊顶等。为保证楼板层的正常使用要求，楼板层还应具有足够的保温、隔热、防潮、防水等性能。

（3）合理设置各种管线　由于现代建筑的设施越来越多，各种管线又不能占用建筑空间，因此在楼板层中应合理设置各种管线。

（4）具有经济合理性　由于楼板层占整个建筑造价的比例较高，故应保证楼板层与房屋的等级标准、房间的使用要求相适应，以降低造价。

微课：楼板的类型

4.2 ▶ 楼板的类型与构造

一、楼板的类型

按所使用的材料，楼板可分为木楼板、砖拱楼板、钢筋混凝土楼板和钢衬板组合楼板。

（1）木楼板　木楼板如图 4-2a 所示，具有构造简单、自重轻、保温性能好的特点；但防火、耐久性差，而且木材消耗量较大，目前应用较少。

（2）砖拱楼板　砖拱楼板如图 4-2b 所示，可以节约钢材、水泥、木材用量；但自重大，结构占用空间大，顶棚不平整，抗震性能差，且施工复杂，工期较长，目前已基本不用。

（3）钢筋混凝土楼板　钢筋混凝土楼板如图 4-2c 所示，具有强度高、刚度大、耐久性好、防火及可塑性能好、便于工业化施工等特点，是目前采用较广泛的一种楼板。根据施工方法的不同又可分为现浇整体式、预制装配式、装配整体式三种类型。

（4）钢衬板组合楼板　钢衬板组合楼板如图 4-2d 所示，它是利用压型钢板代替钢筋混凝土楼板中的一部分钢筋、模板（同时兼起施工模板作用）而形成的一种组合楼板，具有强度高、刚度大、施工快等优点；但钢材用量较大，是目前正推广的一种楼板。

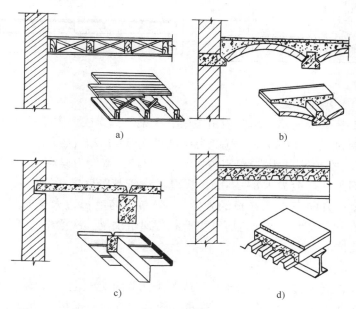

图 4-2　楼板的类型

a）木楼板　b）砖拱楼板　c）钢筋混凝土楼板　d）钢衬板组合楼板

二、现浇钢筋混凝土楼板

现浇钢筋混凝土楼板是经现场支设模板、绑扎钢筋、浇灌并振捣混凝土、养护等施工工序制成的楼板，具有整体性好、抗震能力强、抗渗性能好，适应各种建筑平面形状等优点，应用十分广泛。

现浇钢筋混凝土楼板可分为板式楼板、肋梁楼板、无梁楼板等几种类型。

（一）板式楼板

板式楼板是直接支承在墙上、厚度相同的平板，楼板上荷载直接由板传给墙体，不需另设梁。板式楼板常采用大规格模板，板底平整，有时顶棚可不另做抹灰（模板之间混凝土的"缝隙"需打磨平整）。

（二）肋梁楼板

当房间开间、进深尺寸较大时，如果仍然采用板式楼板，必然要加大板的厚度、增加板内配筋，使楼板自重加大，不经济。在此情况下可在适当位置设置肋梁，形成肋梁楼板，如图 4-3 所示。肋梁楼板依据其受力特点和支承情况可分为单向板、双向板、井式楼板。

1. 单向板

两对边支承的板按单向板计算。四边支承的板，当长边 l_2 与短边 l_1 之比大于或等于 3.0

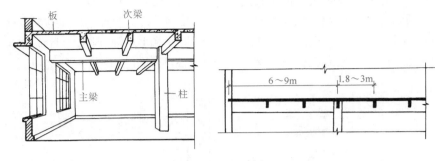

图4-3　肋梁楼板

时，为单向板，如图4-4a所示。单向板由主梁、次梁、板组成。主梁的经济跨度一般为6~9m，截面高度为跨度的1/14~1/8，宽度为梁高的1/3~1/2。次梁的经济跨度（即主梁间距）一般为4~7m，截面高度为次梁跨度的1/18~1/12，宽度为梁高的1/3~1/2。板的经济跨度（即次梁的间距）一般为1.8~3.0m，板厚不小于其跨度的1/40，一般取70~100mm。板内受力钢筋沿短边方向布置（在板的外侧），分布钢筋沿长边方向布置（在板的内侧）。单向板的受力与传力方式为：楼板将所承受荷载传递给次梁，次梁将荷载传给主梁，主梁再将荷载传给柱或墙体。

2. 双向板

四边支承的板，当长边与短边之比小于或等于2.0时为双向板（图4-4b）；当长边与短边长度之比大于2.0、小于3.0时，宜按双向板计算。双向板由板、肋梁组成。双向板的单跨简支板板厚不小于短边跨度的1/45，连续双向板的板厚不小于短边跨度的1/50，沿板的两个方向设置受力钢筋（短边方向的受力钢筋放在板的外侧）。

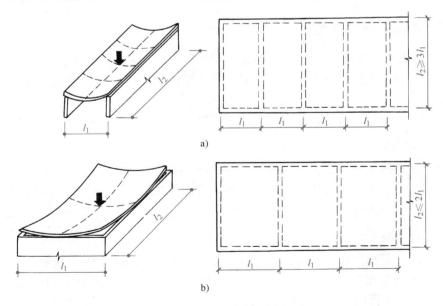

a)

b)

图4-4　单向板和双向板

a）单向板　b）双向板

3. 井式楼板

井式楼板适用于平面形状为方形或接近方形（长边与短边之比小于1.5）的房间。井式楼板中的两个方向的梁可采取正放正交或斜放正交，梁的截面尺寸相同、等距离布置形成方格，如图4-5所示。井式楼板中梁的跨度可达30m，板的跨度一般为3m左右。井式楼板一般井格外露，产生因结构带来的自然美感，房间内不设柱，适用于门厅、大厅、会议室、小型礼堂等。

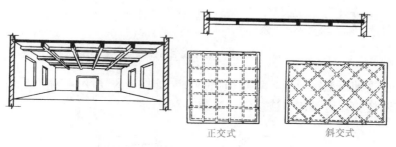

正交式　　　　斜交式

图4-5　井式楼板

（三）无梁楼板

无梁楼板是将板直接支承在柱和墙上，不设梁，如图4-6所示（图中 L 为柱距，h 为板厚）。无梁楼板一般在柱顶设柱帽，以增大柱对板的支承面积和减小板的跨度。柱网一般为间距不大于6m的方形网格，板厚不小于120mm。无梁楼板顶棚平整，楼层净空大，采光、通风好，多用于楼板上活荷载较大的商店、仓库、展览馆等建筑。

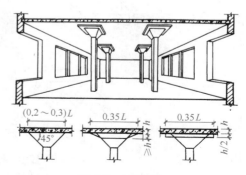

图4-6　无梁楼板

三、钢衬板组合楼板

钢衬板组合楼板是将压型钢衬板（分为单层、双层，兼作施工模板）与现浇钢筋混凝土一起支承在钢梁上形成的整体式楼板结构，如图4-7所示，主要用于大空间的高层民用建筑。

钢衬板组合楼板有以下优点：能够适应主体钢结构快速施工的要求，可不采用施工速度较慢的木模或钢模支模施工；压型钢板可快速就位，可以采用多个楼层铺设压型钢板，分层浇筑混凝土板的流水施工方法；便于敷设板内各类管线，并可在压型钢板的凹槽内埋置建筑装修用的吊顶挂钩；用圆柱头焊钉穿透压型钢板并焊接在钢梁的翼缘后，可以对钢梁起支撑作用，确保施工安全；压型钢板作为混凝土板的受拉钢筋，提高了楼板的刚度。施工时，宜采用镀锌量较少的压型钢板，底部应涂刷防火涂料，压型钢板厚度不应小于0.75mm，浇筑混凝土的波槽平均宽度不应小于50mm；当在槽内设置栓钉连接时，压型钢板的总高度不应小于80mm。

为了使钢衬板与混凝土叠合层之间的纵向剪力能有效传递，应采用带有纵向波槽的压型钢板，如图4-8a所示；或采用有压痕的压型钢板，如图4-8b所示；或采用无波槽和无压痕

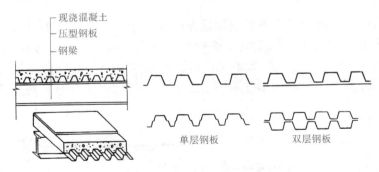

图 4-7 钢衬板组合楼板

的压型钢板，在这种压型钢板上要焊接横向钢筋，如图 4-8c 所示。对于上述三种板型，其端部仍需焊接圆柱头焊钉等抗剪连接件，如图 4-8d 所示。

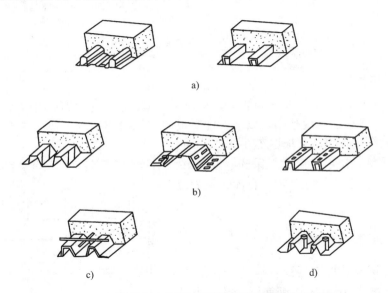

图 4-8 钢衬板组合楼板的压型钢板的类型及板端构造

a) 带有纵向波槽的板　b) 有压痕的板　c) 焊接横向钢筋的板　d) 板端焊接焊钉

四、装配整体式钢筋混凝土楼板

预制装配式钢筋混凝土楼板是指在预制厂或施工现场制作，在施工现场进行安装的楼板。虽然这种楼板可提高工业化施工水平、节约模板、缩短工期，但预制装配式钢筋混凝土楼板整体性较差。为解决这一问题，除采用现浇钢筋混凝土楼板、钢衬板组合楼板外，还可采用装配整体式钢筋混凝土楼板。

装配整体式钢筋混凝土楼板，是将梁、板分件预制，经现场安装后整体浇筑混凝土面层而形成一体的楼板。它具有整体性好、节省模板、施工简单、工期短等优点，避免了现浇钢筋混凝土楼板湿作业工作量大、施工工序多和预制装配式钢筋混凝土楼板整体性较差的不足。

（一）装配整体式钢筋混凝土楼板的种类

1. 实心平板

预制实心平板的跨度一般不超过 6m，预应力实心平板的跨度可达到 9m，板厚一般为 50~70mm，宽度为 1~1.8m。预制实心平板具有板底面平整、制作简单、安装方便的优点。为了使预制和现浇的两部分形成相互黏结、受力后共同变形的整体，通常在板面留凹槽或在浇筑预制实心平板时埋设短钢筋，如图 4-9 所示。

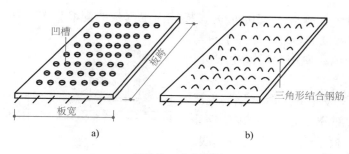

图 4-9　实心平板

a）带有凹槽的板　b）有短钢筋的板

2. 空心板

空心板是将预制板抽孔后做成的，如图 4-10 所示。与实心平板相比，空心板在不增加钢筋和混凝土用量的前提下，可提高构件的承载能力和刚度，减轻自重，节省材料。空心板的孔洞有方孔和圆孔两种。空心板制作较方便，自重轻，隔热、隔声效果好；但板面上不得凿孔、板端不得开口、 图 4-10　空心板

板端钢筋不得剪断，以免空心板受损，影响其承载能力。空心板在安装前，必须将板两端的孔用预制混凝土块或砖块等堵严（安装后要穿导线和上部无墙体板的除外），以提高板端抗压、传递荷载的能力，并避免灌缝材料进入孔内。空心板的板厚依其跨度大小有 120mm、180mm、240mm 等，板宽有 600mm、900mm、1200mm 等。

（二）装配整体式钢筋混凝土楼板的构造

1. 实心平板的搁置

1）支承实心平板的墙或梁表面应平整，其上用厚度为 20mm 的 M5 水泥砂浆坐浆，保证安装后的楼板平整，避免面层在板缝处开裂。

2）实心平板搁置在钢筋混凝土梁上时，搁置长度不小于 80mm；搁置在墙上时，搁置长度不小于 100mm；搁置在外墙上时，搁置长度不小于 120mm，以满足传递荷载、墙体抗压的要求。

3）实心平板一般为单向受力构件，当板边与外墙平行时，板不得深入平行的墙内，以免"自由"边因受力而破坏；也不能作为悬臂板使用，以避免无筋一侧受拉而破坏。

2. 空心板板缝的处理

空心板一般为标准的定型构件，具体布置时，数块板的宽度尺寸之和（含板缝）可能与房间的净宽（或净进深）尺寸之间出现小于一个板宽的空隙。此时，可采用以下方法解决：

（1）调整板缝宽度　一般板缝的宽度为 10mm，必要时可把板缝加大到 20mm 或更宽。

但当超过 20mm 时，板缝内应按计算配筋，支模板并用 C20 以上的细石混凝土浇筑板缝。

（2）挑砖 从平行于板长边的墙上砌筑挑出长度不超过 120mm 的与板上下表面平齐的挑砖，以此来调整板缝，由于耗费工时，应用较少。

（3）交替采用不同宽度的板 通过计算，选择不同规格的板进行组合，来填充宽度大于 300mm 的空隙。

（4）采用拼缝板 制作相应数量（经计算）的宽度为 400mm 的拼缝板，用以调整板的空隙。

（5）现浇板带 板缝大于 150mm 时，板缝内根据板的配筋设置钢筋，做成现浇板带。此方法可调整任意宽度的板缝，加强了板与板之间的连接，避免在使用阶段产生板缝，应用较多。

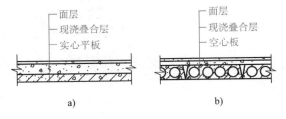

图 4-11 装配整体式钢筋混凝土楼板
a）实心平板 b）空心板

实心平板既可作为装配整体式钢筋混凝土楼板的结构组成部分，又可作为现浇钢筋混凝土的永久性模板，便于敷设设备管线，适用于高层建筑和大开间建筑。采用空心板时，现浇层厚度一般为 30～50mm，现浇混凝土内设双向钢筋网片。装配整体式钢筋混凝土楼板如图 4-11 所示，其总厚度一般为 150～250mm。

此外，装配整体式钢筋混凝土楼板还可采用间距较小的密肋小梁作为承重构件，在小梁之间填充轻质砌块，在其上部浇筑混凝土面层，由于此种装配整体式钢筋混凝土楼板施工繁杂且占用空间高度，因此很少采用。

五、楼板层的细部构造

（一）楼板层的防水与排水

有水侵蚀的房间（如厨房、卫生间等），为了便于排出室内积水，楼面应有 1%～1.5% 的坡度坡向地漏。同时，为防止室内积水外溢，有水房间楼地面标高应比其他房间或走廊低 20～30mm，或设相同高度的门槛，如图 4-12 所示。有水房间楼板应采用现浇钢筋混凝土楼板并设一道防水层，并将防水层沿房间四周墙面向上深入踢脚板内 100～150mm，开门处的防水层应铺出门外至少 250mm。防水层一般采用卷材、防水砂浆或防水涂料等。

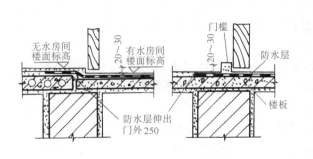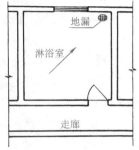

图 4-12 楼板层的防水与排水

给水排水管道穿过楼板处的防渗漏方法：对于冷水管道，可在管道穿过楼板处用 C20 干硬性细石混凝土填实，再用防水涂料或防水砂浆做密封处理，如图 4-13a 所示；对于热力管道穿过楼板处，考虑热胀冷缩的变化影响，应在管道与楼板相交处安装直径稍大的套管，套管应高出楼地面 30mm 以上，套管与热力管道之间的缝隙内填塞弹性防水材料，如在沥青麻丝上嵌防水油膏，如图 4-13b 所示。

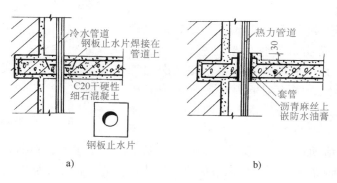

图 4-13 管道穿过楼板

a）冷水管道穿过楼板 b）热力管道穿过楼板

（二）楼板与隔墙

隔墙若设置在楼板上，必须从结构上予以考虑以保证安全。应尽量选用轻质材料隔墙以减小楼板受力，且尽量避免隔墙的重量由一块楼板承担。可以在隔墙对应的板下设梁，如图 4-14a 所示；或将隔墙设在槽形板的纵肋上，如图 4-14b 所示；还可将隔墙设在板缝之间的暗梁上，如图 4-14c 所示。

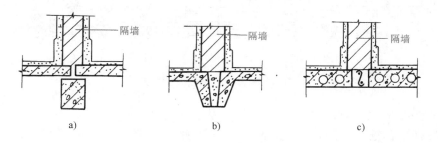

图 4-14 隔墙在楼板上的搁置

a）隔墙对应的板下设梁 b）隔墙设在槽形板的纵肋上 c）隔墙下板缝之间设暗梁

（三）顶棚构造

楼板层的最底部构造即是顶棚。顶棚应表面光洁、美观，特殊房间还要求顶棚有隔声、保温、隔热等功能。顶棚按构造做法可分为直接式顶棚和悬吊式顶棚两种。

1. 直接式顶棚

直接式顶棚是直接在钢筋混凝土楼板下表面喷（刷）涂料、抹灰或粘贴装修材料的一种构造形式。直接式顶棚不占据房间的净空高度、造价低、效果好；但不适于需布置管网的顶棚，且易剥落、维修周期短。采用大规格模板的现浇钢筋混凝土楼板，板底平整，可直接喷（刷）大白浆或乳胶漆等；不平整时，可在板底抹灰后再装修。有时，为使室内美观，在顶棚与墙面交接处通常做木制线条、金属线条、塑料线条、石膏线条加以装饰。有特殊要求的房间，可在板底粘贴墙纸、吸声板、泡沫塑料板等装饰材料。直接式顶棚构造如图4-15所示。

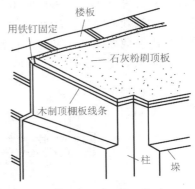

图4-15　直接式顶棚构造

2. 悬吊式顶棚

当房间顶部不平整或楼板底部需敷设导线、管线，安装其他设备或建筑本身要求平整、美观时，在屋面板（或楼板）下通过设吊杆将由主、次龙骨形成的网格骨架固定，在构架下固定各类装饰面板组成悬吊式顶棚，这是一种广泛采用的中高级顶棚形式，构造较复杂。根据其结构构造形式不同，可分为整体式吊顶、活动式吊顶、隐蔽式装配吊顶及开敞式吊顶等；根据其使用材料不同，可分为板式吊顶、轻钢龙骨吊顶、金属吊顶等。具体选材应依据装修标准及防火要求经设计而定，其构造组成如图4-16所示。

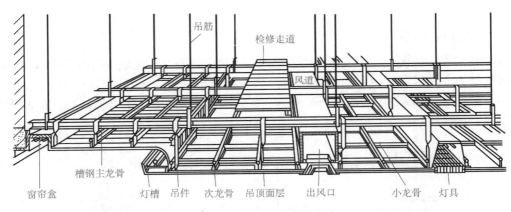

图4-16　悬吊式顶棚构造组成

悬吊式顶棚一般由吊杆、基层、面层三个基本部分组成。

（1）吊杆（吊筋）　吊杆是顶棚基层与承重结构之间的连接传力杆件，通过它可以将顶棚的重量传给楼板（屋面板）、屋架等结构构件，还可以调整、确定悬吊式顶棚的空间高度，适应各种装饰要求。吊杆通常有方木、钢筋、型钢、轻钢型材等材质，具体选择应考虑基层骨架的类型、顶棚及其附属物件（如灯具、附设的轻型管件等）的重量等因素。

方木吊杆可采用40mm×40mm的方木，与木龙骨、木梁（用钢钉或膨胀螺栓固定在结构构件上的方木）的钉接处每处不少于2颗铁钉；钢筋吊杆一般选φ6或φ8钢筋，通常与固定在结构构件上的连接角钢焊接或穿孔缠绕；型钢、轻钢型材吊杆的规格要通过具体结构计算来确定。

吊杆距承载龙骨端部的距离不应超过300mm，否则必须增设吊杆，以免龙骨下坠。吊杆长度大于1.5m时，应设置反支撑。

（2）基层（顶棚骨架） 基层是由主龙骨、次龙骨所形成成的网格骨架体系，主要用于承受饰面面层重量并将此重量连同自重通过吊杆传到结构层上。基层可分为木制基层和金属基层两种。

1）木制基层的主龙骨断面尺寸一般采用 50mm×70mm，钉接或栓接在吊杆上，间距为 0.9～1.2m；次龙骨断面尺寸一般为 50mm×50mm 或 40mm×40mm，其间距由面层板材规格及板材间隙大小而定，多用于造型复杂的悬吊式顶棚。

主龙骨在上层，次龙骨在下层，次龙骨用 40mm×40mm 的方木吊挂钉牢在主龙骨底部；也可以主、次龙骨同层布置，并依其间距开槽，凹槽对凹槽钉接牢固，如图 4-17 所示。木龙骨必须进行防腐、防火处理，涂刷防腐剂、防火涂料。

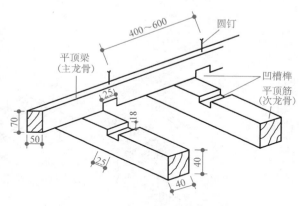

图 4-17 主、次龙骨同层布置

2）金属基层的材料有型钢龙骨、铝合金龙骨、轻钢龙骨等，其中型钢龙骨仅在特殊情况下采用，目前较常用的有铝合金龙骨和轻钢龙骨两种。

① 铝合金龙骨常用的有 T 型、U 型、LT 型及其他各种特制龙骨。其中，应用较多的是 LT 型龙骨。主龙骨依其吊点间距、顶棚荷载大小的不同，采用各系列的 U 型端面铝合金型材；次龙骨、横撑龙骨（垂直搭于次龙骨两翼上），用于中部时其断面为 T 形，用于边部时其断面为 L 形。铝合金龙骨悬吊式顶棚构造，如图 4-18 所示。

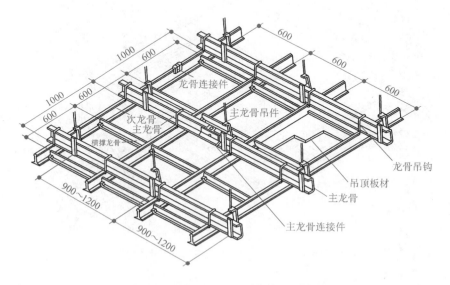

图 4-18 铝合金龙骨悬吊式顶棚构造

② 轻钢龙骨的断面形状有 U 形、T 形，一般 U 形较为常用。依其吊点间距、顶棚荷载

大小选用不同系列的 U 型、T 型轻钢龙骨。主、次龙骨在同一水平面的吊挂方式为单层构造，仅适用于不上人悬吊式顶棚；主、次龙骨不在同一水平面的吊挂方式为双层构造。U 型、T 型轻钢龙骨悬吊式顶棚构造分别如图4-19、图4-20所示。

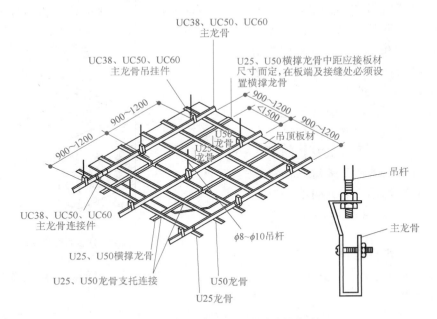

图4-19　U 型轻钢龙骨悬吊式顶棚构造

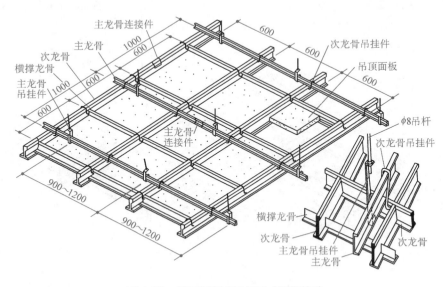

图4-20　T 型轻钢龙骨悬吊式顶棚构造

　　轻钢龙骨悬吊式顶棚面积大于120m² 或长边尺寸大于12m 时，必须设置控制缝。

　　（3）面层　顶棚饰面层不仅用于装饰室内空间，有时还要兼有吸声、反射声波、隔热等特定功能。一般有抹灰类、板材类、格栅类面层。

1）抹灰类面层是在龙骨上铺钉木板条、钢丝网、钢板网，再进行抹灰，通常有板条抹灰、板条钢板网抹灰、钢板网抹灰三种做法。

板条抹灰是一种传统做法，一般采用木龙骨，其构造简单、造价低；但抹灰层易脱落，防火能力差，适于装修要求较低的建筑，其构造如图4-21所示。

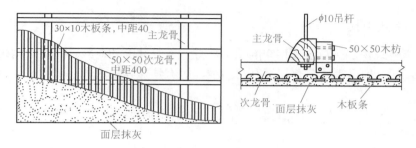

图4-21　板条抹灰面层构造

板条钢板网（钢丝网）抹灰是在板条抹灰的基层上加钉一层钢板网，以防止抹灰层开裂脱落。

钢板网抹灰面层一般采用钢龙骨，将钢板网固定在钢龙骨上，具有防火、耐久、抗裂、防脱落等特点，适用于公共建筑的大厅顶棚及防火要求较高的建筑，其构造如图4-22所示。

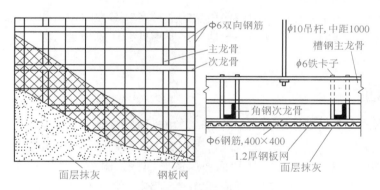

图4-22　钢板网抹灰面层构造

2）板材类面层常用的板材有实木板、胶合板、矿棉装饰吸声板、石膏板、木丝板、金属微穿孔吸声板等。

板材固定可以采用以下几种方法：采用钢钉、螺钉固定在龙骨上，其钉距视板材材质而定，钉帽必须埋入板内以免锈蚀；采用各种黏结剂将板材粘贴在龙骨上；采用面板直接搁置在倒T形断面的金属龙骨上，并用夹具夹住以免被风吹掀起；采用特制卡具将面板卡固在龙骨上。

3）格栅类面层常用的有木制格栅、金属格栅、塑料格栅等，通过若干个单体构件组合而成，并与照明设施布置有机结合，使人在视觉上产生一定的韵律感，形成一种特殊的艺术效果。但其上部空间的一些设备管线要处理成深色，与其向下反射的灯光形成亮度反差，以免影响观瞻。

4.3 ▷ 地坪层与楼地面构造

一、地坪层的构造

地坪层是指建筑物底层与土壤相交的水平部分，承受其上的荷载，并将之均匀地传给其下的地基。地坪层一般由面层、垫层、基层组成，对有特殊要求的地坪可在面层与垫层之间增设附加层。

（1）面层　面层是地坪层的最上面的部分，应满足耐磨、平整、易清洁、不起尘、防水、热导率小等要求。

（2）垫层　垫层起承上启下的作用，即承受面层传来的荷载和自重并将它们均匀传给下部的基层。垫层一般采用 60~100mm 厚 C15 混凝土刚性垫层（受力后变形很小），有时也可采用柔性垫层（受力后产生塑性变形），如砂垫层、粉煤灰垫层等。

（3）基层　基层是垫层与土壤层之间的找平层或填充层，可加强地基承受荷载的能力，并起找平作用。基层材料可就地取材，通常用灰土、碎砖、道砟、三合土等，厚 100~150mm。

（4）附加层　附加层是为满足房间特殊使用要求而设置的构造层次，如防潮层、防水层、保温层、隔声层或管道敷设层等。

在设计地坪时，一定要根据房间的使用功能选择有针对性的材料和适宜的构造措施。对于有特殊功能要求的房间，除应满足一般地坪层要求外，还应满足防潮、防水、防火、耐酸碱及耐化学腐蚀等要求。

二、楼地面的构造

楼地面的构造主要是指楼地面面层的构造。由于面层直接与人、家具、设备等接触，承受各种物理、化学作用，并且在人的视线范围内所占的比例较大，因此应满足以下要求：

（1）足够的坚固性、耐久性　楼地面面层的坚固性、耐久性是由具体使用状况和材料所决定的。楼地面面层应不易破损、表面平整、不起尘，耐久性能达到 10 年以上。

（2）使用舒适、安全可靠　楼地面面层应有一定弹性、足够的蓄热和隔声能力；具有防滑、防火、防潮、耐腐蚀、电绝缘等性能，以确保使用安全。

（3）装饰效果好　楼地面面层的色彩、图案、材料质感等必须与室内空间形态、房间功能、陈设的家具、交通等相互协调，给人以美的享受。

按楼地面所用材料和施工方式的不同，楼地面可分为整体类楼地面、块材类楼地面、卷材类楼地面等。

（一）整体类楼地面

1. 水泥砂浆楼地面

水泥砂浆楼地面是使用普遍的一种低档地面，构造简单、坚固耐磨。其做法是先将基层用清水清洗干净，然后在基层上用 15~20mm 厚 1∶3 水泥砂浆打底找平；再用 5~10mm 厚 1∶2 或 1∶1.5 水泥砂浆抹面、压光。若基层较平整，也可以在基层上抹一道素水泥浆结合层；然后直接抹 20mm 厚的 1：2.5 或 1：2 水泥砂浆抹面，待水泥砂浆终凝前进行至少两次压光，在常温湿润条件下养护。水泥砂浆楼地面构造做法如图 4-23 所示。

2. 细石混凝土辊压楼地面

细石混凝土辊压楼地面的做法是在基层上浇 30～40mm 厚的强度等级不低于 C20 的细石混凝土，待混凝土初凝后用铁辊辊压出浆，待终凝前撒少量干水泥，用铁抹子不少于两次压光，其效果同水泥砂浆楼地面，采用较多。

3. 现浇水磨石楼地面

现浇水磨石楼地面表面光洁美观、不易起灰。其做法是在基层上做 15mm 厚

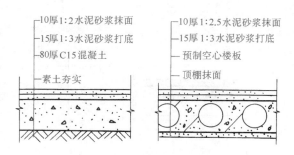

图 4-23　水泥砂浆楼地面构造做法

1：3 水泥砂浆结合层（兼作找平层），用 1：1 水泥砂浆嵌固 10～15mm 高的玻璃条或铜条，将地面分成方格或其他图案；将按设计配置好的 1：（1.25～1.5）的各种颜色（经调制样品选择最后的配合比）的水泥石渣浆注入预设的分格内，水泥石渣浆厚度为 12～15mm（高于分格条 1～2mm），并均匀撒一层石渣，用辊筒压实，直至水泥浆被压出为止；待浇水养护完毕后，经过三次打磨，在最后一次打磨前酸洗、修补、抛光，最后打蜡保护。现浇水磨石楼地面构造做法如图 4-24 所示。

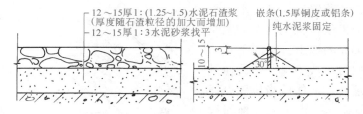

图 4-24　现浇水磨石楼地面构造做法

（二）块材类楼地面

块材类楼地面通常是指用人造或天然的预制块材、板材镶铺在基层上的楼地面。

1. 地面砖、缸砖、陶瓷锦砖楼地面

此类楼地面表面质密光洁、耐磨、防水、耐酸碱，一般用于有防水要求的房间。其做法是在基层上用 15～20mm 厚 1：3 水泥砂浆打底、找平；再用 5mm 厚的 1：1 水泥砂浆（掺适量 108 胶）粘贴地面砖、缸砖、陶瓷锦砖，用橡胶锤锤击，以保证黏结牢固，避免空鼓；最后用素水泥浆擦缝。对于陶瓷锦砖楼地面，还应用清水洗去牛皮纸，用白水泥浆擦缝。

2. 花岗石、大理石、预制水磨石楼地面

此类楼地面的做法是在基层上洒水润湿，刷一层水泥浆，随即铺 20～30mm 厚 1：3 干硬性水泥砂浆结合层；将 5～10mm 厚的 1：1 水泥砂浆铺在面层石板的背面，将石板均匀铺在结合层上，随即用橡胶锤锤击块材，以保证黏结牢固；最后用水泥浆灌缝（板缝应不大于 1mm），待能上人后擦净板面。石板楼地面如图 4-25 所示。

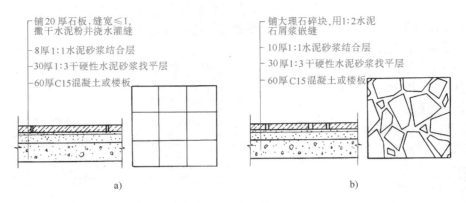

图 4-25　石板楼地面

a）方正石板楼地面　b）碎石板楼地面

3. 木制、竹制楼地面

木制、竹制楼地面是无防水要求房间采用较多的一类地面，具有易清洁、弹性好、热导率小、保温性能好、易与房间其他部位装饰风格融为一体等优点，是广泛采用的一种楼地面做法。

（1）空铺木、竹制楼地面　此类楼地面用于室内地面。做法是先砌设计高度、设计间距的垄墙，在垄墙上铺设一定间隔的木龙骨，再将地板条钉在龙骨上。木龙骨与墙之间留 30mm 的缝隙，表面平直的木龙骨之间加钉剪刀撑或横撑，并设通风口来解决通风问题（在墙体适当位置设通风口），如图 4-26 所示。由于此种地面构造占用空间较大且浪费材料，除有特殊要求外很少采用。

（2）实铺木、竹制楼地面　此类楼地面的构造做法分为龙骨式和粘贴式两种，底层地面应设防潮层。实铺小龙骨木楼地面如图 4-27 所示。

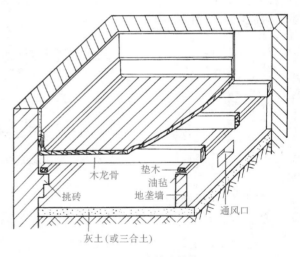

图 4-26　空铺木楼地面

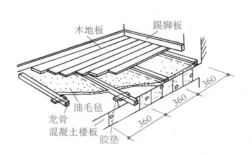

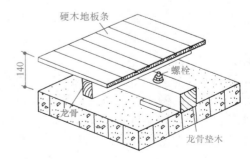

图 4-27　实铺小龙骨木楼地面

1）龙骨式木、竹楼地面。施工时，铺设 30mm×40mm 以上尺寸且上下刨光的木楞，木楞中距可依木、竹地板条的长度等分且不大于 400mm，同时还应考虑木、竹地板条的厚度。面层钉一定厚度的企口地板条，每块板条钉牢在木龙骨上（从板侧面开始）。对于高标准的房间地面，在面层与龙骨之间加铺一层斜向毛木板。若采用半成品木地板条，应打磨光洁、平整后喷（刷）漆面。地板条的拼缝形式如图 4-28 所示。

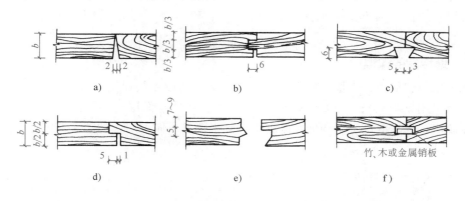

图 4-28　地板条的拼缝形式
a）平口　b）企口　c）截口　d）压口　e）企口　f）销板

2）粘贴式木、竹楼地面。此类楼地面多用于大规格的复合地板，复合地板一般由四层结构复合组成，分别为底层、基层、装饰层、耐磨层，由于结构复杂，选材要仔细斟酌。安装时，要求基层平整、复合地板贴紧地面基层；使用时应注意避免水浸入地板下部而发生板材局部翘起的现象。复合地板施工做法为在基层上铺一层人造橡胶泡沫垫，其上铺钉复合地板。此类地板具有耐磨、防水、防火、耐腐蚀等优点。

（三）卷材类楼地面

卷材类楼地面是指将卷材直接铺在平整的基层上的地面。卷材可满铺、局部铺，可干铺、粘贴等。

塑料地毡是一种软质卷材，其宽度一般为 2m 左右，厚度 1～2mm，粘贴时用聚氯酯等胶粘剂。塑料地毡具有弹性好、耐磨、防水、防潮、耐腐蚀、绝缘、隔声、阻燃、美观、易清洁等特点；不足的地方在于不耐高温、易老化、怕明火等。

总之，选择楼地面类型时，一定要结合建筑的使用功能要求及各类地面面层材料的特性，选择适宜的地面构造。

此外，有时为了解决水泥砂浆地面、混凝土地面局部开裂、起尘、不美观等问题时，可以在其上涂刷各色涂料，但目前采用较少。

三、地坪层的防潮与保温

由于地坪层与土壤直接接触，土壤中的水分通过毛细作用上升，造成地面受潮而严重影响房间的卫生状况。地下水位越高，受潮越严重。我国南方地区，每当春夏之交，气温升高、雨水增多，空气相对湿度大，当水泥地面、水磨石地面等表面温度低于空气温度时，会出现返潮现象。我国北方地区，在冬季为了保持室内温度，房间较封闭，通风不畅，底层房间湿度较高。所以，为保证室内环境满足使用要求和建筑节能要求，应采取不同的防潮和保温措施。

（一）地坪层的防潮

在垫层与面层之间铺设一道防潮层即为防潮地面，如铺防水卷材、防水砂浆、热沥青等；也可以在垫层下铺设一层粒径均匀的卵石、碎石等，阻止毛细水上升，如图4-29a所示。

（二）地坪层的保温

当地下水位较低时，土壤比较干燥，可在垫层下铺设一层保温层（如15mm厚1∶3水泥炉渣层或采用聚苯板）；当地下水位较高时，可在垫层与面层之间铺设防水层，在防水层上铺设保温层，在保温层上铺30mm厚细石混凝土，最后做面层，如图4-29b所示。

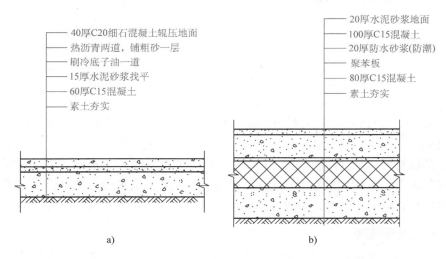

左图标注：
— 40厚C20细石混凝土辊压地面
— 热沥青两道，铺粗砂一层
— 刷冷底子油一道
— 15厚水泥砂浆找平
— 60厚C15混凝土
— 素土夯实

右图标注：
— 20厚水泥砂浆地面
— 100厚C15混凝土
— 20厚防水砂浆(防潮)
— 聚苯板
— 80厚C15混凝土
— 素土夯实

a)　　　　　　　　　　b)

图4-29　地坪层防潮与保温
a）防潮　b）保温

此外，当地坪层的结构层采用预制板时，可以将其架空，不与土壤接触，以解决地面潮湿问题。

四、楼地面变形缝构造

楼地面变形缝的位置与墙体变形缝位置应一致，应贯通楼板层和地坪层。对采用沥青类材料的整体楼地面和铺在砂、沥青胶体结合层上的板块楼地面，可只在楼板层、顶棚或混凝土垫层中设变形缝。

变形缝内一般采用沥青麻丝、金属调节片等弹性材料做填缝或封缝处理，上铺活动盖板或橡胶条等，以防止灰尘、杂物下落，地面处也可用沥青胶嵌缝。顶棚处应用木板、金属调节片等做盖缝处理，盖缝板应保证缝两侧结构构件能自由变形。楼地面变形缝的构造如图4-30所示。

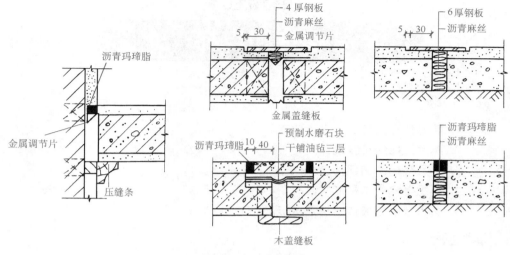

图 4-30 楼地面变形缝的构造

小 结

楼板层是水平方向分隔房屋空间的承重构件。楼板层主要由面层、结构层、顶棚、功能层四部分组成，楼板层的设计应满足建筑的使用（防火、隔声、保温、隔热、防潮、防水等）、结构（足够的强度与刚度）、施工以及经济等方面的要求。

钢筋混凝土楼板根据其施工方法不同可分为现浇整体式、预制装配式和装配整体式三种。装配整体式钢筋混凝土楼板常用的板型有实心平板、空心板。为加强楼板的整体性，应注意楼板的细部构造。现浇钢筋混凝土楼板有板式楼板、肋梁楼板、无梁楼板等。

地坪层一般由面层、垫层和基层构成。

楼地面按其材料和做法可分为整体类楼地面、块材类楼地面、卷材类楼地面等。

核心概念：楼板层、地坪层、楼地面、单向板、双向板等。

复习思考题

1. 楼板层和地坪层的构造组成、设计要求有哪些？
2. 楼板分为哪几类？现浇钢筋混凝土楼板的特点及结构形式有哪些？
3. 预制装配式钢筋混凝土楼板的特点及结构形式有哪些？
4. 调整预制板板缝的措施有哪些？
5. 绘制常用楼地面、顶棚的构造图。
6. 楼地面可分为哪几种类型？

单元五

楼梯和电梯

知识目标

1. 熟悉楼梯的分类、设计要求。
2. 熟悉楼梯的尺度设计。
3. 熟悉楼梯的细部构造。
4. 熟悉楼梯的结构形式。
5. 熟悉台阶与坡道的构造做法。

能力目标

1. 能够描述并确定楼梯形式。
2. 能够计算楼梯各部分尺寸。
3. 能够正确识读楼梯标准图。
4. 能识读并绘制楼梯详图。
5. 能正确识读台阶与坡道标准图。

在建筑中，各个不同楼层之间以及不同高程之间的房间需要有垂直交通设施，这些设施包括楼梯、电梯、自动扶梯、台阶、坡道等。楼梯是解决不同楼层之间垂直交通的重要设施，在设有电梯或自动扶梯的建筑中也必须设置楼梯，以备火灾等紧急情况下使用。电梯主要用于层数较多或有特殊需要的建筑（如医院病房楼、多层工业厂房）中。自动扶梯一般用于人流量较大的公共建筑。在建筑出入口处用于解决室内外局部高差的踏步称为台阶。坡道用于有通行车辆要求的高差之间的交通联系，以及有无障碍要求的高差之间的联系。爬梯主要做消防检修之用。

5.1 ▸ 楼梯的组成和类型

一、楼梯的组成

楼梯主要由楼梯段、楼梯平台、栏杆与扶手三部分组成，如图 5-1 所示。

1. 楼梯段

设有踏步供建筑物楼层之间上下行走的通道段落称为楼梯段，俗称"梯跑"。踏步又分为踏面（供行走时踏脚的水平部分）和踢面（形成踏步高差的垂直部分），踏步尺寸决定了楼梯的坡度。为了减轻疲劳，梯段的踏步级数一般不宜超过 18 级，但也不宜少于 3 级。

2. 楼梯平台

楼梯平台是指连接两梯段之间的水平部分。平台可用来供楼梯转折、连通某个楼层或供使用者在攀登了一定距离后稍事休息。与楼层标高相一致的平台称为楼层平台，介于两个楼层之间的平台称为中间平台或休息平台。

3. 栏杆与扶手

栏杆是布置在楼梯段和平台边缘处起一定安全保障作用的围护构件。栏杆或栏板顶部供人们行走倚扶用的连续构件，称为扶手。楼梯段至少应在一侧设扶手，楼梯段宽达三股人流（1650mm）时应两侧设扶手，达四股人流（2200mm）时应加设中间扶手。扶手也可设在墙上，称为靠墙扶手。

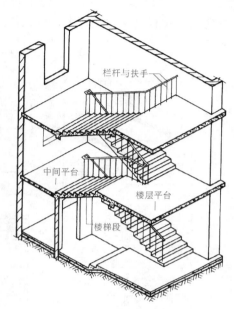

图 5-1　楼梯的组成

二、楼梯类型

（一）按楼梯形式分类

1. 直跑式楼梯

直跑式楼梯是指沿着一个方向上楼的楼梯，有单跑、多跑之分。

（1）直行单跑楼梯　这种楼梯中间没有休息平台，由于单跑梯段的踏步数一般不超过18 级，故主要用于层高不大的建筑，如图 5-2a 所示。

（2）直行多跑楼梯　直行多跑楼梯增加了中间休息平台，一般为双跑梯段，适合于层高较大的建筑。直行多跑楼梯给人以直接顺畅的感觉，导向性较强，在公共建筑中常用于人流较多的大厅，如图 5-2b 所示。

2. 平行双跑楼梯

平行双跑楼梯是指第二跑楼梯段折回和第一跑楼梯段平行的楼梯。这种楼梯所占的楼梯间长度较小，布置紧凑，使用方便，是建筑物中较多采用的一种楼梯形式，如图 5-2c 所示。

3. 平行双分、双合楼梯

（1）合上双分式楼梯　楼梯第一跑在中间，为一较宽梯段，经过休息平台后，向两边分为两跑，各以第一跑一半的梯宽上至楼层，通常在人流多，楼梯宽度较大时采用。由于其造型对称严谨，可用于办公类建筑的主要楼梯，如图 5-2d 所示。

（2）分上双合式楼梯　楼梯第一跑为两个平行的较窄的梯段，经过休息平台后，合成一个宽度为第一跑两个梯段宽之和的梯段上至楼层，如图 5-2e 所示。

4. 折行双跑楼梯

该楼梯第二跑与第一跑梯段之间呈 90°或其他角度，适宜于布置在靠房间一侧的转角处，多用于仅上一层楼面的影剧院等建筑，如图 5-2f 所示。

5. 折行多跑楼梯

该楼梯是指楼梯段数较多的折行楼梯，如折行三跑楼梯（图 5-2g）、折行四跑楼梯（图 5-2h）等。折行多跑楼梯围绕的中间部分形成较大的楼梯井，因而不宜用于幼儿园、中小学等建筑。在有电梯的建筑中，可在梯井部位布置电梯。

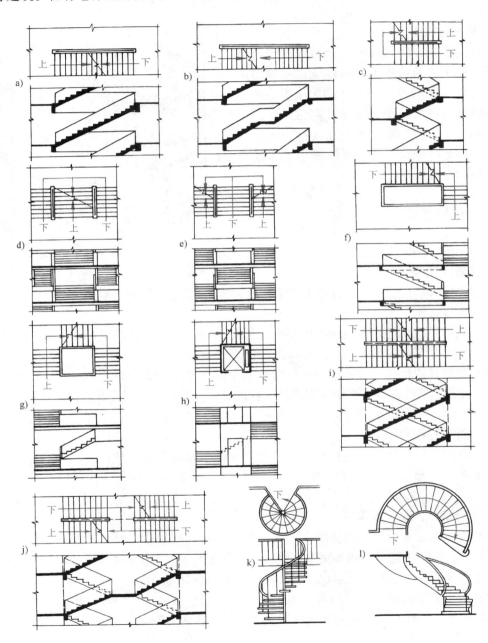

图 5-2　楼梯的形式

a）直行单跑楼梯　b）直行多跑楼梯　c）平行双跑楼梯　d）合上双分式楼梯　e）分上
双合式楼梯　f）折行双跑楼梯　g）折行三跑楼梯　h）折行四跑楼梯　i）剪刀楼梯
j）交叉楼梯　k）螺旋形楼梯　l）弧形楼梯

6. 剪刀、交叉楼梯

（1）剪刀楼梯 该楼梯可视为由两个直行单跑楼梯交叉并列而成。剪刀楼梯通行的人流量较大，且为上下楼层的人流提供了两个通行方向，但仅适于层高较小的建筑，如图 5-2i 所示。

（2）交叉楼梯 该楼梯相当于两个平行双跑楼梯的对接，适用于层高较大且有人流多向性选择要求的建筑物，如商场、多层食堂等，如图 5-2j 所示。

7. 螺旋形楼梯

螺旋形楼梯平面呈圆形，平台与踏步均呈扇形平面，踏步内侧宽度小，行走不安全，如图 5-2k 所示。这种楼梯不能作为主要的人流交通和疏散楼梯，但由于其造型美观，常作为建筑小品布置在庭院或室内。

8. 弧形楼梯

弧形楼梯与螺旋楼梯的不同之处在于它围绕一个较大的轴心空间旋转，且仅为一段弧环。其扇形踏步内侧宽度较大，坡度较缓，可以用来通行较多人流，如图 5-2l 所示。其一般布置于公共建筑的门厅，具有明显的导向性和优美、轻盈的造型。

（二）按楼梯间形式划分

设置楼梯的房间称为楼梯间。由于防火的要求不同，楼梯间有以下三种形式。

1. 开敞式楼梯间

开敞式楼梯间主要用于五层以下的公共建筑以及其他普通多层建筑，如图 5-3 所示。

2. 封闭式楼梯间

封闭式楼梯间主要适用于五层以上的医院、疗养院的病房楼，设有空气调节系统的多层宾馆，高层建筑中 24m 以下的裙房，除单元式和通廊式住宅外的建筑高度不超过 32m 的二类高层建筑以及部分高层住宅。其设计要求为：

1）楼梯间应靠近外墙，并应有直接采光和自然通风条件。当不能直接采光和自然通风时，应按防烟楼梯间的规定设置。

2）楼梯间应设乙级防火门，并应向疏散方向开启，如图 5-4a 所示。

3）楼梯间的首层紧接主要出口时，可将走道和门厅等包括在楼梯间内，形成扩大的封闭楼梯间，但应采用乙级防火门等防火措施与其他走道和房间隔开，如图 5-4b 所示。

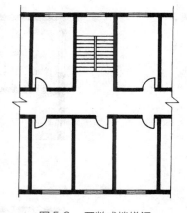

图 5-3 开敞式楼梯间

3. 防烟楼梯间

对于一类高层建筑和除单元式及通廊式住宅外的建筑高度超过 32m 的二类高层建筑以及塔式高层住宅均应设防烟楼梯间，如图 5-5 所示。其设计要求为：

1）楼梯间入口处应设前室、阳台或凹廊。

2）前室的面积：公共建筑不应小于 $6m^2$，居住建筑不应小于 $4.5m^2$。

3）前室和楼梯间的门均应为乙级防火门，并应向疏散方向开启。

4）其前室和楼梯间应有自然排烟或机械加压送风的防烟设施。

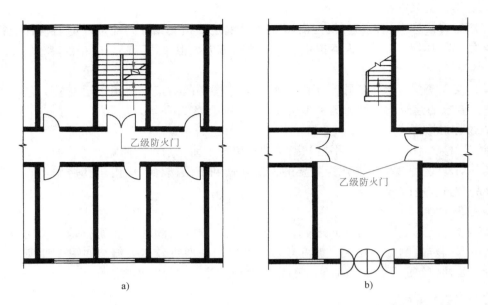

图5-4 封闭式楼梯间

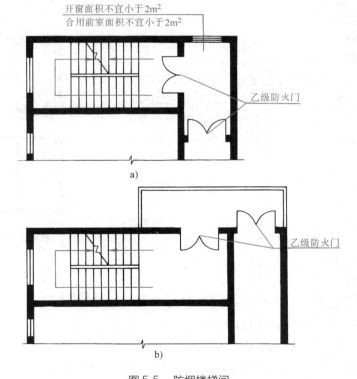

图5-5 防烟楼梯间

a) 设前室的防烟楼梯间 b) 利用阳台作为前室的防烟楼梯间

三、楼梯平面图的识读

楼梯各层的平面图和楼层平面图一样，都是在该楼层以上 1000～1200mm 处，以水平面向下剖视的投影图。因为楼梯段是倾斜的，因而各层的水平剖面必将上行的楼梯切断，同时也能剖视到下行的梯段和中间平台，以及部分从下层上行的梯段。

楼梯的各层平面图只表示一次，更上一层的平面图虽然也可能剖视到各层的构件，但不再表示，顶层平面图没有上行楼梯段，只有下行的梯段。图 5-6 展示了一座地上三层、地下一层的平行楼梯的各层平面图。

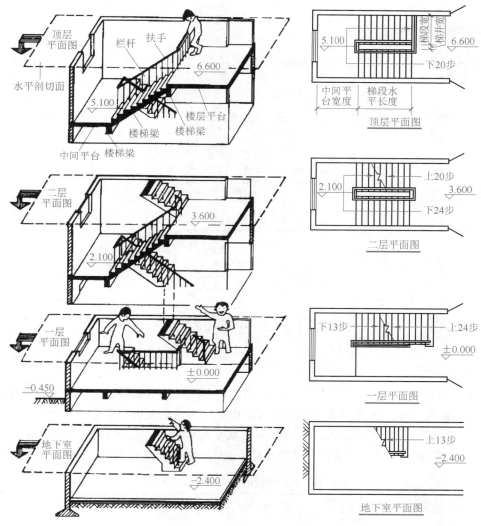

图 5-6　楼梯平面图表示方法

四、楼梯设计要求

（1）功能方面的要求　主要是指楼梯的数量、宽度尺寸、平面式样、细部做法等均应满足功能要求。

（2）结构方面的要求　楼梯应具有足够的承载能力和较小的变形。

（3）防火、安全方面的要求　楼梯的间距、数量，楼梯间的形式、采光、通风等均应满足现行防火规范的要求，以保证疏散安全。

（4）施工、经济方面的要求　应使楼梯更方便施工，经济上更合理。

5.2 ▶ 楼梯的尺度与设计

一、楼梯的尺度

确定楼梯的尺度，即确定楼梯各组成部分的尺度，如图5-7所示。

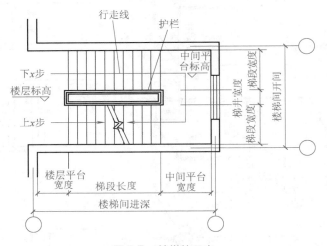

图5-7　楼梯的尺度

（一）梯段宽度

楼梯是供人们上下通行以及紧急疏散使用的，因此必须有足够的通行能力，即楼梯段以及平台都必须有足够的宽度以满足使用要求。楼梯的梯段净宽应根据建筑物的使用特征按人流股数确定，并不应少于两股人流。每股人流宽度为0.55m+（0~0.15）m，其中0~0.15m为人流在行进中的摆幅，人流较多的公共建筑应取上限。梯段宽度与人流股数的关系见表5-1。

表5-1　梯段宽度与人流股数的关系

人流股数	梯段宽度/mm	备注
单股	>900	满足单人携物通过要求
双股	1100~1400	—
三股	1650~2100	—

注：计算依据为每股人流宽度为550mm+（0~150）mm。

（二）楼梯的坡度

楼梯的坡度是指楼梯段的坡度，应根据楼梯的使用情况合理选择楼梯的坡度。楼梯的坡度越小，行走越舒适，但加大了楼梯间的进深，增加了建筑面积；楼梯的坡度越陡，行走越吃力，但楼梯间的面积可减小。一般来说，公共建筑中楼梯使用的人数较多，坡度应平缓些；住宅建筑中楼梯使用的人数较少，坡度可陡些；专供幼儿和老年人使用的楼梯的坡度应平缓些。楼梯的坡度有两种表示方法，一种是用斜面与水平面的夹角来表示；另一种是用斜面的垂直投影高度与斜面的水平投影长度之比来表示。楼梯常见坡度为 23°~45°，其中 30° 左右较为通用。楼梯的最大坡度不宜大于 38°。坡度小于 10° 时，应采用坡道形式；坡度大于45° 时，则采用爬梯。楼梯、坡道、爬梯的坡度范围如图 5-8 所示。

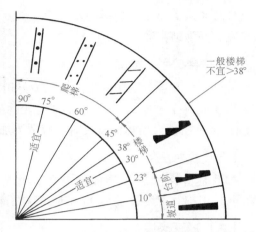

图 5-8　楼梯、坡道、爬梯的坡度范围

（三）楼梯的踏步尺寸

楼梯梯段是由若干踏步组成的，每个踏步由踏面和踢面组成，如图 5-9 所示。踏步尺寸与人的行走有关。踏面宽度与人的脚长和人上下楼梯时脚与踏面的接触状态有关。踏面宽 300mm 时，人的脚可以完全落在踏面上，行走舒适；当踏面宽度减小时，人行走时脚跟部分容易悬空，行走不方便，一般踏面宽度不宜小于 250mm。

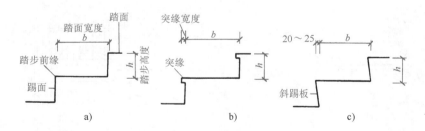

图 5-9　踏步形式和尺寸
a）无突缘　b）有突缘　c）斜踢板

踏步高度与踏面宽度之和同人的跨步长度有关，此值过大或过小，行走都不方便。可按下列公式计算踏步尺寸：

$$2h+b=（600~620）mm \text{ 或 } h+b=450mm$$

式中　　h——踏步高度；

　　　　b——踏面宽度。

楼梯踏步尺寸还应符合表 5-2 的规定。

当踏面尺寸较小时，可以采取加做突缘或将踢面倾斜的方式加宽踏面。踏口挑出尺寸一般为 20~25mm，如图 5-9b、c 所示。这个尺寸不宜过大，否则行走时也不方便。

表 5-2　常用楼梯踏步尺寸

名称	住宅	学校、办公楼	剧院、会堂	医院（病人用）	幼儿园
踏步高度/mm	156~175	140~160	120~150	150	120~130
踏面宽度/mm	260~300	280~340	300~350	300	260~300

梯段长度 L 是每一梯段的水平投影长度，其值为 $L=b×(0.5N-1)$，其中 b 为踏面水平投影步宽，N 为踏步数。

（四）楼梯平台宽度

楼梯平台宽度分为中间平台宽度 D_1 和楼层平台宽度 D_2。

当梯段改变方向时，扶手转向端处的平台最小宽度不应小于梯段净宽，并不得小于 1.2m；当有搬运大型物件需要时，应适当加宽。直跑楼梯的中间平台宽度不应小于 0.9m。

（五）梯井宽度

梯井是指梯段之间形成的空隙，此空隙从顶层到底层贯通。梯井宽度一般为 60~200mm；当梯井宽度超过 200mm 时，应在梯井部位设水平防护措施。

（六）净空高度

楼梯净空高度包括梯段净高和平台净高。梯段净高应以踏步前缘处到顶棚垂直线的净高度计算，这个净高应保证人们行走不受影响，一般不小于 2200mm。楼梯平台的结构下缘至人行通道的垂直高度不应小于 2000mm。梯段的起始、终了踏步的前缘与顶部突出物的外缘线应不小于 300mm，如图 5-10、图 5-11 所示。

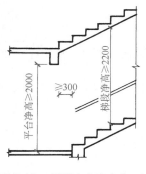

图 5-10　楼梯净空高度（一）

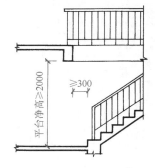

图 5-11　楼梯净空高度（二）

当在平行双跑楼梯的中间平台下设通道出入口时，为保证平台下净空高度满足通行要求，一般应采取以下措施：

1）在底层变等跑梯段为长短跑梯段，如图 5-12a 所示。起步第一跑为长跑，以提高中间平台标高，这种方式会使楼梯间进深加大。

2）局部降低底层中间平台下方的地坪标高，使其低于底层室内地坪标高±0.000，以满足净空高度要求，如图 5-12b 所示。但降低后的中间平台下方的地坪标高仍应高于室外地坪标高，以免雨水内溢。这种处理方式可保持等跑梯段，使构件统一。施工时，中间平台下的地坪标高降低，常依靠底层室内地坪标高±0.000对应的绝对标高的提高来实现，可能增加土方量。

3）综合以上两种方式，在采用长短跑的同时又降低底层中间平台下方的地坪标高，这种处理方式可兼有前两种方式的优点，并减少相关缺点，如图 5-12c 所示。

4）底层用直行单跑或直行多跑楼梯直接从室外上二层，这种方式常用于住宅建筑，设计时需注意入口处雨篷底面标高的位置，要保证其净空高度在 2m 以上，如图 5-12d 所示。

视频：楼梯构
造设计内容

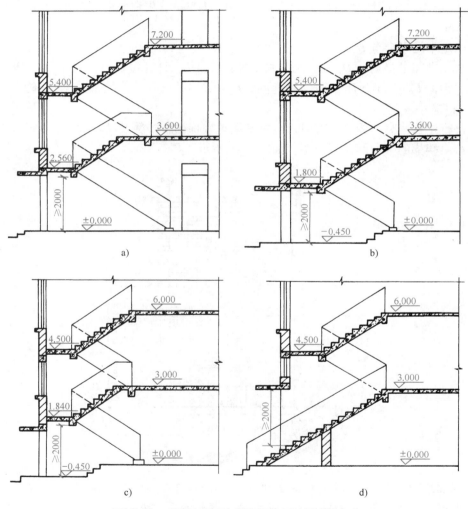

图 5-12 底层中间平台下作出入口时的处理方式

a）底层长短跑梯段 b）局部降低地坪标高 c）底层长短跑梯段、局部降低地坪标高相结合 d）底层直跑式楼梯

二、楼梯的设计

楼梯设计应根据建筑物的功能要求以及人流情况，结合防火规范确定楼梯的总宽度以

及数量；应根据使用情况将其布置在恰当位置，并选择合适的楼梯形式及楼梯间的开间、进深。下面介绍的楼梯设计是在已知楼梯间的层高、开间和进深的前提下进行的楼梯设计。

1）根据建筑物的使用性质，初选踏步高 h，确定踏步数 N，$N=$ 层高/h。为减少构件的规格，一般尽量采用等跑楼梯，因此 N 宜为偶数，如所求出的 N 为奇数或非整数，取 N 为偶数，反过来调整步高。再根据公式 $2h+b=(600\sim620)\text{mm}$ 确定踏步宽度 b。

2）根据踏步数 N 和踏步宽 b，计算每一梯段的水平投影长度 $L=(0.5N-1)b$。

3）根据楼梯间开间确定楼梯间净宽 A、梯段宽度 B 及梯井宽度 C：$A=$ 楼梯间开间尺寸-墙厚，$B=($ 楼梯间开间尺寸-墙厚-$C)/2$，$C=60\sim200\text{mm}$，儿童使用的楼梯的楼梯井宽度不应大于 200mm。

4）确定中间平台宽 D_1，$D_1 \geqslant B$。

5）根据中间平台宽度 D_1 及梯段的水平投影长度 L，计算楼层平台宽度 D_2，$D_2=$ 楼梯间进深-D_1-墙厚-L。对于封闭平面的楼梯间，$D_2 \geqslant B$；对于开敞式楼梯，当楼梯间外为走廊时，D_2 可以略小一些。

6）进行楼梯净高的验算，有时也会重新调整楼梯的踏步数及踏步的高、宽。

7）绘出楼梯的平面图及剖面图，如图 5-13 所示。

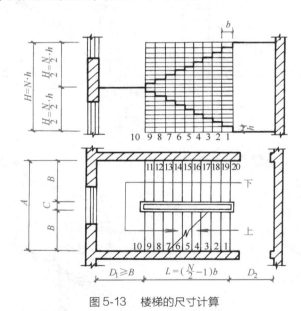

图 5-13 楼梯的尺寸计算

例 某五层住宅楼，每层层高 2900mm，楼梯间开间 2700mm、进深 5700mm，如图 5-14 所示，室内外高差 600mm，要求在底层楼梯平台下做出入口，试设计一个平行双跑楼梯。

解：根据图 5-14 可知，本楼梯为一个封闭的平面。

1. 确定踏步尺寸

本楼梯为住宅楼梯，坡度可陡一些。初选踏步高 $h=160\text{mm}$，则每层踏步数 $N=2900\text{mm}/160\text{mm}=18.125$，取 $N=18$，可得踏步高 $h=2900\text{mm}/18=161.11\text{mm}$，按照 $2h+b=$

600mm 得出 $b = 600mm - 2 \times 161.11mm = 277.78mm \approx 280mm$，符合表5-2的要求。

2. 计算梯段水平投影长度

每一梯段的水平投影长度为

$$L = (18 \times 0.5 - 1) \times 280mm = 2240mm$$

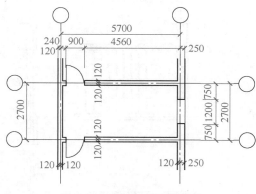

图5-14 例题楼梯平面尺寸

3. 确定梯段宽和梯井宽

取梯井宽 $C = 100mm$，则梯段宽为

$$B = (2700 - 2 \times 120 - 100)mm/2 = 1180mm$$

4. 确定中间平台宽 D_1

根据 $D_1 \geqslant B$，确定 $D_1 = 1200mm$。

5. 确定楼层平台宽度 D_2

$D_2 = (5700 - 1200 - 2 \times 120 - 2240)mm = 2020mm > B = 1180mm$，且满足入户门的开启要求。

6. 底层平台下有出入口时净高的验算

平台梁高一般取350mm，净高为

$H = (9 \times 161.11 - 350)mm = 1099.99mm < 2000mm$，不满足净高要求。

解决办法：

1）降低底层中间平台下方局部地坪的标高，使其为-0.450m。此时，净高为

$$H = (9 \times 161.11 - 350 + 450)mm = 1549.99mm < 2000mm，不满足要求。$$

2）将第一层楼梯设计成长短跑，第一跑为长跑，其踏步数为 N_1，$(N_1 \times 161.11 - 350)mm \geqslant 2000mm$，则有

$$N_1 \geqslant 14.59，取 N_1 = 15$$

第一跑梯段长 L 及楼层平台宽度 D_2 为

$$L = (15 - 1) \times 280mm = 3920mm$$

$$D_2 = (5700 - L - D_1 - 240)mm = (5700 - 3920 - 1200 - 240)mm = 340mm$$

入户门无法开启，不可行。

3）将前两种做法结合起来。第一跑踏步数为 N_1，平台梁高350mm，降低底层中间平台下方的局部地坪标高，使其为-0.450m，则有

$$(N_1 \times 161.11 - 350 + 450)mm \geqslant 2000mm$$

得 $N_1 \geqslant 11.79$，取 $N_1 = 12$。第一跑梯段长为

$$L = (12 - 1) \times 280mm = 3080mm$$

底层中间平台下的净高为

$$H = (12 \times 161.11 - 350 + 450)mm = 2033.32mm > 2000mm$$

满足净高要求。

$$D_2 = (5700 - 240 - 1200 - 3080)mm = 1180mm \geqslant B = 1180mm$$

满足入户门的开启要求。

第一层楼梯的第二跑为短跑，踏步数 $N_2 = 18 - 12 = 6$。

7. 绘制楼梯平面图及剖面图（图5-15）

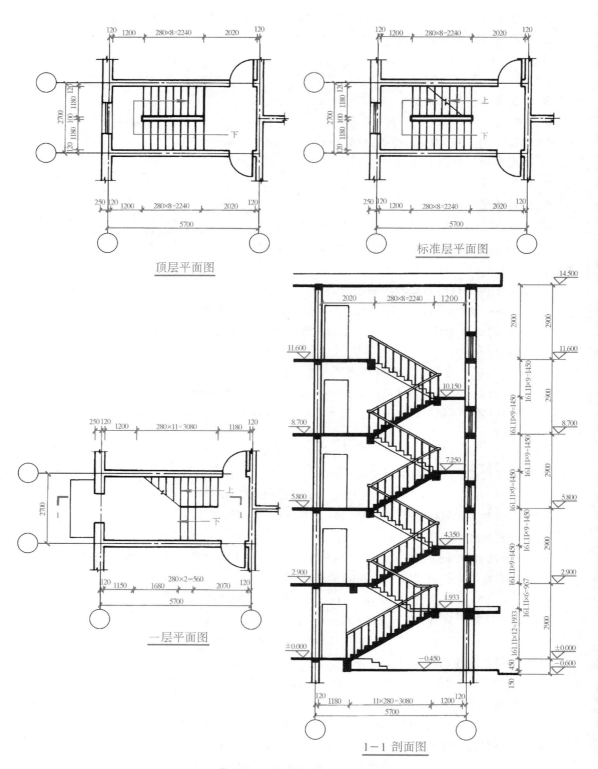

图 5-15 楼梯平面图与剖面图

5.3 ⟫ 现浇整体式钢筋混凝土楼梯

构成楼梯的材料可以是木材、钢筋混凝土、型钢或者几种材料的组合。楼梯在疏散时起着重要作用，因此防火性能较差的木材现在已很少用于楼梯的结构部分。型钢作为楼梯构件，也必须经过特殊的防火处理后，才可用于检修钢梯和消防梯等。钢筋混凝土的耐火性和耐久性均较木材和钢材要好，故在一般建筑的楼梯中应用十分广泛。钢筋混凝土楼梯按施工方式可分为现浇整体式和预制装配式。

现浇整体式钢筋混凝土楼梯是指楼梯段、楼梯平台等整体浇筑在一起的楼梯。它整体性好，刚度大，坚固耐久，可塑性强，对抗震较为有利，并能适应各种楼梯形式；但是在施工过程中，要经过支模、绑扎钢筋、浇灌混凝土、振捣、养护、拆模等作业，受外界环境因素影响较大，在拆模之前，不能利用它进行垂直运输。现浇整体式钢筋混凝土楼梯较适合用于比较小型的楼梯或对抗震设防要求较高的建筑。对于螺旋形楼梯、弧形楼梯等形式复杂的楼梯，也宜采用现浇整体式钢筋混凝土楼梯。

现浇整体式钢筋混凝土楼梯按照楼梯段的传力特点，分为板式楼梯和梁式楼梯两种。

一、板式楼梯

板式楼梯的梯段作为一块整浇板，斜向搁置在平台梁上，楼梯段相当于一块斜放的板，平台梁之间的距离即为板的跨度，梯段板结构计算厚度如图 5-16a、b 所示，梯段上的三角形踏步部分不计入结构计算厚度。楼梯段应沿跨度方向布置受力钢筋，如图 5-16c 所示。也有带平台板的板式楼梯，即把两个或一个平台板和一个梯段组合成一块折形板，这样处理，平台下的净空扩大了，但梯段板的跨度也增加了，如图 5-16b 所示。

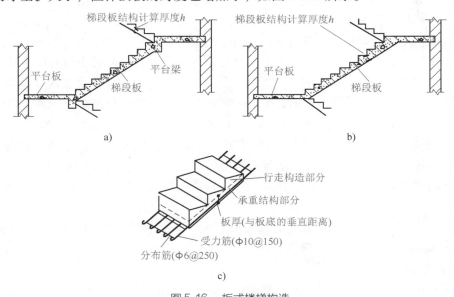

图 5-16　板式楼梯构造

a) 不带平台板的楼梯　b) 带平台板的楼梯　c) 梯段构造示意

有些工程中采用的悬臂板式楼梯如图 5-17 所示，其特点是梯段和平台均无支承，完全靠上下梯段与平台组成的空间板式结构与上下层楼板结构共同受力，其造型新颖、空间感好，多作为公共建筑和庭园建筑的外部楼梯。

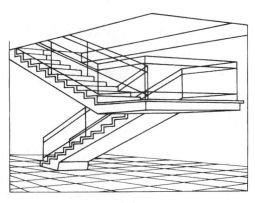

图 5-17　悬臂板式楼梯

板式楼梯梯段的底面较平整，便于装修和支模，外形简洁；但当荷载较大，梯段板的跨度较大时，梯段板的截面高度也将增大，钢筋和混凝土用量增加，经济性下降。所以板式楼梯常用于楼梯荷载较小、梯段板的跨度也较小的建筑物。

二、梁式楼梯

梁式楼梯比板式楼梯的钢材和混凝土用量要少、自重要轻，当荷载或梯段板跨度较大时，采用梁式楼梯比较经济。

梁式楼梯由踏步、楼梯斜梁、平台梁和平台板组成。在结构上有双梁布置和单梁布置之分。

1. 双梁式楼梯

双梁式楼梯将梯段斜梁布置在踏步的两端，这时踏步板的跨度便是梯段的宽度，也就是楼梯段斜梁间的距离。双梁式楼梯与板式楼梯相比，板的跨度较小，在板厚相同的情况下，双梁式楼梯可以承受更大的荷载；反之，荷载相同的情况下，双梁式楼梯的板厚可以比板式楼梯更薄。双梁式楼梯按梁所在的位置不同，分为正梁式（明步）和反梁式（暗步）两种。

（1）正梁式　正梁式楼梯的梯段斜梁在踏步板之下，踏步板外露，又称为明步楼梯。明步楼梯的形式较为明快，但在板下露出的梁的阴角容易积灰，如图 5-18a 所示。

（2）反梁式　反梁式楼梯的梯段斜梁在踏步板之上，形成反梁，将踏步板包在里面，又称为暗步楼梯，如图 5-18b 所示。暗步楼梯的梯段底面较平整，洗刷楼梯时污水不致污染楼梯底面；但梯段斜梁占去了一部分梯段宽度，应尽量将边梁做得窄一些，必要时可以与栏杆结合。

双梁式楼梯在有楼梯间的情况下，通常在梯段靠墙的一边不设梯段斜梁，用承重墙代替，而踏步板的另一端搁在梯段斜梁上。

2. 单梁式楼梯

在梁式楼梯中，单梁式楼梯已在一些公共建筑中采用。这种楼梯的每个梯段由一根梯梁支承踏步，梯梁布置有两种方式，一种是单梁悬臂式，它将梯段斜梁布置在踏步的一端，而

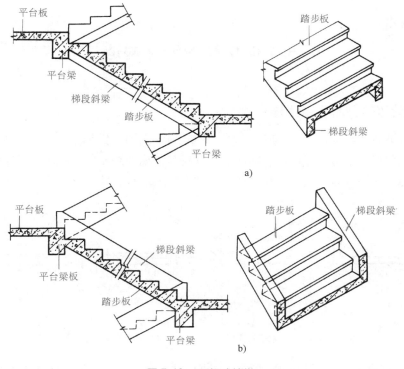

图 5-18 双梁式楼梯

a）正梁式楼梯 b）反梁式楼梯

将踏步另一端向外悬臂挑出，如图 5-19a 所示；另一种是将梯段斜梁布置在踏步的中间，让踏步从梁的两端挑出，称为单梁挑板式，如图 5-19b 所示。单梁式楼梯受力复杂，单梁挑板式楼梯较单梁悬臂式楼梯受力更合理，这两种楼梯外形轻巧、美观，常为建筑空间造型所采用。

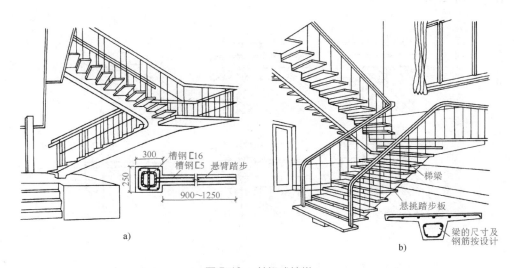

图 5-19 单梁式楼梯

a）单梁悬臂式楼梯 b）单梁挑板式楼梯

5.4 ▷ 楼梯的细部构造

一、踏步面层及防滑处理

楼梯的踏步面层（踏面）应便于行走，耐磨、防滑，便于清洁，同时还要美观。现浇楼梯拆模后表面粗糙，一般需做面层。踏步面层的材料，视装修要求而定，一般与门厅或走道的楼地面面层材料一致，常用的有水泥砂浆、水磨石、大理石、地砖或缸砖等，如图 5-20 所示。

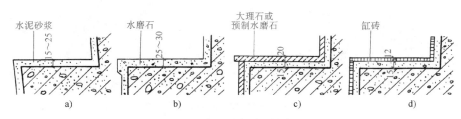

图 5-20　踏步面层构造

a）水泥砂浆面层　b）水磨石面层　c）天然石材或人造石板面层　d）缸砖面层

人流量较大或踏步面层光滑的楼梯，为防止行人在行走时滑倒，踏步面层应采取防滑和耐磨措施，通常是在踏口处做防滑条。防滑材料可采用铁屑水泥、金刚砂、塑料条、橡胶条、金属条、陶瓷锦砖等。最简单的防滑措施是在做踏步面层时，留两三道凹槽；但使用中易被灰尘填满，使防滑效果不够理想，且易破损。防滑条或防滑凹槽的长度一般按踏步长度于每边减去 150mm。还可采用耐磨防滑材料如缸砖、铸铁等做防滑包口，既防滑又起保护作用。标准较高的建筑，可铺地毯或防滑塑料或橡胶贴面，这种处理有一定弹性，行走舒适。踏步防滑处理如图 5-21 所示。

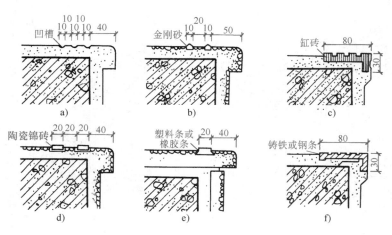

图 5-21　踏步防滑处理

a）防滑凹槽　b）金刚砂防滑条　c）缸砖包口　d）陶瓷锦砖防滑条

e）塑料防滑条　f）铸铁包口

二、栏杆、栏板和扶手构造

楼梯栏杆（或栏板）和扶手既是上下楼梯的安全设施，也是建筑中装饰性较强的构件。扶手高度是指踏面宽度中点至扶手面的竖向高度，一般高度为 900mm；供儿童使用的扶手高度一般为 600mm，如图 5-22 所示。室外楼梯栏杆扶手高度应不小于 1100mm。在儿童活动的场所，如幼儿园、住宅等建筑，为防止儿童穿过栏杆之间的空隙发生危险事故，栏杆垂直杆件之间的净距不应大于 110mm，且不能采取易于攀登的花饰。栏杆、扶手在设计、施工时应考虑坚固、安全、适用、美观。

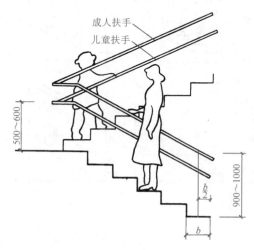

图 5-22　楼梯扶手高度位置

楼梯栏杆有空花栏杆、实心栏板和组合式栏板三种。

（一）空花栏杆

空花栏杆多用方钢、圆钢、扁钢等型材焊接或铆接成各种图案，既起防护作用，又有一定的装饰效果。常见空花栏杆形式如图 5-23 所示。空花栏杆常用断面尺寸为：圆钢 $\phi16mm \sim \phi25mm$，方钢 $(15\sim25)mm\times(15\sim25)mm$，扁钢 $(30\sim50)mm\times(3\sim6)mm$，钢管 $\phi20mm \sim \phi50mm$。

空花栏杆与楼梯段应有可靠的连接，连接方法主要有：

（1）预埋件焊接　将空花栏杆的立杆与楼梯梯段中预埋的钢板或套管焊接在一起，如图5-24a、f所示。

（2）预留孔洞插接　将空花栏杆的立杆端部做成开脚状或倒刺状插入楼梯梯段预留的孔洞中，再用水泥砂浆或细石混凝土填实，如图 5-24b、e 所示。

（3）螺栓连接　用螺栓将空花栏杆固定在梯段上，固定方法有若干种，如用板底螺母栓紧贯穿楼梯梯段的空花栏杆等，如图 5-24c、d 所示。

（二）实心栏板

实心栏板多由钢筋混凝土、加筋砖砌体、有机玻璃、钢化玻璃等制作。对于砖砌栏板，当栏板厚度为 60mm（即标准砖侧砌）时，栏板外侧要用钢筋网加固，再用钢筋混凝土扶手

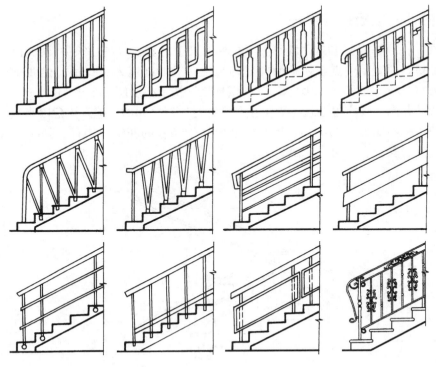

图 5-23 常见空花栏杆形式

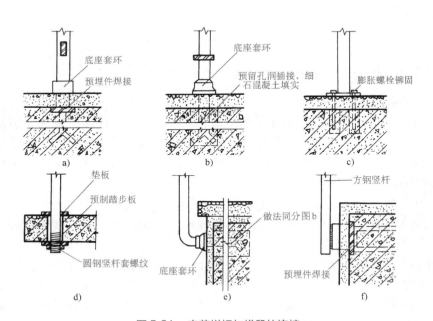

图 5-24 空花栏杆与梯段的连接

a)、f) 预埋件焊接 b)、e) 预留孔洞插接 c) 膨胀螺栓连接 d) 螺栓连接

与栏板连成整体，如图 5-25a 所示。现浇钢筋混凝土栏板经支模、绑扎钢筋后，与楼梯段整浇，如图 5-25b 所示；预制钢筋混凝土栏板采用预埋钢板焊接。

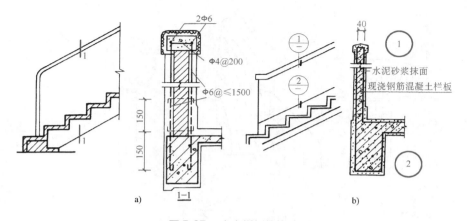

图 5-25 实心栏板的构造

a）60mm 厚砖砌栏板 b）现浇钢筋混凝土栏板

（三）组合式栏板

组合式栏板是将空花栏杆与实心栏板组合而成的一种栏板形式。空花部分多用金属材料制成，栏板部分可用钢筋混凝土栏板、有机玻璃栏板、钢化玻璃栏板等，如图 5-26 所示。

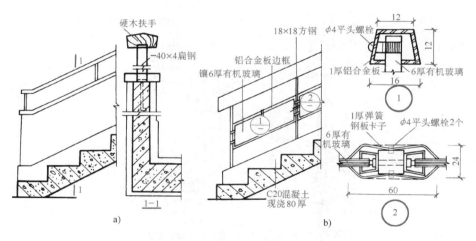

图 5-26 组合式栏板

a）金属空花栏杆与钢筋混凝土栏板组合 b）金属空花栏杆与有机玻璃栏板组合

（四）扶手构造

扶手位于栏杆的顶部，一般采用硬木、塑料和金属材料制作。其中，硬木扶手常用于室内楼梯，金属和塑料常用于室外楼梯扶手。栏板顶部的扶手还可用水泥砂浆或水磨石抹面而成，也可用大理石、预制水磨石板或木材贴面制成。常见扶手类型如图 5-27 所示。

楼梯扶手与栏杆应有可靠的连接，连接方法视扶手材料而定。硬木扶手与金属栏杆的连接，通常是在金属栏杆的顶部先焊接一根带小孔的通长扁钢，然后用木螺钉通过扁钢上预留

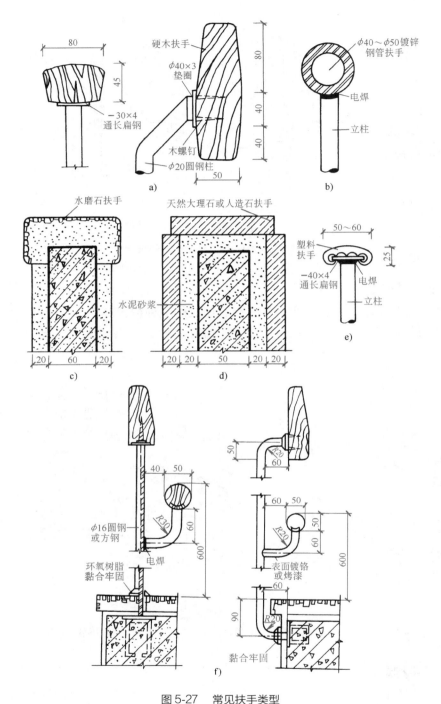

图 5-27 常见扶手类型

a）硬木扶手 b）镀锌钢管扶手 c）水磨石扶手 d）天然大理石或人造石扶手
e）塑料扶手 f）木扶手（带儿童扶手）

的小孔，将木扶手和栏杆连接成整体；塑料扶手与金属栏杆的连接方法和硬木扶手类似，也可将塑料扶手通过预留的卡口直接卡在扁钢上；金属扶手与金属栏杆多用焊接。

　　楼梯扶手有时必须固定在侧面的砖墙或混凝土柱上，如顶层安全栏杆扶手、休息平台护窗扶手、靠墙扶手等。扶手与砖墙连接的方法为在砖墙上预留120mm×120mm×120mm的孔洞，将扶手或扶手固定端伸入洞内，用细石混凝土或水泥砂浆填实、稳固；扶手与混凝土墙或混凝土柱连接时，一般在墙或柱上设预埋件，然后与扶手固定端焊接，也可用膨胀螺栓连接，或预留孔洞插接，如图5-28所示。

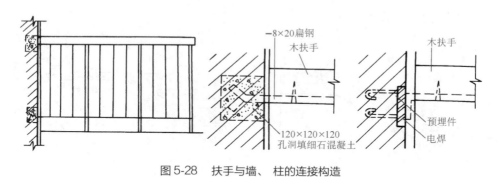

图5-28　扶手与墙、柱的连接构造

5.5 ▷ 室外台阶与坡道

　　建筑物入口处室内外不同标高地面的交通联系一般采用台阶，当有车辆通行、室内外地面高差较小或有无障碍要求时，可采用坡道。台阶和坡道在入口处对建筑物的立面具有一定的装饰作用，设计时既要考虑实用，还要注意美观。

一、台阶

　　台阶由踏步和平台两部分组成。台阶的坡度应比楼梯小，通常踏步高度为100～150mm，踏步宽度为300～400mm。平台位于出入口与踏步之间，起缓冲作用。平台深度一般不小于900mm，为防止雨水积聚或溢水，平台表面宜比室内地面低20～60mm，并向外找坡1%～3%，以利排水。室外台阶的形式有三面踏步式，单面踏步式带垂带石、方形石、花池等形式；大型公共建筑还常将可通行汽车的坡道与踏步结合，形成壮观的大台阶。台阶形式如图5-29所示。

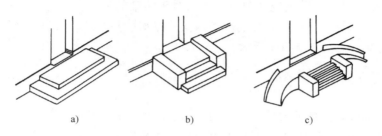

图5-29　台阶形式
a）三面踏步式　b）单面踏步式　c）坡道与踏步结合

　　室外台阶应坚固耐磨，具有较好的耐久性、抗冻性和抗水性。其构造层次为面层、结构层、垫层。按结构层材料不同，有混凝土台阶、石台阶、钢筋混凝土台阶、砖台阶等，其中混凝土台阶应用较普遍。台阶面层可采用水泥砂浆、水磨石面层或缸砖、陶瓷锦砖、天然石材及人造石等块材面层，垫层可采用灰土、三合土或碎石等。台阶也可采用毛石或条石砌筑，条石台阶不需另做面层。台阶构造如图 5-30 所示。

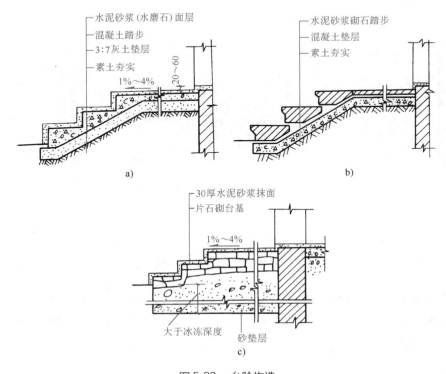

图 5-30 台阶构造
a) 混凝土台阶 b) 石台阶 c) 换土地基台阶

台阶在构造上要注意变形的影响。房屋主体沉降、热胀冷缩、冰冻等因素，都有可能造成台阶的变形，常见的是平台向房屋主体倾斜造成平台的倒泛水，或台阶某些部位开裂等。解决方法：一是加强房屋主体与台阶之间的联系，以形成整体沉降；二是将台阶和房屋主体完全断开，加强缝隙节点处理，如图 5-31 所示。在严寒地区，若台阶地基为冻胀土（如黏土、亚黏土），则容易使台阶出现开裂等破坏，对于实铺的台阶，为保证其稳定，可以采用换土法施工，自冰冻线以下至所需标高范围内换上保水性差的砂、石类土或用混凝土浇筑垫层，以减少冰冻影响，如图 5-30c 所示。

二、坡道

坡道多为单面形式，坡道的坡度与使用要求、面层材料和做法有关。坡道的坡度一般为1/12~1/6。面层光滑的坡道，坡度不宜大于 1/10；粗糙材料和设防滑条的坡道，坡度可稍大，但不应大于 1/6；锯齿形坡道的坡度可加大至 1/4。坡度为 1/10 的坡道行走起来较为舒适。

坡道与台阶一样，也应采用耐久、耐磨和抗冻性好的材料，一般采用混凝土坡道，也可采用天然石材坡道等。坡道的构造要求和做法与台阶相似，也要注意变形的处理。但由于坡道是倾斜的面，故对防滑要求较高，大于 1/8 的坡道需做防滑设施，可设防滑条，或做成锯齿形；天然石材坡道可对表面做粗糙处理。坡道构造如图 5-32 所示。

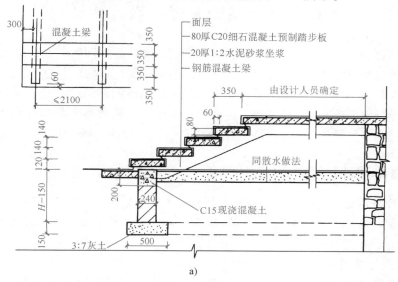

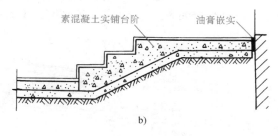

图 5-31　台阶变形处理

a）钢筋混凝土架空台阶　b）实铺台阶

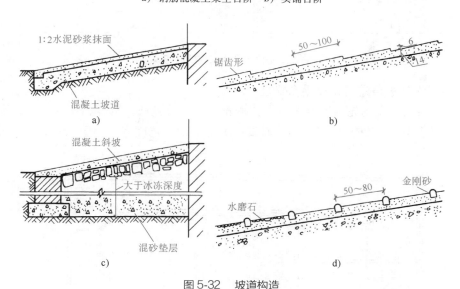

图 5-32　坡道构造

a）混凝土坡道　b）锯齿形坡道　c）换土地基坡道　d）防滑条坡道

5.6 ➤ 有高差处无障碍设计构造

城市道路和建筑物在设计和使用中，在解决不同高差的连通问题时通常采用楼梯、台阶、坡道等设施，但这些设施如果未进行无障碍设计，在某些残疾人使用时仍然会造成不便，特别是下肢残疾的人和视觉残疾的人。下肢残疾的人往往会借助拐杖和轮椅代步，而视觉残疾的人则往往会借助导盲棍来帮助行走，采用无障碍设计能帮助上述两类残疾人顺利通过有高差处，方便他们通行。本部分仅就无障碍设计中有关楼梯、台阶、坡道的构造问题作简单介绍。

一、无障碍设计坡道的坡度和宽度

无障碍设计坡道是适合残疾人的轮椅及挂拐杖人员和借助导盲棍人员通过有高差处的途径，其坡度必须较为平缓，还必须有一定的宽度，同时适合轮椅通行，无障碍设计坡道应为直线形或折线形，不宜设计成弧形。

1. 无障碍设计坡道的坡度

我国相关规范规定，便于残疾人通行的无障碍设计坡道的坡度标准为不大于 1/12，同时还规定了与之匹配的每段坡道的最大高度为 750mm，最大坡段水平长度为 9000mm，如图 5-33 所示。

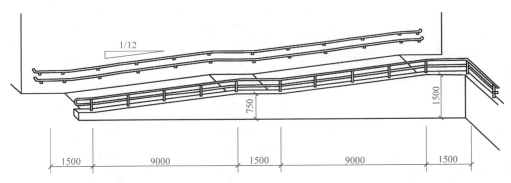

图 5-33　室外无障碍设计坡道的坡度

2. 无障碍设计坡道的宽度及平台宽度

为便于残疾人使用的轮椅顺利通过，依据轮椅尺寸及其通行宽度，室内无障碍设计坡道的最小宽度应不小于 900mm，室外无障碍设计坡道的最小宽度应不小于 1500mm（图 5-34）。

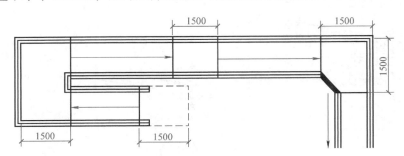

图 5-34　室外无障碍设计坡道的平面尺寸

二、无障碍设计楼梯的形式、坡度

供拄拐杖人员及视力残疾人员使用的无障碍设计楼梯，应采用有休息平台的直行楼梯，如直跑楼梯、对折的双跑楼梯或直角折行的楼梯等，如图 5-35 所示；不宜采用弧形梯段或在中间平台上设置扇步，如图 5-36 所示。

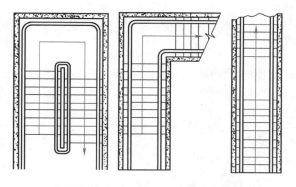
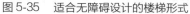

图 5-35　适合无障碍设计的楼梯形式

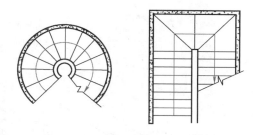

图 5-36　不适合无障碍设计的楼梯形式

残疾人使用的无障碍设计楼梯的坡度应尽量平缓，踢面高不大于 150mm，踏面最小宽度：公共建筑楼梯为 280mm、住宅楼梯为 260mm、室外楼梯为 300mm，且每步踏步应保持等高。无障碍设计楼梯的梯段宽度：公共建筑楼梯不小于 1500mm、居住建筑楼梯不小于 1200mm。

三、无障碍设计楼梯、坡道的细部构造

供拄拐杖人员及视力残疾人员使用的无障碍设计楼梯的踏步应选用合理的构造形式及饰面材料，注意应无直角突沿，以防发生勾绊行人或其助行工具的意外事故，如图 5-37 所示。同时应注意踏步表面要平整而不光滑，不得积水，防滑条不得高出踏面 5mm 以上。

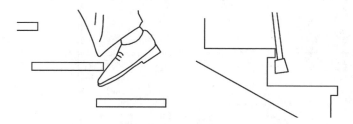

图 5-37　不符合无障碍设计的楼梯踏步形式

无障碍设计楼梯、坡道的扶手、栏杆应坚固适用，且应在两侧都设有扶手。公共无障碍设计楼梯应设上下双层扶手。设单层扶手时，扶手高度为 0.85m；设双层扶手时，下层扶手高度为 0.65m，如图 5-38 所示。在无障碍设计楼梯的梯段（或无障碍设计坡道的坡段）的起始及终了处，扶手应自其前缘向前伸出 300mm 以上，两个相邻梯段的扶手应该连通，梯段与平台的扶手也应连通；扶手末端应向下或伸向墙面。扶手的断面形式应便于抓握，如图 5-39 所示。

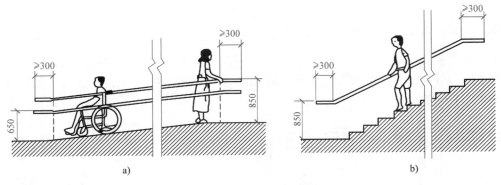

图 5-38　符合无障碍设计的楼梯及坡道的扶手高度

a）坡道扶手高度　b）楼梯扶手高度

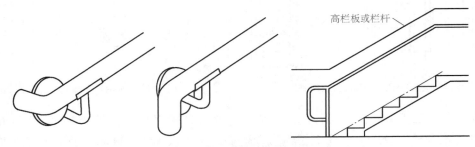

图 5-39　符合无障碍设计的楼梯及坡道的扶手形式

出于安全方面的考虑，凡有临边处的构件边缘，包括楼梯梯段和坡道的临边一面、室内外平台的临边边缘等，都应该向上翻起不低于 50mm 的安全挡台。这样，可以防止拐杖或导盲棍等工具向外滑出，对轮椅也是一种安全制约，如图 5-40 所示。

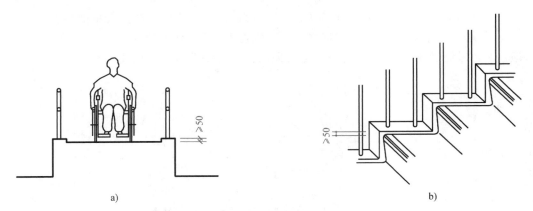

图 5-40　无障碍设计坡道、楼梯侧边安全挡台的位置

a）坡道安全挡台　b）楼梯安全挡台

四、地面提示块的设置

地面提示块又称为导盲块，一般设置在有障碍物处、需要转折处、有高差处等场所，利用其表面上的特殊构造形式，向视力残疾人员提供触摸信息，提示该停步或需改变行进方向

等。地面提示块的形式如图 5-41a、b 所示；在无障碍设计楼梯中，地面提示块一般设在距踏步起点与终点 250~300mm 的地方，如图 5-41c 所示。

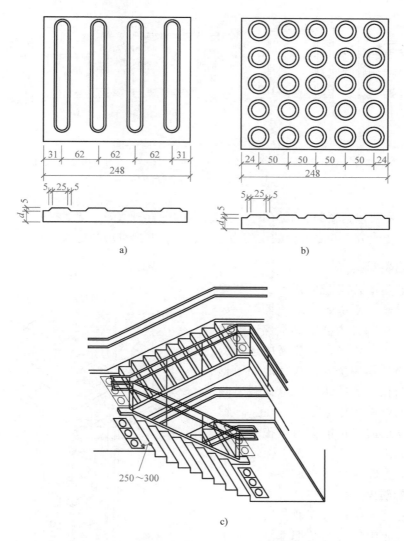

图 5-41　地面提示块的形式及设置位置

a）地面提示行进块材　b）地面提示停步块材　c）地面提示块在无障碍设计楼梯中的位置

5.7 ➤ 电梯与自动扶梯

一、电梯

电梯是重要的垂直交通设施，有载人、载货两大类，除普通的乘客电梯外，还有专用的病床梯、消防电梯、观光电梯等。不同电梯厂家的设备尺寸、运行速度以及对土建的要求不同，在设计和施工时，应按厂家提供的设备尺寸进行设计、施工。图 5-42 所示为不同电梯类型与井道平面。

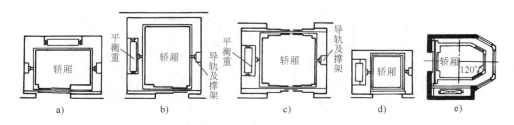

图 5-42　不同电梯类型与井道平面

a）客梯（双扇推拉门）　b）病床梯（双扇推拉门）　c）货梯（中分双扇推拉门）

d）小型杂物梯　e）观光电梯

电梯设备主要包括轿厢、平衡重及它们各自的垂直轨道与支架、提升机械和一些相关的其他设施，在土建方面与之配合的设施为电梯井道、电梯机房和电梯门套等。

（一）电梯井道

电梯井道是电梯运行的通道，内部安装有轿厢、导轨、平衡重、限速器等，如图 5-43 所示。电梯井道要求必须保证所需的垂直度和规定的内径，一般高层建筑的电梯井道采用整体现浇式，与其他交通枢纽一起形成内核；多层建筑的电梯井道除了现浇外，也可采用框架结构，在这种情况下，电梯井道内壁可能会有突出物，这时应将井道的内径适当放大，以保证设备安装及运行不受妨碍。

1. 井道的防火

电梯井道是高层建筑穿通各层的垂直通道，火灾事故中的火焰及烟气容易从中蔓延。因此井道的围护构件应根据有关防火规定进行设计，多采用钢筋混凝土材质。井道内严禁敷设可燃气（液）体管道；消防电梯的电梯井道及机房与相邻的电梯井道及机房之间应用耐火极限不低于 2.5h 的隔墙隔开；高层建筑的电梯井道内，超过两部电梯时应用墙隔开。

2. 井道隔声、隔振

为了减轻电梯运行时对建筑物产生的振动和噪声，应采取适当的隔声和隔振措

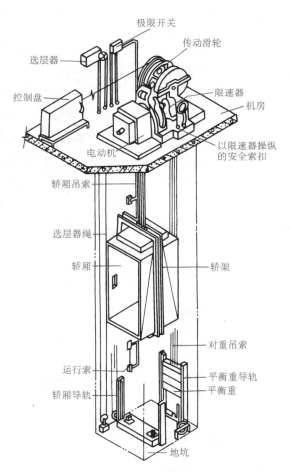

图 5-43　电梯井道内部透视示意

施。一般情况下，只在机房的机座下设置弹性垫层来达到隔声和隔振的目的，电梯运行速度超过 1.5m/s 时，除设置弹性垫层外，还应在机房和井道之间设隔声层，隔声层高度为 1.5 ~ 1.8m，如图 5-44 所示。

3. 井道的通风

井道设排烟口的同时，还要考虑电梯运行中井道内的空气流动问题。一般运行速度在 2m/s 以上的乘客电梯在井道的顶部和地坑应有不小于 300mm × 600mm 的通风孔，顶部的通风孔可以和排烟口结合，排烟口面积不小于井道面积的 3.5%。层数较多的建筑，中间也可酌情增设通风孔。

4. 井道的检修

井道内考虑到安装、检修和缓冲的需要，井道顶部和底部均应留有必要的空间，其尺寸与电梯运行速度有关。井道顶层高度一般为 3.8 ~ 5.6m，地坑深度为 1.4 ~ 3.0m。

井道地坑的地面设有缓冲器，以减轻电梯轿厢停靠时与坑底的冲撞。坑底一般采用混凝土垫层，厚度按缓冲器反力确定，地坑壁及地坑底均需做防水处理。消防电梯的井道地坑还应有排水设施。为便于检修，须在坑壁设置爬梯和检修灯槽。坑底位于地下室时，宜从侧面开一检修用小门，坑内预埋件按电梯厂要求设置。

（二）电梯机房

电梯机房一般设置在电梯井道的顶层，少数设在底层或地下，如液压电梯的机房位于井道的底层或地下。机房尺寸须根据机械设备尺寸及管理、维修等需要来确定，可向两个方向扩大，一般至少有两个方向每边扩出 600mm 以上的宽度，高度多为 2.5 ~ 3.5m。机房应有良好的采光和通风，其围护结构应具有一定的防火、防水和保温、隔热性能。电梯机房布置示意图如图 5-45 所示。

（三）电梯门套

电梯门套装修的构造做法应与电梯厅的装修统一考虑，可用水泥砂浆抹灰，水磨石或木板装修，高级的还可采用大理石或金属装修，如图 5-46 所示。

电梯门一般为双扇推拉门，宽 800 ~ 1500mm，有从中央分开推向两边的和双扇推向同一边的两种形式。推拉门的滑槽通常安置在门套下的厅门牛腿上，如图 5-47 所示。

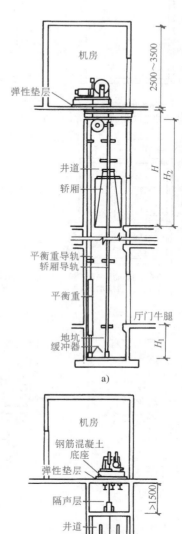

图 5-44　电梯机房隔声、
隔振处理

a）无隔声层　b）有隔声层

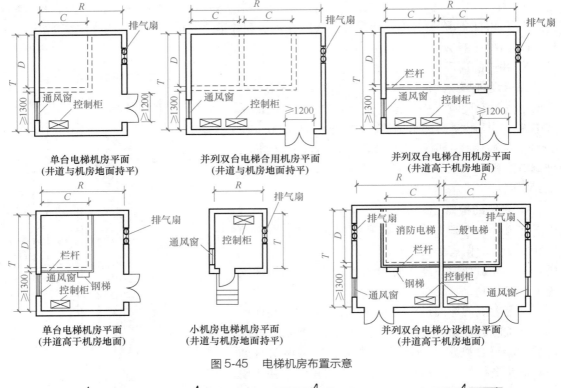

图 5-45 电梯机房布置示意

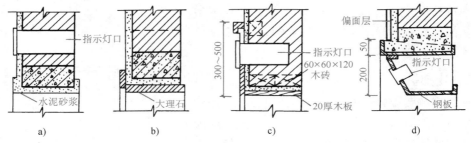

图 5-46 电梯门套装修

a）水泥砂浆抹灰门套 b）大理石门套 c）木板门套 d）钢板门套

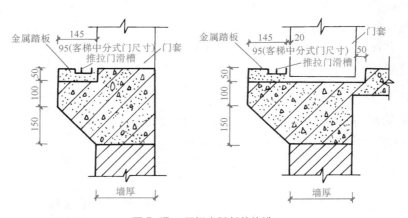

图 5-47 厅门牛腿部位构造

二、自动扶梯

自动扶梯适用于有大量人流上下的公共场所，如车站、商场等。自动扶梯是建筑物楼层之间联系效率很高的载客设备。自动扶梯一般可正、逆两个方向运行，可作提升及下降使用，机器停转时可作普通楼梯使用。其平面布置可单台设置或双台并列，当双台并列时，两者之间应留有足够的间距，以保证装修方便及使用安全。

自动扶梯的坡度比较平缓，一般 30°左右，运行速度为（0.5~0.7）m/s，宽度按输送能力有单人宽和双人宽两种。自动扶梯由电动机牵动梯段、踏步连同扶手带一起运转，机房悬挂在楼板下面，机房下做装饰外壳处理，自动扶梯底层做地坑。在机房上部自动扶梯的入口处，应做活动盖板，以利于检修。地坑也应做防水处理。图 5-48、图 5-49 所示分别为自动扶梯的组成及基本尺寸。

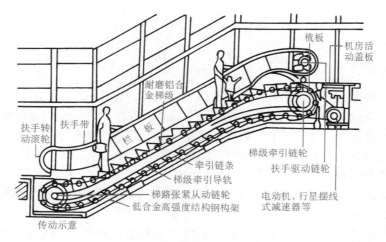

图 5-48   自动扶梯的组成

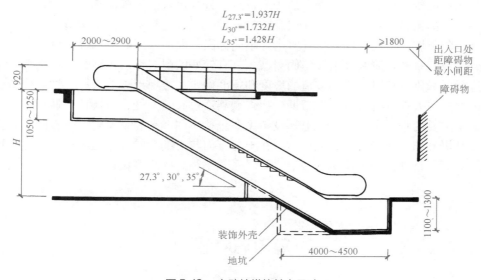

图 5-49   自动扶梯的基本尺寸

建筑物设置自动扶梯，当上下层面积总和超过防火分区面积时，应按防火要求设置防火隔断或复合式防火卷帘封闭自动扶梯井，如图 5-50 所示。

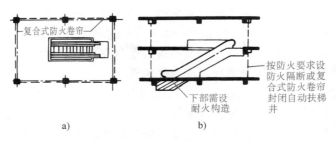

图 5-50 自动扶梯防火卷帘设置示意
a）平面 b）剖面

小　结

在建筑中，各个不同楼层之间以及不同高差之间需要有垂直交通设施，这些设施包括楼梯、电梯、自动扶梯、台阶、坡道等，楼梯是解决不同楼层之间垂直交通的重要设施。

楼梯主要由楼梯段、楼梯平台、栏杆与扶手三部分组成。楼梯按形式来分主要有直跑式楼梯、平行双跑楼梯、平行双分（双合）楼梯、折行双跑楼梯、折行多跑楼梯、剪刀（交叉）楼梯、螺旋形楼梯、弧形楼梯。

楼梯尺度的确定主要是指梯段宽度、楼梯的坡度、楼梯的踏步尺寸、楼梯平台宽度、梯井宽度、净空高度的设计。

钢筋混凝土楼梯按施工方式可分为现浇整体式和预制装配式。现浇整体式钢筋混凝土楼梯整体性好，刚度大，坚固耐久，可塑性强，对抗震较为有利，并能适应各种楼梯形式。现浇整体式钢筋混凝土楼梯按照楼梯段的传力特点，分为板式楼梯和梁式楼梯两种。

楼梯的细部构造主要包括踏步面层及防滑处理，栏杆、栏板和扶手构造。

室外台阶和坡道是建筑物入口处室内外不同标高地面的交通联系构件。台阶由踏步和平台两部分组成。室外台阶和坡道应坚固耐磨，具有较好的耐久性、抗冻性和抗水性。

在进行无障碍设计时，应在坡道的坡度和宽度确定、楼梯形式的选择、细部构造、地面提示块的设置等方面进行考虑，以帮助残疾人顺利通过有高差处，方便他们通行。

电梯是重要的垂直交通设施，电梯设备主要包括轿厢、平衡重及它们各自的垂直轨道与支架、提升机械和一些相关的其他设施，在土建方面与之配合的设施为电梯井道、电梯机房和电梯门套等。自动扶梯是建筑物楼层之间联系效率很高的载客设备。

复习思考题

1. 楼梯由哪几部分组成？每一部分的作用是什么？

2. 按楼梯的形式来分，楼梯有哪几种类型？

3. 封闭楼梯间、防烟楼梯间的特点是什么？绘图说明。

4. 梯段宽度的确定以什么为依据？

5. 楼梯坡度如何确定？踏步高与踏步宽和行人的步距的关系如何？

6. 何为楼梯的净高？为保证人流和货物的顺利通行，楼梯净高一般是多少？

7. 当建筑物底层楼梯平台下做出入口时，为增加净高，常采取哪些措施？

8. 楼梯栏杆、扶手的高度一般为多少？

9. 现浇整体式钢筋混凝土楼梯常见的结构形式有哪些？各有何特点？

10. 简述无障碍设计楼梯、坡道的细部构造，并绘图说明。

11. 无障碍设计坡道的坡度、坡道宽度及平台宽度是多少？

12. 楼梯踏面的防滑措施有哪些？

13. 栏杆与梯段、扶手如何连接？

14. 简述室外台阶的组成、形式、构造要求及做法。

15. 坡道如何防滑？

16. 电梯由哪几部分组成？电梯井道应满足哪些要求？

17. 某四层办公楼，每层层高 3300mm，开敞式楼梯间开间 3600mm、进深 6000mm，底层楼梯平台下做出入口，室内外高差 450mm，试设计一个平行双跑楼梯，楼梯间平面尺寸如图 5-51 所示。

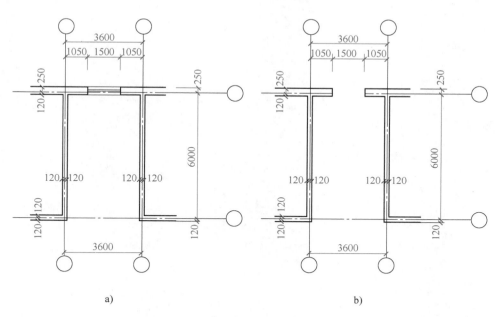

图 5-51 设计作业楼梯间平面尺寸

a）楼梯间标准层平面图 b）楼梯间一层平面图

（1）设计要求：

1）根据以上条件，设计楼梯段的宽度、长度、踏步数及其高、宽尺寸。

2）确定休息平台宽度。

3）合理选择结构支承方式。

4）设计栏杆形式及尺寸。

5）写出计算过程。

（2）图纸要求：

1）用 2 号图纸绘制顶层、底层、标准层楼梯间的平面图及楼梯剖面图，比例为 1∶50。

2）绘制 2~3 个节点大样图，比例为 1∶10，要反映楼梯各细部构造（包括踏步、栏杆、扶手等）。

（3）所有线条、材料图例均应符合现行的建筑制图标准的要求。

窗 和 门

1. 了解门窗的作用与分类。
2. 熟悉平开木门的组成及各部分构造。
3. 掌握门窗按施工方法不同的两种安装方式。
4. 掌握铝合金和塑钢门窗的构造及安装方式。
5. 熟悉构造遮阳的类型、作用及适用范围。

1. 能够描述平开木门的构造组成。
2. 能够叙述铝合金和塑钢门窗的安装及构造要求。
3. 能够描述遮阳的构造做法。

6.1 ▶ 窗的作用与分类

一、窗的作用

（1）采光　各类房间都需要一定的照度。试验证明，自然采光有益于人的健康，同时也可节约能源。所以要合理设置窗来满足不同房间的室内采光要求。

（2）通风、调节温度　利用窗可以组织自然通风，使室内空气清新。同时在炎热的夏季也可以起到调节室内温度的作用。

（3）观察、传递信息　通过窗可以观察室外情况和传递信息，有时还可以传递小物品，如售票、售物、取药等。

（4）围护　在冬季，关闭窗可以起到减少热量散失，避免风、雨、雪的侵袭以及防盗等作用。

（5）装饰　窗占整个建筑立面的比例较大，对建筑装饰起到至关重要的作用。窗的大小、形状、布局、数量、色彩、材质等直接影响着建筑的风格。

二、窗的分类

（一）按所使用的材料划分

窗按所使用材料分为木窗、钢窗、铝合金窗、塑钢窗、玻璃钢窗等。

木窗一般是用松木、杉木制作而成的，具有制作简单，经济，密封性能、保温性能好等优点；但其相对透光面积小，防火性能差，耗用木材，耐久性能差，易变形、损坏等。

钢窗是由型钢经焊接而成的。钢窗与木窗相比较，具有坚固、不易变形、透光率大、防火性能好、便于拼接组合等优点；但其密封性能差，保温性能低，耐久性能差，易生锈，维修费用高。

因此，目前木窗、钢窗应用很少，已被铝合金窗和塑钢窗等替代。

铝合金窗是由铝合金型材用拼接件装配而成的，具有轻质高强、美观耐久、耐腐蚀、刚度大、变形小、开启方便等优点；但铝合金窗的不足之处在于其弹性模量较小、热膨胀系数大、耐热性差等。

塑钢窗是由塑钢型材拼接而成的，具有密闭性能好、节能、保温、隔热、隔声、易于加工、表面光洁美观、便于开启等优点；但焊接处易开裂。塑钢窗比其他窗在节能和改善室内热环境方面有更为优越的技术特性。

玻璃钢窗即玻璃纤维增强塑料窗，它具有轻质高强、防腐、保温、密封、隔声、结构精巧、坚固耐久、性能可靠、热膨胀系数小（同玻璃）、电绝缘等特点，具有优良的物理、化学性能。

（二）按窗的开启方式划分

窗按开启方式分为平开窗、推拉窗、悬窗、立转窗、固定窗等，如图6-1所示。

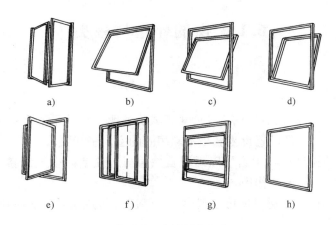

图6-1　窗的开启方式
a）平开窗　b）上悬窗　c）中悬窗　d）下悬窗　e）立转窗
f）水平推拉窗　g）垂直推拉窗　h）固定窗

（1）平开窗　平开窗有内开、外开之分，构造简单，制作、安装、维修、开启等都比较方便，是常用的一种窗。

（2）推拉窗　窗扇沿导轨槽可左右推拉、上下推拉，不占空间，但通风面积小，目前铝合金窗和塑钢窗普遍采用这一种开启方式。

（3）悬窗　依悬转轴的位置不同分为上悬窗、中悬窗和下悬窗三种。为防雨水飘入室内，上悬窗必须向外开启；中悬窗上半部内开、下半部外开，有利通风，开启方便，适于高窗；下悬窗一般内开，不防雨，不能用于外窗。

（4）立转窗　窗扇可以绕竖轴转动，竖轴既可设在窗扇中心也可以略偏于窗扇一侧，通风效果较好。

（5）固定窗　固定窗仅用于采光、观察、围护。

（三）按窗的层数划分

窗按其层数可划分为单层窗、多层窗。各地气候条件、环境、节能要求不同，窗的层数选择不同。

（四）按窗扇内嵌入材料划分

窗按其窗扇内嵌入材料可分为玻璃窗、百叶窗、纱窗。

微课：门窗的
构造设计要求

6.2 窗 的 构 造

一、窗的尺寸

窗的尺寸大小由建筑的采光、通风要求来确定，同时综合考虑建筑的造型及模数等。一般先根据房屋的使用性质确定采光等级（分为Ⅰ～Ⅴ级，Ⅰ级最高，Ⅴ级最低），再根据采光等级确定具体的窗地比（采光面积与房间地面面积之比）。不同房间根据使用功能的要求，有不同的窗地比，居住房间为1/10～1/8、教室为1/5～1/4、会议室为1/8～1/6、医院手术室为1/2、走廊和楼梯间等为1/10以下。窗的基本尺寸一般以300mm为模数，居住建筑可以100mm为模数。常见窗的宽度有：600mm、1000mm、1200mm、1500mm、1800mm、2100mm、2400mm、3000mm、3300mm、3600mm等；常见窗的高度有：600mm、900mm、1200mm、1500mm、1800mm、2100mm、2400mm、2700mm等，一般窗的高度超过1500mm时，窗上部设亮子。

二、铝合金窗的组成及其构造

铝合金窗的开启方式有平开窗、推拉窗、立转窗、固定窗等。铝合金窗主要由窗扇、窗框、五金零件组成。铝合金窗的构造如图6-2所示。

（一）窗扇

窗扇由上横、下横、边框、带钩边框及密封条等组成，如图6-3所示。

窗扇在连接时，先将边框、带钩边框（与上横、下横连接）的端处进行切口处理，以便把上（下）横插入切口内固定，如图6-4所示。

（1）下横、滑轮及边框的拼装　在每条下横的两端各安装一只滑轮，滑轮框上有调节螺钉的一面向外，并与下横的端头平齐，用滑轮配套螺钉将滑轮固定在下横内。在边框、带钩边框与下横的衔接端打三个孔，上下两孔应与下横内的滑轮框上的孔位对应，中间孔为调节螺钉的工艺孔。边框和带钩边框下端与下横底边相平齐，并在其下端中线处锉出一个直径为8mm的半圆凹槽，以防止边框与窗框下滑内的滑轨相碰，如图6-5所示。

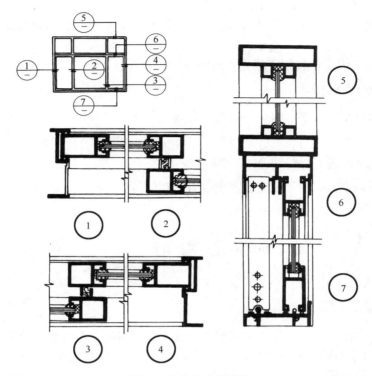

图 6-2　铝合金窗的构造

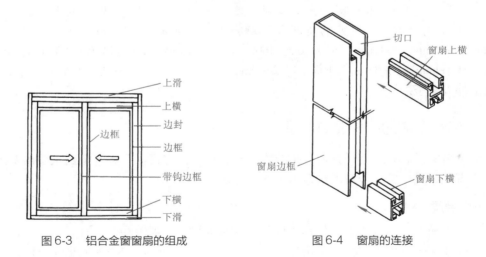

图 6-3　铝合金窗窗扇的组成　　　　　图 6-4　窗扇的连接

（2）窗扇边框、带钩边框与上横的拼装　窗扇边框、带钩边框与上横通过角码及配套螺钉连接，如图 6-6 所示。在窗扇边框的中间高度处安装窗锁，如图 6-7 所示。在上（下）横的槽内安装长密封毛条，在边框和带钩边框的钩部槽内安装短密封毛条。

（3）窗扇玻璃的安装　玻璃的长、宽方向尺寸一般要比窗扇内侧尺寸大 25mm，从窗扇一侧将玻璃装入内侧，并将边框连接紧固。最后在玻璃与窗扇槽之间用塔形橡胶条或玻璃胶密封。

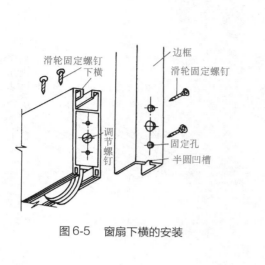

图6-5　窗扇下横的安装

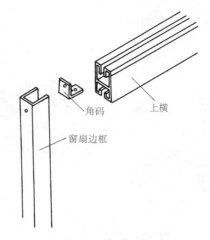

图6-6　窗扇上横的安装

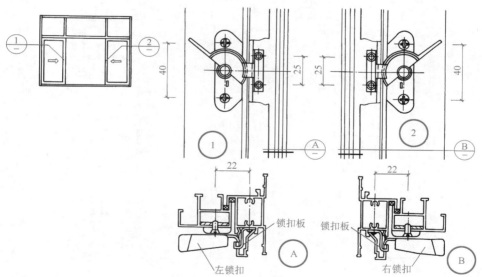

图6-7　窗锁的安装

（二）窗框

窗框由上滑道、下滑道及两侧的边封组成。

（1）窗框的拼接　先将碰口胶垫安放在边封槽内，再用 M4×35mm 的自攻螺钉穿过边封上的孔和碰口胶垫上的孔，旋进上（下）滑道的固紧槽上的孔内，要保证滑道与边封对齐，各槽对正。窗框四角校正成直角后，拧紧各角的自攻螺钉，完成窗框的拼接。图6-8 是窗框上滑道拼装；图6-9 是窗框下滑道拼装。

（2）窗框的安装　先将砖墙窗洞口用水泥砂浆抹平，并保证洞口尺寸比窗框尺寸每边均大 25～35mm。在窗框的外侧安装固定片（厚度不小于 1.5mm、宽度不小于 15mm 的 Q235A 冷轧镀锌钢板），固定片离中竖框、横框的挡头不小于 150mm 的距离，每条边不少于两个固定片，且固定片的间距不大于 600mm。固定片一般用射钉或膨胀螺栓固定在墙上，如图 6-10、图 6-11 所示。

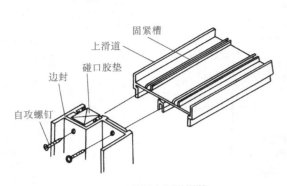

图 6-8　窗框上滑道拼装

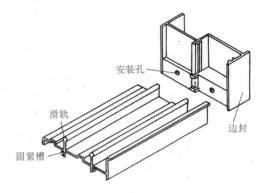

图 6-9　窗框下滑道拼装

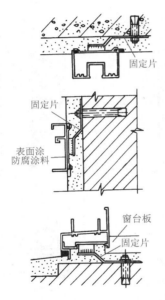

图 6-10　窗框与墙体连接（一）

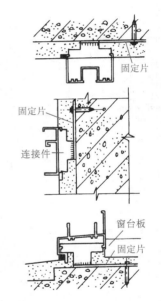

图 6-11　窗框与墙体连接（二）

混凝土墙洞口上的窗框应采用射钉或膨胀螺栓固定；砖墙洞口上的窗框应采用膨胀螺栓固定；砌块墙体洞口上的窗框应采用木螺钉将固定片固定在墙内的木砖上。窗外框与墙体之间的缝隙，应按设计要求填塞，一般用与其材料相容的闭孔泡沫塑料、发泡聚苯乙烯等填塞嵌缝且不得填实，以避免变形破坏。

三、塑钢窗及其构造

塑钢窗有平开窗、推拉窗、立转窗、固定窗及平开推拉综合窗等类型。其中平开推拉综合窗可以将水平推拉与平开相互转换，构造较复杂，可弥补推拉窗通风面积较小的不足，但造价较高。

塑钢窗由窗扇、窗框及五金零件组成，其型材截面如图 6-12 所示。

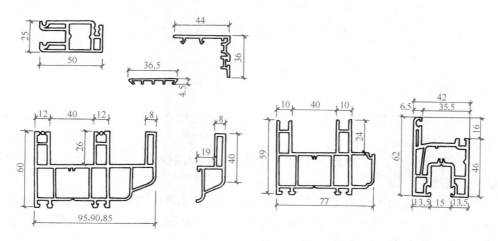

图 6-12　塑钢窗型材截面

塑钢窗窗扇和窗框的构造组成与铝合金窗的构造组成相类似。窗扇、窗框的拼装是将各组合件之间焊接在一起的，焊接质量一定要有保证。窗扇玻璃的安装、窗框与洞口的连接等构造与铝合金窗的构造相同，如图 6-13 所示。

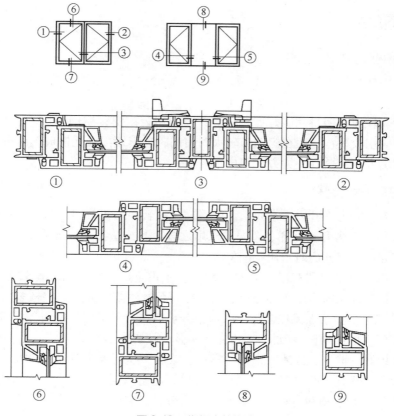

图 6-13　塑钢窗的构造

6.3 ❯ 门的作用与分类

一、门的作用

（1）通行 门是人们进出室内外和各房间的通行口，它的大小、数量、位置、开启方向应按有关规范来设计。

（2）疏散 当有火灾、地震等紧急情况发生时，人们必须经过门尽快离开危险地带，即门起安全疏散的作用。

（3）围护 门是房间保温、隔声及防止自然界各种不利因素侵袭的重要围护构件。

（4）采光、通风 门上设小玻璃窗（亮子），半玻璃门、全玻璃门可用作房间的辅助采光，门还可以与窗组织自然通风。

（5）防盗、防火 对安全有特殊要求的房间要安装由金属制成的、经专业部门检查合格的专用防盗门，以确保安全。防火门用阻燃材料制成，能阻止火势的蔓延。

（6）美观 门是建筑入口的重要组成部分，所以门的设计直接影响着建筑物的立面效果。

二、门的分类

（一）按所使用的材料划分

门按所使用材料的不同可分为木门、钢门、铝合金门、塑钢门、玻璃钢门、无框玻璃门等。

由于木门较轻便、密封性能好、较经济，故应用较广泛；钢门多用于有防盗要求的门；铝合金门目前应用较多，一般在门洞口较大时使用；玻璃钢门、无框玻璃门多用于大型建筑和商业建筑的出入口，美观、大方，但成本较高。

（二）按开启方式划分

门按开启方式分为平开门、推拉门、弹簧门、旋转门、折叠门、卷帘门、翻板门等。

（1）平开门 有内开和外开、单扇和双扇之分。其构造简单，开启灵活，密封性能好，制作和安装较方便，但开启时占用空间较大。

（2）推拉门 分单扇和双扇，能左右推拉且不占空间，但密封性能较差，有手动和自动两种形式。自动推拉门多用于办公楼、商业楼等公共建筑，采用光控较多。

（3）弹簧门 多用于人流较多的出入口，开启后可自动关闭，密封性能较差。

（4）旋转门 由四扇门相互垂直组成十字形，可绕中竖轴旋转。其密封性能较好，保温、隔热性能较好，卫生、方便，多用于宾馆、饭店、公寓等大型公共建筑。

（5）折叠门 多用于尺寸较大的洞口，开启后门扇相互折叠，占用空间较少。

（6）卷帘门 有手动和自动、正卷和反卷之分，开启时不占用空间。

（7）翻板门 外表平整，不占空间，多用于仓库、车库。

此外，门按所在位置不同又可分为内门和外门。不同开启方式的门如图 6-14 所示。

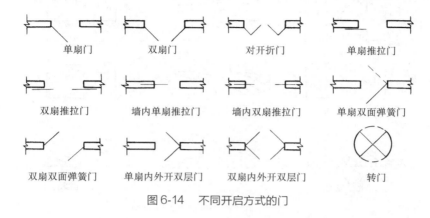

单扇门	双扇门	对开折门	单扇推拉门
双扇推拉门	墙内单扇推拉门	墙内双扇推拉门	单扇双面弹簧门
双扇双面弹簧门	单扇内外开双层门	双扇内外开双层门	转门

图 6-14　不同开启方式的门

6.4 ▷ 门 的 构 造

一、门的尺寸

门洞口宽度和高度尺寸是由人体平均高度、人搬运物体（如家具、设备）时的尺寸、人流股数、人流量来确定的。门的高度一般以 300mm 为模数，特殊情况可以 100mm 为模数。门的高度一般为 2000mm、2100mm、2200mm、2400mm、2700mm、3000mm、3300mm等。当门高超过 2200mm 时，门上方应设亮子。门宽一般以 100mm 为模数，当门宽大于1200mm 时，以 300mm 为模数。单扇门门宽一般为 800～1000mm，辅助用门的宽度为 700～800mm。门宽为 1200～1800mm 时可做成双扇门，门宽 2400mm 以上时可做成四扇门。

二、平开木门的组成与构造

平开木门是建筑中较常用的一种门，它主要由门框、门扇、五金零件及附件等组成（图 6-15）。

（一）门框

门框主要由上框、边框、中横框（有亮子时加设）、中竖框（三扇以上时加设）、门槛（一般不设）等榫接而成。不设门槛时，在门框下端应设临时固定拉条，待门框固定后取消。门框断面与窗框断面相类似，其截面尺寸和形状取决于开启方向、裁口的大小等。门框有单裁口和双裁口之分，一般裁口深度为10～12mm，单扇门门框断面尺寸为 60mm×90mm，双扇门门框断面尺寸为 60mm×100mm。平开木门门框断面形状与尺寸如图 6-16 所示。

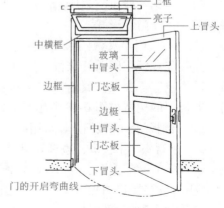

图 6-15　平开木门的组成

（图中标注：上框、亮子、上冒头、中横框、玻璃、中冒头、门芯板、边框、边框、中冒头、门芯板、下冒头、门的开启弯曲线）

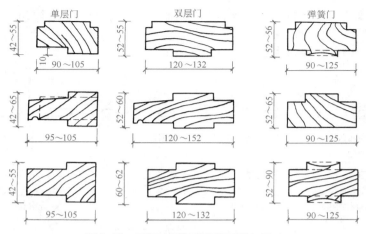

图6-16 平开木门门框断面形状与尺寸

门框安装分为立口和塞口两种形式。安装时门框的防腐处理及与墙体的连接方式与木窗相类似。门框在墙中的位置，可在墙的中间或与墙的一边平齐，一般多与门开启方向的一侧墙面平齐，以尽可能使门扇开启时贴近墙面。门框安装与接缝处理如图6-17所示。

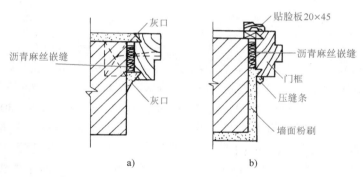

图6-17 门框安装与接缝处理

a）墙中预埋木砖用圆钉固定 b）灰缝处加压缝条和贴脸板

（二）门扇

门的名称一般以门扇所选的材料和构造来命名，民用建筑中常见的有夹板门、镶板门、拼板门、百叶门等形式。

（1）夹板门 夹板门采用小规格［(32~35)mm×(34~60)mm］方木作密肋骨架，在骨架两面贴胶合板、硬质纤维板、塑料板等制成。为提高门的保温、隔声性能，可在夹板中间填入矿物毡等。夹板门具有较好的保温、隔声性能，自重小，但牢固性一般，通常用作内门。夹板门的构造如图6-18所示。

（2）镶板门 镶板门是较常用的一种门，可用作建筑的外门或内门。镶板门是在骨架（由上冒头、下冒头、中冒头、边梃等组成）内镶入门芯板（木板、胶合板、纤维板、玻璃等）制成。用木板（一般厚度为10~15mm）作为门芯板时，通常又称为实木门。门芯板端头与骨架裁口内应留一定空隙以防板吸潮膨胀鼓起；下冒头比上冒头尺寸要大，主要是因为靠近地面易受潮、破损；门扇的底部要留出5mm空隙，以保证门的自由开启。镶板门的构造如图6-19所示。

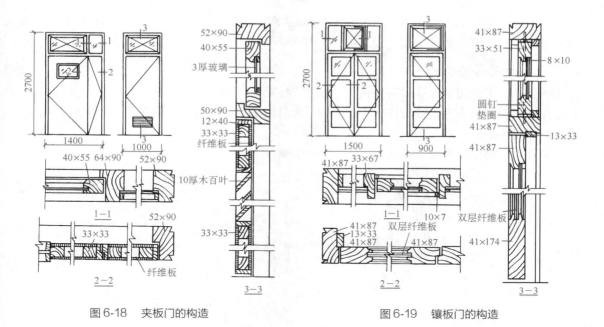

图 6-18　夹板门的构造　　　　　图 6-19　镶板门的构造

（3）拼板门　拼板门的骨架构造与镶板门相类似，只是竖向拼接的门芯板规格较厚（一般为 15~20mm），中冒头一般只设一道或不设，有时不用门框，直接用门铰链与墙上的预埋件相连。拼板门坚固耐久，但自重较大。拼板门的类型与构造如图 6-20 所示。

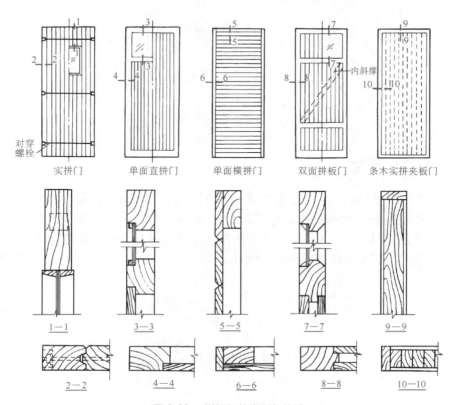

图 6-20　拼板门的类型与构造

（4）百叶门 百叶门是在门扇骨架内全部或部分安装百叶片，具有较好的透气性，一般用于卫生间、储藏室等。

（三）五金零件及附件

平开木门上常用五金零件有铰链（合页）、拉手、插锁、门锁、铁三角、门碰头等。五金零件与木门之间采用木螺钉固定。图 6-21a 为门把手和把手门锁，图 6-21b 为各类闭门器，图 6-21c 为门碰头。

平开木门的附件主要有木质贴脸板、筒子板等。

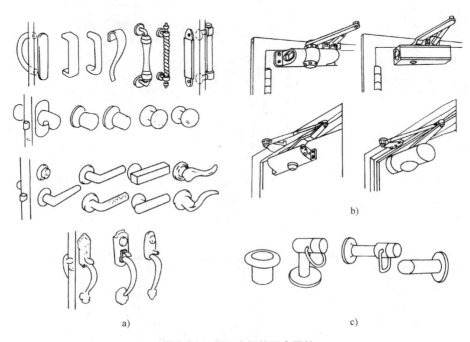

图 6-21　平开木门的五金零件

三、铝合金门及其构造

铝合金门由门框、门扇及五金零件组成。门框、门扇均用铝合金型材制作，为改善铝合金门的冷桥散热，可在其内部夹泡沫塑料等材料。铝合金门常采用推拉门、平开门和地弹簧门等形式。铝合金门门扇、门框、玻璃的安装等构造及门框与墙体的连接与铝合金窗的构造相类似。铝合金门门框与墙体连接构造如图 6-22 所示，铝合金门的构造如图 6-23 所示。

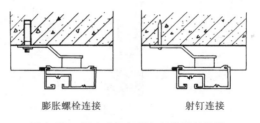

膨胀螺栓连接　　　　　射钉连接

图 6-22　铝合金门门框与墙体连接构造

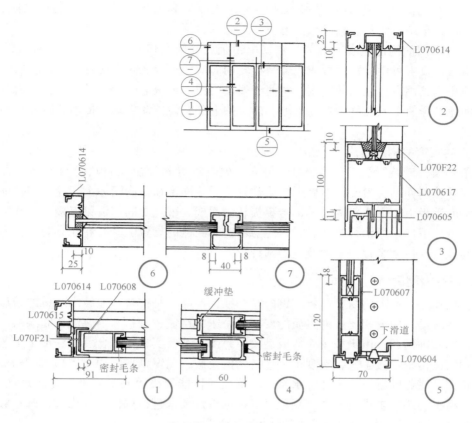

图 6-23　铝合金门的构造

四、卷帘门窗与彩板门窗的构造

（一）卷帘门窗

卷帘门窗具有造型美观新颖、结构紧凑先进、操作简便、坚固耐用、密封性好、不占地面面积、启闭灵活方便，以及防风、防尘、防火、防盗等特点。

（1）卷帘门窗的类型

1）根据传动方式的不同划分，卷帘门窗可分为四种：①电动卷帘门窗；②遥控电动卷帘门窗；③手动卷帘门窗；④电动手动卷帘门窗。

2）根据外形的不同划分，卷帘门窗可分为四种：①全鳞网状卷帘门窗；②直管横格卷帘门窗；③帘板卷帘门窗；④压花帘板卷帘门窗。

3）根据材质的不同划分，卷帘门窗可分为五种：①铝合金卷帘门窗；②电化铝合金卷帘门窗；③镀锌薄钢板卷帘门窗；④不锈钢钢板卷帘门窗；⑤钢管及钢筋卷帘门窗。

4）根据门扇结构的不同划分，卷帘门窗可分为两种：①帘板结构卷帘门窗；②通花结构卷帘门窗。

5）根据性能的不同划分，卷帘门窗可分为三种：①普通型卷帘门窗；②防火型卷帘门窗；③抗风型卷帘门窗。

（2）卷帘门的适用范围 卷帘门适用于各类商店和商场、宾馆、银行、医院、学校、机关、厂矿、车站、码头、仓库、变电室及工业厂房等。

（3）卷帘门的构造组成 卷帘门主要由帘板、导轨及传动装置组成。工业建筑中常用页板式帘板，页板可用镀锌钢板或铝合金板轧制而成，页板之间用铆钉连接，页板的下部采用钢板或角钢，用以增强门的刚度，并便于安设门钮。页板上部和卷筒连接，开启时页板沿着门洞两侧的导轨上升，并卷在卷筒上。门洞的上部安设传动装置，传动装置分手动及电动两种形式。

（4）卷帘窗的构造组成 卷帘窗主要由左右端盖板、导轨、帘片部件（帘片、帘片端头、底条）及传动装置组成。安装时，将立导轨与底导轨用沉头自攻螺钉连接，再将端盖板底部与导轨断面贴合紧密，然后用膨胀螺钉将导轨固定在窗洞墙体上，卷筒和其他的附件装到两端的盖板上。帘片普遍采用铝合金板轧制而成，帘片之间用铆钉连接，帘片上部和卷筒连接，帘片下部采用钢板，开启时帘片沿着窗洞两侧的导轨上升并卷在卷筒上。窗洞上部安设传动装置，传动装置分手动及电动两种形式。

（二）彩板门窗

彩板门窗是节能型门窗，是传统钢门窗的换代产品，是符合行业技术政策的新型门窗产品。它与传统的钢门窗相比有许多质的变革：由于采用镀锌基板和耐腐蚀树脂涂层，克服了普通钢窗的腐蚀问题；由于采用冷弯成型咬口封闭工艺，实现了组合装配深加工工艺，摆脱了普通钢窗的传统焊接工艺，实现了工艺技术的突破；门窗结构采用全周边密封构造，克服了普通钢窗的密封问题，气密性、水密性和抗风压性能等级等基本物理性能满足规范要求；窗型可以根据使用要求进行选择，颜色可以根据设计要求进行选择，装饰效果好；彩板门窗产品品种多、经济适用，能满足住宅工程配套需要。

彩板门窗是以彩色镀锌钢板加工而成的门窗，具有自重轻、硬度高、采光面积大、防尘、隔声、保温、密封、造型美观、耐腐蚀等特点。彩板门窗有带副框和无副框两种形式，当外墙面为花岗石、大理石等贴面材料时，常采用带副框的彩板门窗；当外墙面装饰为普通装饰时，常采用无副框的彩板门窗。

6.5 ⊘ 遮阳与门窗的节能

节能和环保已成为当前人们改善生存环境和社会寻求良性发展的主题，环保和节能越来越受到人们的重视。在进行建筑设计时，一定要使建筑物的主要房间具有良好的朝向，以便组织通风和获得良好的日照等。在炎热的夏季，应尽量避免阳光直射到室内而使室内温度过高并产生眩光；在寒冷的冬季，应尽量减少室内热量损失，以保证必需的舒适温度。进行建筑设计时要考虑设置遮阳和节能门窗等，以节省能源和资源，促进国民经济可持续发展。

一、遮阳的种类及对应朝向

遮阳措施包括绿化遮阳和设置遮阳设施两种。绿化遮阳是通过在房屋附近种植树木或攀缘植物来遮阳，一般用于低层建筑。大多数建筑可通过设置遮阳设施来遮阳。对于标准较低的或临时性的建筑，可用油毡、波形瓦、纺织物等做成活动性遮阳；对于标准较高的建筑，从其构造出发可设置永久性遮阳。永久性遮阳不仅能起到遮阳、隔热作用，而且还可以挡雨、丰富美化建筑立面。本部分重点讲述永久性遮阳设施。

1. 水平遮阳

水平遮阳设于窗洞口上方或中部，能遮挡从窗口上方射来、高度角较大的阳光，适于南向或接近南向的建筑，如图 6-24a 所示。

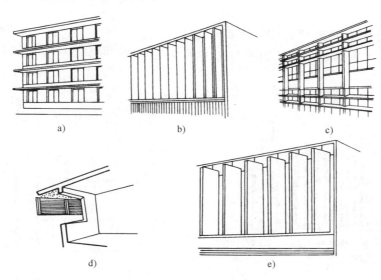

图 6-24　遮阳的基本形式

a）水平遮阳　b）垂直遮阳　c）综合遮阳　d）挡板式遮阳　e）旋转式遮阳

2. 垂直遮阳

垂直遮阳设于窗两侧或中部，能遮挡从窗口两侧斜射来、高度角较小的阳光，适于东、西朝向的建筑，如图 6-24b 所示。

3. 综合遮阳

综合遮阳是设于窗上部、两侧的水平和垂直的综合遮阳设施，具有上述两种遮阳方式的特点，适于东南、西南朝向的建筑，如图 6-24c 所示。

4. 挡板式遮阳

挡板式遮阳能遮挡高度角较小、正射窗口的阳光，适于东、西朝向的建筑，如图 6-24d 所示。

5. 旋转式遮阳

旋转式遮阳可以遮挡任意角度的阳光，在距窗外侧一定距离（主要是为了避免影响窗的开启）设置排列有序的竖向旋转的遮阳挡板，通过旋转不同的角度可满足不同的遮阳要求，如图 6-24e 所示。当遮阳挡板与窗呈 90°时透光量最大，遮阳挡板与窗平行时遮阳效果最好。

不同遮阳设施适用的朝向如图 6-25 所示。

二、遮阳的构造

1. 钢筋混凝土遮阳板

钢筋混凝土遮阳板应用较普遍，其构造如图 6-26 所示，安装方法一般是与房屋圈梁或框架梁整浇或采用预制板焊接。

2. 砖砌遮阳

砖砌遮阳只用于垂直遮阳，用砖砌在窗两侧突出的扶壁小柱或墙上形成。

3. 玻璃钢遮阳

将玻璃钢遮阳板用螺栓固定在窗洞口上方，形成玻璃钢遮阳。

此外，还可用磨砂玻璃遮阳、钢百叶遮阳、塑铝片遮阳等，一般将其悬挂于窗洞口上方的水平悬挑板下。

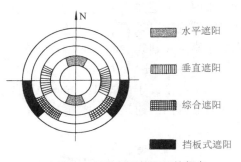

图 6-25　不同遮阳设施适用的朝向

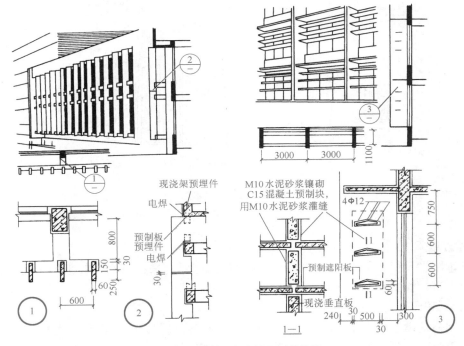

图 6-26　钢筋混凝土遮阳板的构造

三、门窗的节能

建筑节能的目的在于在保证建筑使用功能和室内热环境质量的条件下，将采暖、制冷的能耗控制在规定水平。门窗的能耗一般占到建筑物总能耗的 50%，所以减少门窗的能耗是当前建筑节能的重要途径之一。北京市率先制定了针对住宅工程门窗的地方性标准——《住宅建筑门窗应用技术规范》（DBJ 01—79—2004），该标准从材料、设计、安装、检查、验收等方面对建筑门窗的应用技术进行了规范，明确将门窗保温性能指标由原外窗传热系数 $3.5W/(m^2 \cdot K)$ 限制到了 $2.8W/(m^2 \cdot K)$ 以内，以确保住宅建筑节能水平达到 65%。

门窗保温、隔热性能的优劣直接影响到建筑能耗的大小。

（一）门窗热损失的途径

1）门窗框扇与玻璃通过热传导的方式进行热能的传递。

2）门窗框扇之间、门窗框扇的构件与玻璃之间、门窗框与墙体之间的各种缝隙形成空气渗透，随之带来热量的交换及渗漏造成的热损失。

3）窗用玻璃的热辐射产生的热传导。

因此，要使外门窗具备优良的保温性能，必须要从制作门窗所采用的材料、型材的断面腔型、窗型的构造设计、门窗玻璃的配置及玻璃的安装方法、门窗框与墙体安装等方面综合考虑，才能得到较好的保温节能的效果。

（二）门窗节能的几项技术措施

影响门窗节能的因素主要是门窗框扇及玻璃。随着玻璃工业的发展，应用于门窗上的玻璃在热工、光学性能上有了显著的改善，这与门窗框扇因热导率过大而产生的热桥（冷桥）现象形成很大的反差，从而促进了门窗设计、制造在型材断面上的不断改进和提高。

1. 门窗框扇断热型材

在铝合金型材断面之中，一般使用热桥（冷桥）技术使型材分为内、外两部分，目前有两种工艺：一种是注胶式断热技术（即浇注切桥技术），这种技术既可以生产对称断热型材，也可以生产非对称断热型材；另一种是断热条嵌入技术，是指将由聚酰胺 66 加 25% 玻璃纤维制成的断热条，与铝合金型材在外力挤压下嵌合组成断热铝型材。采用断热条嵌入技术的断热铝型材，不仅强度高（接近铝合金），而且具有良好的力学性能和隔热性能。断热条的嵌入使型材形成多种断面形式，有良好的强度；另外，断热条中的玻璃纤维排列有序，能够长时间承受较高的拉应力和较高的剪应力，断热条的线胀系数接近铝，有良好的加工性能，同时内、外型材可以由不同颜色和表面处理方式的型材所组成，增强了装饰效果，并且可抗多种酸、碱化学物质的腐蚀，还可在 200℃ 的高温环境中接受表面处理。

2. 玻璃的选用

在采用大面积玻璃门窗时，对门窗的节能性能应给予足够的重视。从节能的要求考虑，门窗玻璃应能够控制太阳辐射和黑体辐射。太阳辐射一旦被物体吸收，就会改变辐射波长，变成热辐射，所以进入室内的太阳辐射会提高室温。黑体辐射是指温度较高的物体散发的热，如冬季取暖设备发出的热、温热的墙壁发出的热等。温度越高的物体发出的热量越大，也就是黑体辐射强度越高。

要使门窗玻璃达到最佳的节能效果，必须有效地控制太阳辐射和黑体辐射，但是不同的地区、不同的季节有着不同的要求。在夏季炎热的南方地区，门窗应有效地阻挡炽热的太阳辐射，以减少降温所消耗的空调费用，采用热反射镀膜玻璃能较好地满足这种要求。在冬季寒冷的北方地区，应有效地阻挡室内取暖设备发出的热量通过玻璃门窗向室外散失，同时还要求把太阳辐射引入室内，采用低辐射镀膜玻璃（简称 Low-E 玻璃）能较好地满足这种要求。对于中、低纬度地区，在夏季要求有效地阻挡炽热的太阳辐射，在冬季要求有效地阻挡室内取暖设备发出的热量，采用某些透过率较低的低辐射镀膜玻璃能较好地满足这种要求。

玻璃占门窗面积的 70%~80%，因此玻璃的节能问题十分突出，中空玻璃相比单层玻璃具有明显的阻隔热量的功能，如果中空层充惰性气体，则隔热效果会更好。采用 Low-E 中空玻璃将会大幅提高门窗的整体性能。中空玻璃还具有不结露和隔声等特点，一般情况下可降低噪声数十分贝。

随着人们生活水平的不断提高，装修中对门窗的要求越来越高。门窗作为使用量大，应用广泛的产品，其独特的优势决定着它有广阔的市场前景。在发挥自身优势，改善使用过程中出现的问题的前提下，新型高性能门窗开始走进消费者的视线。高性能门窗应具有良好的抗风压性能、气密性、水密性，同时保温、隔声性能也较好，有些还要有智能化功能。高性能门窗的发展主要体现在型材的内在质量及其合理的结构设计，必须要有正规厂家提供的合格型材及先进的生产工艺才能保证高性能门窗的质量。另外，型材的壁厚和结构也非常关键，壁厚直接影响其强度，而合理的结构一方面可以更好地起隔热保温的作用，另一方面可以使各个空腔有不同的用途。目前，采用较多的高性能门窗是断桥铝门窗，其断面形式和实景分别如图 6-27、图 6-28 所示。其他高性能门窗还有铝木复合门窗，如图 6-29 所示，具有外刚内柔、美观、耐用等优点。

图 6-27　断桥铝门窗断面形式

图 6-28　断桥铝门窗实景

图 6-29　铝木复合门窗

小　结

窗应具有采光、通风、观察和传递信息、围护、装饰等作用，应满足建筑节能与环保的要求。窗按所使用材料可分为木窗、钢窗、铝合金窗、塑钢窗、玻璃钢窗等，其中木窗、钢窗目前已很少采用。窗按其开启方式可分为平开窗、推拉窗、悬窗、立转窗、固定窗等。

窗的尺寸大小是由建筑的采光、通风等要求来确定的，并应符合相关的模数要求。窗框安装方法通常有立口和塞口两种，目前普遍采用塞口法安装。

门具有通行、疏散、围护、采光和通风等作用，有特殊要求时，还应具有防盗、防火等作用。门根据使用材料不同可分为木门、钢门、铝合金门、塑钢门、玻璃钢门、无框玻璃门等；根据开启方式可分为平开门、推拉门、弹簧门、旋转门、折叠门、卷帘门、翻板门等；根据所处的位置可分为内门和外门。

门窗的构造做法应确保门窗框与建筑主体之间连接牢固、耐久、密封，且能够适应门窗的变形。门窗框扇之间、门窗框扇的构件与玻璃之间应密封，以减少热损失，满足建筑节能要求。门窗的选用必须注重建筑节能和环保，因为门窗保温、隔热性能的优劣直接影响到建筑能耗的大小。建筑节能与环保可以通过门窗的材料选用和构造等方面来实现，如选用热导率较小的门窗框扇材料、玻璃，选用能有效地控制太阳辐射和黑体辐射的玻璃，加设遮阳设施等。

遮阳措施包括绿化遮阳和设置遮阳设施两种，其中设置遮阳设施可分为水平遮阳、垂直遮阳、综合遮阳、挡板式遮阳、旋转式遮阳等，其适用范围主要与建筑所处地域和建筑朝向有关。

复习思考题

1. 窗的作用、分类及开启方式有哪些？
2. 铝合金窗、塑钢窗的构造要求有哪些？
3. 门的作用与分类是什么？
4. 平开木门、铝合金门的构造要求有哪些？
5. 遮阳的作用是什么？遮阳的种类及对应关系是什么？
6. 如何理解建筑节能？门窗节能的途径有哪些？

单元七
阳台与雨篷

知识目标

1. 了解阳台与雨篷的基本知识。
2. 熟悉阳台与雨篷的细部构造。

能力目标

能够描述和绘制阳台与雨篷的构造。

7.1 ▶ 阳 台

阳台是悬挑于建筑物每一层的外墙上，连接室内与室外的平台，它具有永久性顶盖，可供使用者活动和晾晒衣物。阳台是一种户外活动空间，对丰富居住者的生活无疑是非常难得的，对于居住建筑，阳台还可以起到丰富建筑立面的艺术效果，每套住宅应设阳台。阳台的结构及构造设计应注意以下几点：①坚固和安全问题；②排水和渗水问题；③节能问题。

阳台的悬挑长度一般为 1.2~1.5m，阳台宽度通长等于一个开间，以方便结构处理。

一、阳台的分类

阳台由阳台板和栏板组成。按阳台与外墙的相对位置可分为凸阳台、半凸阳台和凹阳台三类。凸阳台是指全部阳台挑出墙外；半凸阳台则是阳台部分挑出墙外，部分凹入墙内；凹阳台是指整个阳台凹入墙内，如图 7-1 所示。

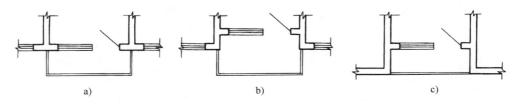

a) b) c)

图 7-1　阳台的类型
a）凸阳台　b）半凸阳台　c）凹阳台

二、阳台的承重构件

阳台板是阳台的承重构件。阳台板的承重方式主要有搁板式、挑板式和挑梁式三种。

1. 搁板式

搁板式适合于凹阳台，它是将阳台板简支于两侧凸出的墙上，阳台板可以现浇，也可以预制，一般与楼板施工方法一致。阳台的跨度同对应房间的开间相同，阳台的板型和尺寸同房间楼板一致，如图 7-2a 所示。这种方式施工方便，在寒冷地区采用搁板式阳台，可以避免热桥，节约能源。

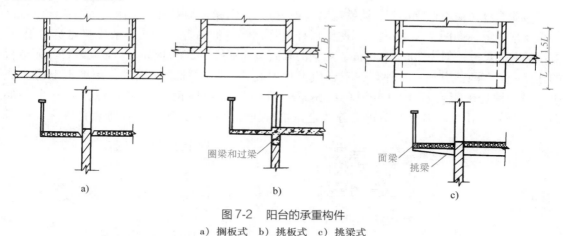

图 7-2　阳台的承重构件
a）搁板式　b）挑板式　c）挑梁式

2. 挑板式

挑板式是将现浇板外挑制成阳台板，传力途径为荷载→阳台板→墙体。

挑板式阳台板与房间内的现浇板或现浇板带整浇到一起，楼板重力构成阳台板的抗倾覆力矩。为了减轻自重、节约材料，阳台板常采用变截面板，由阳台根部至外缘处厚度逐渐减小，边缘一般可取 50~80mm。这种做法的阳台底部较平整，外形轻巧；但阳台悬挑长度受限，一般不宜超过 1.2m，如图 7-2b 所示。

3. 挑梁式

悬挑长度大于 1.2m 的阳台应采用挑梁式，其传力途径为荷载→阳台板→挑梁→墙体。

从横墙或纵墙向外伸出挑梁，阳台板支承在挑梁上，也可在挑梁端部设面梁，其特点是结构布置简单、传力明确。挑梁埋入墙体的长度在屋面处应不小于 2 倍的悬挑长度，在楼面处应不小于 1.5 倍的悬挑长度，如图 7-2c 所示。

三、栏杆和栏板

栏杆和栏板是阳台沿外围设置的竖向围护构件，其作用是承受人们倚扶时的侧向推力，同时对整个房屋有一定的装饰作用，因此栏杆和栏板的构造要求是坚固、安全和美观。为倚扶舒适和安全，阳台栏杆高度应满足人体重心稳定和心理要求，六层及六层以下房屋的阳台栏杆净高不应低于 1.05m；七层及七层以上房屋的阳台栏杆净高不应低于 1.10m。栏杆高度应按从楼地面或屋面至栏杆扶手顶面的垂直高度计算，如底部有宽度大于或等于 0.22m，且高度低于或等于 0.45m 的可踏部位，则应从可踏部位顶面起计算。封闭式阳台没有改变人体重心稳定和心理要求，但封闭式阳台的栏杆也应满足阳台栏杆净高的要求。

栏杆的形式有三种，即空花栏杆、实心栏板以及由空花栏杆和实心栏板组合而成的组合式栏杆。对七层及七层以上房屋及寒冷、严寒地区房屋的阳台，应采用实心栏板，一是防止冬季冷风从阳台灌入室内，二是防止物品从栏杆缝隙处坠落伤人，三是为寒冷、严寒地区施工封闭式阳台预留条件。

栏杆和栏板按材料可分为金属栏杆、钢筋混凝土栏板（栏杆）、砌体栏板。

1. 金属栏杆

金属栏杆可由不锈钢钢管、铸铁花饰（铁艺）、方钢和扁钢等材料制作，图案依建筑设计的需要来确定，如图7-3a所示。不锈钢栏杆美观，但造价昂贵，一般用于公共建筑的阳台。方钢的截面尺寸一般为20mm×20mm，扁钢的截面尺寸一般为50mm×4mm。金属栏杆与阳台板的连接一般有两种方法：一种是在阳台板上预留孔槽，将栏杆立柱插入，用细石混凝土浇灌；另一种是在阳台板上预埋钢板或钢筋，将栏杆与预埋钢板或钢筋焊接在一起，如图7-3b所示。阳台栏杆应有防护措施。空花栏杆应注意空格大小，栏杆垂直杆件之间的净

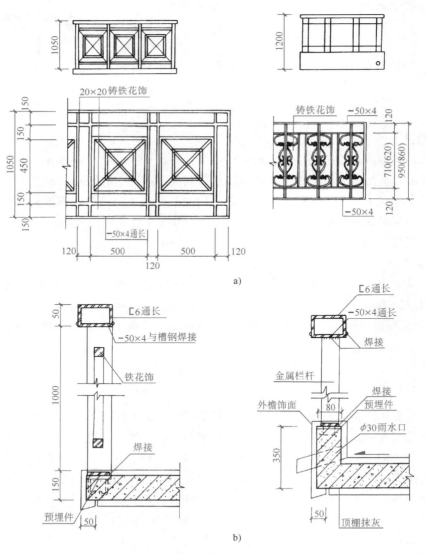

图7-3　金属栏杆的形式和构造

距不应大于 0.11m，且不应用横条，以防止儿童穿越、攀登，发生危险；栏杆距楼面 0.10m 的高度范围内不宜留空。金属栏杆的扶手一般为 ϕ50mm 钢管与金属栏杆焊接或采用木扶手。

2. 钢筋混凝土栏板（栏杆）

钢筋混凝土栏板按施工方式分为预制和现浇两种，为了施工方便，一般采用预制钢筋混凝土栏板。预制钢筋混凝土栏板与阳台板的连接有两种做法：一种是将钢筋混凝土栏板中的钢筋与阳台板的预埋钢筋焊接在一起；另一种是将栏板预埋件与阳台板预埋件焊接在一起，如图 7-4a 所示。预制钢筋混凝土栏板厚度一般为 30mm，宽度为 600mm，也可以根据具体情况调整。钢筋混凝土栏板材料一般为 C20 细石混凝土，双向配筋 Φ 6@150mm，如图 7-4b 所示。

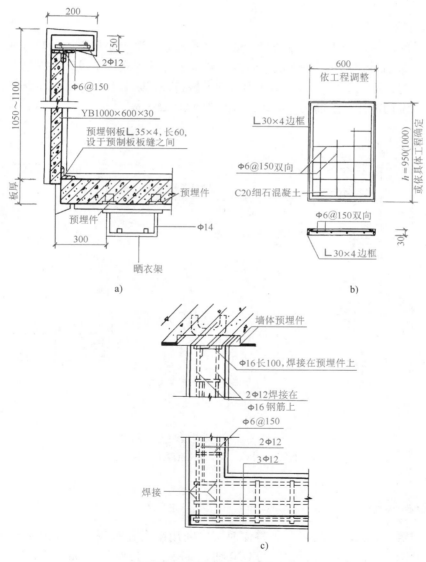

图 7-4　钢筋混凝土栏板构造

a）非封闭阳台构造　b）预制钢筋混凝土栏板构造　c）现浇钢筋混凝土扶手构造

钢筋混凝土扶手应用广泛，形式多样，一般直接用作栏杆压顶，宽度有 80mm、120mm、160mm，厚度一般为 50mm；配通长 2Φ12 或 3Φ12 钢筋，搭接处应焊接，分布筋为Φ6@150mm，钢筋通过预埋件与砌入墙体的预埋件焊接在一起，如图 7-4c 所示。当扶手兼起花台作用时，需在外侧设保护栏杆，保护栏杆一般高 180~200mm，花台净宽为 240mm。

一种新型轻质保温阳台栏板由纤维增强水泥混凝土面层、混凝土空心芯层（聚苯泡沫颗粒与水泥混合而成）构成，在板的上下两侧端部设置有拉结筋和构造焊接钢筋，其具有轻质保温的特点。

由空花栏杆和实心栏板组合而成的组合式栏杆可以配置混凝土细方柱、混凝土片状栏杆或者金属栏杆。

3. 砌体栏板

砌体栏板的块材可采用烧结普通砖、烧结多孔砖和混凝土小型空心砌块，块材强度等级不小于 MU5，砌筑砂浆可采用 M5 混合砂浆。栏板上部的现浇扶手设 2Φ12 通长钢筋，与分布筋焊接在一起，如图 7-5b 所示。通长钢筋通过铁件与砌入墙体的预埋件焊接在一起；墙中或墙的转角设构造柱，主筋为 4Φ16，箍筋为Φ6@250mm。

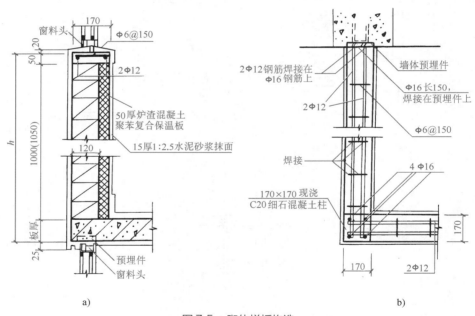

a)   b)

图 7-5　砌体栏板构造

a）封闭阳台构造　b）现浇混凝土扶手构造

四、阳台隔板

在居住建筑中，当两户的阳台为整体时，中间用阳台隔板隔开，如图 7-6a 所示。隔板通常采用预制钢筋混凝土栏板，材料为 C20 细石混凝土，板厚为 50mm。隔板高度根据实际层高、阳台板厚度和阳台面抹灰厚度确定。隔板宽度根据阳台净宽确定。隔板可以采用双向配筋Φ6@150mm。阳台隔板上方设 2Φ8 吊钩，与阳台板、扶手及墙体连接处设预埋件，如

图 7-6b 所示。阳台隔板与阳台板、墙体及栏板扶手（现浇带）的连接方法是：将阳台隔板的预埋件分别与阳台板的预埋件、砌入墙内的预埋件及栏板扶手的预埋件焊接在一起，如图 7-6c、d、e 所示。

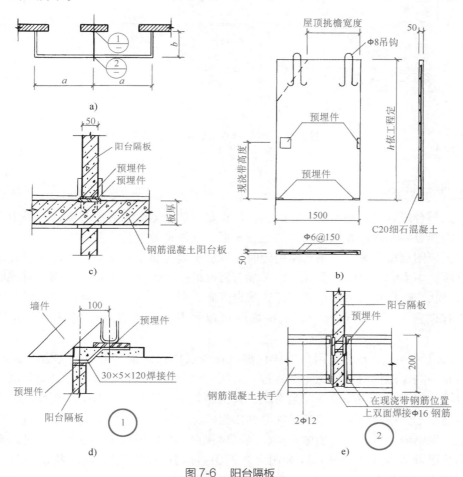

图 7-6　阳台隔板

a）阳台隔板的平面图　b）阳台隔板的构造　c）阳台隔板与阳台板的连接
d）阳台隔板与墙体的连接　e）阳台隔板与栏板扶手的连接

五、阳台排水

阳台应采取有组织排水措施，雨罩及开敞式阳台应采取防水措施。阳台排水方式可采用内排水或外排水，排水找坡 0.5%~1%。如能与屋顶排水相结合，将雨水导入雨水管内，则以内排水为优；外排水需在阳台转角处设 $\phi40mm$ 或 $\phi50mm$ 水舌，且向外伸出至少 80mm，以免雨水泄入下层住户，如图 7-7 所示。

为防止雨水进入室内，要求阳台低于室内地面 30mm 以上。当阳台设有洗衣设备时，应符合下列规定：①应设置专用给水、排水管线及专用地漏，阳台楼、地面均应做防水；②严寒和寒冷地区应采用封闭式阳台，并应采取保温措施。

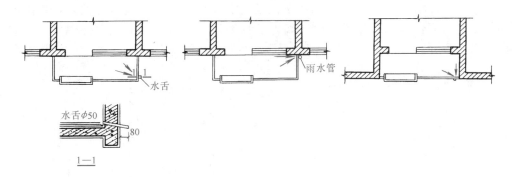

图7-7 阳台排水方式及排水口构造

六、阳台保温

封闭式阳台最好使用塑钢窗，它的主要优点是导热性差，而且密封性好，采用双层玻璃时保温性能会更好一些；在风沙较大的北方地区，还能有效地防尘防沙。

新型无框阳台窗采光好，阳台窗关闭时，视觉上就像是一整块玻璃，能比较好地保持建筑既有风貌，不影响外立面的美观。由于没有竖框的阻挡，窗扇能依次排列，整齐地移到一边，呈折叠状，这样窗扇可以全面打开，视野开阔，阳光进入室内更加彻底，房间采光效果明显好于有框窗。无框阳台窗的玻璃窗扇既可以平开，又可以向内打开呈折叠状，方便擦洗。

阳台保温的另一个方面是阳台墙体保温，在做墙体保温前要先封闭阳台并做好阳台防水，再填充一些保温材料；填充完毕后进行封闭，最后再对阳台墙体进行表面装饰。

阳台墙体保温多采用外墙外保温系统，包括聚苯板薄抹灰、胶粉聚苯颗粒保温浆料、聚苯板现浇混凝土、钢丝网架聚苯板、喷涂硬质聚氨酯泡沫塑料和保温装饰复合板六种外墙外保温系统。保温隔热层厚度与墙体相同，当墙体保温隔热层厚度不小于50mm时，阳台部位的保温隔热层可适当减薄。图7-8a为阳台栏板保温构造，首层阳台板以及顶层阳台雨罩的保温构造分别如图7-8b、c所示。

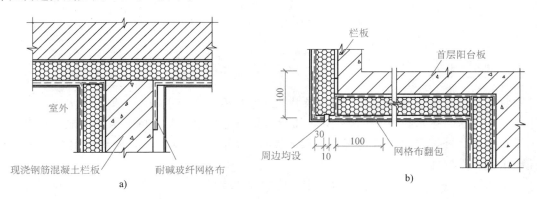

图7-8 保温阳台构造
a）阳台栏板保温构造 b）首层阳台板保温构造

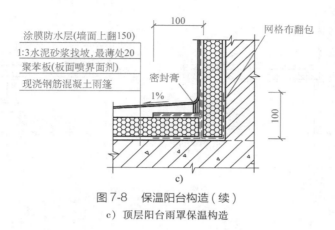

图 7-8　保温阳台构造（续）

c）顶层阳台雨罩保温构造

外墙内保温仅适用于夏热冬冷地区和夏热冬暖地区。外墙内保温系统可采用增强粉刷石膏聚苯板和胶粉聚苯颗粒外墙内保温系统。部分寒冷地区采用内保温时，应满足热桥部分内表面不得结露，以及保温层外表面温度不低于 0℃ 且保温层厚度不宜大于 100mm 的要求。

7.2 ▷ 雨　篷

雨篷是建筑入口处和顶层阳台上部用以遮挡雨水，保护外门免受雨水侵蚀而设的水平构件。雨篷多为钢筋混凝土悬挑构件，大型雨篷下常加立柱形成门廊。

雨篷的受力与阳台相似，均为悬臂构件，但雨篷仅承担雪荷载、自重及检修荷载，承担的荷载比阳台小，故雨篷板的截面高度较小。一般把雨篷板与入口过梁浇筑在一起，形成由过梁挑出的板，出挑长度一般以 1~1.5m 较为经济。雨篷出挑长度较大时，一般做成挑梁式，即梁从楼梯间或门厅两侧墙体挑出或从室内楼盖梁直接挑出，为使底面平整，可将挑梁上翻，梁端留出泄水孔。

雨篷的防水可采用 1：2.5 防水砂浆抹面，内掺 3% 防水粉，最薄处 20mm，并向出水口找 1% 坡度，如图 7-9a 所示。出水口可采用 φ50mm 硬塑料管，外露至少 50mm，如图 7-9b 所示。为防止出水口堵塞致使雨篷内积水过多，应在雨篷板一侧、距雨篷板底 330mm 高度处设置雨水溢流口。雨篷檐板与墙体之间的缝隙应采用建筑密封膏嵌缝，以防渗漏影响墙体。

当雨篷的面积较大时，雨篷的防水可采用卷材等防水材料，排水方向、雨水口位置如图 7-9c 所示。

雨篷的抹面厚度超过 30mm 时，须在混凝土内预留 50mm 长镀锌铁钉，间距 300mm，打弯后缠绕镀锌铁丝或挂钢板网分层抹灰。雨篷板底一般抹混合砂浆，刷白色涂料；当装饰要求较高时，可用各种材料吊顶，参见图 7-9c。

雨篷可依建筑设计需要做成各种造型，其构造也各不同。图 7-10 为以陶瓦作防水材料的雨篷构造。

雨篷的底部常设照明设备，如吸顶灯、灯槽、筒灯，应与吊顶、设备统一考虑，如图 7-11 所示。

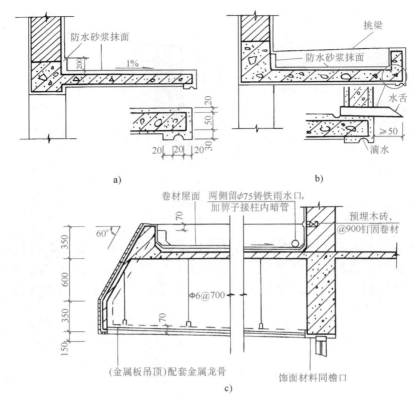

a)

b)

c)

图 7-9 雨篷构造

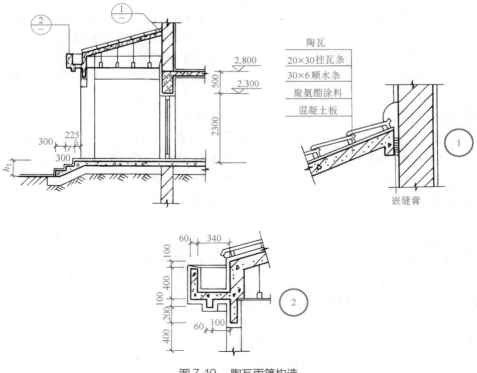

图 7-10 陶瓦雨篷构造

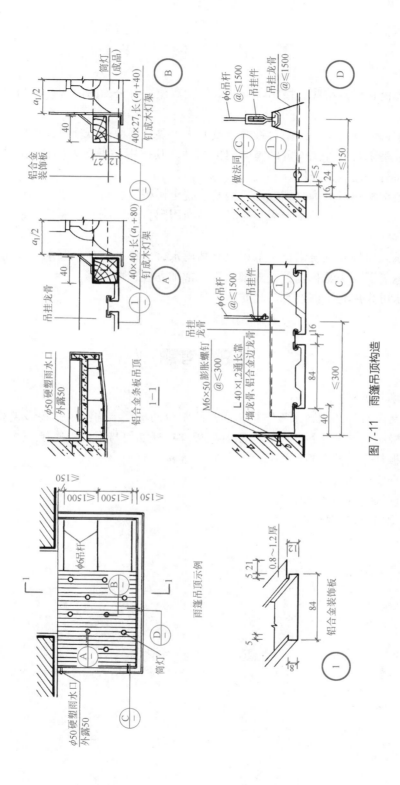

图 7-11　雨篷吊顶构造

小　结

阳台由阳台板和栏板组成。按阳台与外墙的相对位置可分为凸阳台、半凸阳台和凹阳台三类。

阳台板是阳台的承重构件。阳台板的承重方式主要有搁板式、挑板式和挑梁式三种。

栏杆和栏板是阳台沿外围设置的竖向围护构件，其作用是承受人们倚扶时的侧向推力，同时对整个房屋有一定装饰作用。

栏杆和栏板按材料可分为金属栏杆、钢筋混凝土栏板（栏杆）、砌体栏板。

在居住建筑中，当两户的阳台为整体时，中间用阳台隔板隔开，隔板通常采用预制钢筋混凝土栏板。

雨篷是建筑入口处和顶层阳台上部用以遮挡雨水，保护外门免受雨水侵蚀而设的水平构件。雨篷多为钢筋混凝土悬挑构件，大型雨篷下常加立柱形成门廊。

雨篷的防水可采用防水砂浆和卷材防水。

复习思考题

1. 阳台有哪些类型？
2. 为什么凸阳台和凹阳台承重结构不同？凸阳台的承重结构常用哪些形式？
3. 阳台栏板和栏杆的作用是什么？阳台栏板和栏杆如何与阳台板连接？
4. 阳台隔板如何与阳台板、墙体、栏板扶手连接？
5. 如何处理阳台的排水？
6. 如何处理雨篷的排水和防水？
7. 雨篷的构造要点有哪些？

单元八

屋 顶

知识目标

1. 熟悉屋顶的功能、设计要求，以及屋顶的形式及组成。
2. 掌握屋面排水方式、屋面坡度的形成方式、屋面防水等级。
3. 掌握屋面防水设计、保温设计和隔热设计的要求。
4. 了解防水材料、保温材料的类型和隔热措施。
5. 掌握平屋顶的构造组成及节点构造。
6. 熟悉坡屋顶的结构形式和特点。
7. 掌握瓦屋面、金属板屋面和透光屋面的组成与构造做法。
8. 了解节能屋面和一体化屋顶的要求与特点。

能力目标

1. 能够描述和绘制具有保温和隔热功能平屋顶的构造层次。
2. 能够描述和绘制坡屋顶瓦屋面、油毡瓦屋面和金属板屋面的构造层次。
3. 能够描述和绘制蓄水屋面、种植屋面和防水保温一体化屋面的构造层次。
4. 能够描述和绘制泛水、檐口、变形缝、分仓缝及屋面设备安装固定等节点的构造。

8.1 ▶ 概 述

一、屋顶的功能和设计要求

（一）屋顶的功能

屋顶是房屋的重要组成部分，主要起围护作用，用以抵御自然界的雨雪风霜、太阳辐射、气温变化及其他一些外界的不利因素对内部使用空间的影响。屋顶的主要功能是防水，防水是屋面设计和施工的核心。屋顶既承受竖向荷载，又起到水平支撑作用，是保证房屋整体空间刚度的构件。屋顶的形式也是建筑形象的一个重要组成部分。因此，屋顶设计应满足坚固耐久、防水排水、保温隔热、形象美观、能抵御外界侵蚀的要求，同时，还应自重轻、构造简单、施工方便及经济合理。

（二）设计要求

1. 结构要求

屋顶要承受积水、积雪、积灰、上人和设备（如太阳能热水器）等产生的全部荷载，并将荷载传递给墙、柱等竖向结构构件。所以，屋顶应有足够的强度和刚度，以防止变形过大引起防水层破坏漏水。

2. 防水要求

屋面防水是屋顶构造设计应满足的最基本的要求，是一项综合性的技术问题。它与屋顶形式、屋面坡度、防水材料、构造处理等有关。构造设计要兼顾"导"和"堵"两个方面，"导"是指将屋面积水顺利排除的措施；而"堵"是指采用相应防水材料阻止雨水向下渗漏的措施。

3. 节能要求

屋顶作为围护结构，要有一定的阻热能力，有效阻止热量的传递，以减少室内空间为达到正常温度而进行调节时的能源消耗，如为减少采暖能耗的"保温"和减少空调降温能耗的"隔热"。

4. 美观要求

屋顶是建筑外部形象的重要组成部分，其采用的形式、选用的材料和色彩会影响到建筑的美观，在确定屋顶构造做法时，不仅要考虑技术问题，也要考虑对艺术形象的影响。

总的来说，屋面工程设计应遵照"保证功能、构造合理、防排结合、优选用材、美观耐用"的原则。

二、屋顶的组成与类型

（一）屋顶的组成

屋顶主要由起防水、排水作用的屋面和起支撑作用的结构组成。由于功能要求不同，还包括起保温、隔热、隔声、防火、美观等作用的各种层次及设施。屋顶的细部构造有檐口、女儿墙、泛水、天沟、雨水口、出屋面管道、屋脊、变形缝等。

（二）屋顶的类型

屋顶可按其功能、屋面防水材料、结构类型、外观形式的不同进行分类。

1. 按功能分类

（1）保温屋顶 屋顶设置保温层，以减少室内热量向外散失，保证室内温度适宜，达到采暖节能目的。

（2）隔热屋顶 通过采取措施减少室外热量向室内传递的屋顶，可减少夏季降温的空调能耗。

（3）采光屋顶 屋顶采用透光或透明材料，以满足室内采光或观景的要求。

（4）蓄水屋顶 屋顶上做蓄水池，蓄一定深度的水，主要起到隔热降温的作用，也有一定的景观效果。

（5）种植屋顶 屋顶上栽种花草、灌木甚至乔木等植物，既起到保温隔热作用，又美化环境、改善小气候、提高绿化率，是生态建筑的一个表现方面。

（6）上人屋顶 屋顶作为室外使用空间，成为人们日常休闲活动的场所。

2. 按屋面防水材料分类

（1）卷材防水屋面 将柔性片状卷材通过胶结材料粘贴固定在屋面基层上，形成密闭的防水层。

（2）涂膜防水屋面 在屋面基层上涂刷液态防水材料，经固化后形成一层有一定厚度和弹性的整体膜层，从而达到防水目的。

（3）瓦屋顶 用水泥瓦、彩色钢板瓦、玻璃钢波形瓦等作为屋面防水层。

（4）金属屋面 用镀锌薄钢板、铝合金板、压型钢板等金属材料作为防水层。

（5）玻璃屋面 用有机玻璃、夹层玻璃、钢化玻璃等作为屋面防水层。

3. 按结构类型分类

（1）平面结构屋顶 常见的平面结构屋顶有梁板结构屋顶、屋架结构屋顶。

（2）空间结构屋顶 空间结构屋顶包括折板、壳体、网架、悬索、薄膜等结构屋顶。

4. 按外观形式分类

（1）平屋顶 平屋顶是指屋面坡度在10%以下（一般在2%～3%）的屋顶。

（2）坡屋顶 坡屋顶是指屋面坡度在10%以上的屋顶。不同的材料有其适宜的坡度要求。

随着建筑技术的不断发展，出现了许多新型的结构形式，如壳体、网架、悬索、折板、膜结构等，由此产生了多种多样的屋顶形式（图8-1）。

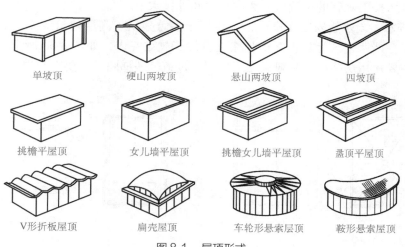

单坡顶　　硬山两坡顶　　悬山两坡顶　　四坡顶

挑檐平屋顶　　女儿墙平屋顶　　挑檐女儿墙平屋顶　　盝顶平屋顶

V形折板屋顶　　扁壳屋顶　　车轮形悬索层顶　　鞍形悬索屋顶

图8-1　屋顶形式

三、屋面排水

（一）排水方式

屋面的排水方式分为无组织排水和有组织排水两类。

1. 无组织排水

无组织排水（图8-2）又称为自由落水，是指屋面伸出外墙，雨水自由地从檐口落至室外地面。自由落水构造简单、经济；缺点是雨水落下时会溅湿墙面。自由落水一般用于二层以下低层建筑或年降雨量小于 900mm 的少雨地区的三层以下建筑。

2. 有组织排水

有组织排水是通过排水系统，将屋面积水有组织地排至地面，即将屋面划分成若干个排水区，使雨水进入排水天沟，经过雨水口、雨水斗、雨水管排至室外地面，最后排往市政地下排水管网系统。有组织排水的设置条件见表 8-1。

表 8-1　有组织排水设置条件

年降雨量	檐口离地面高度	相邻屋面高差
≤900mm	>10m	>4m 的高处檐口
>900mm	≥4m	≥3m 的高处檐口

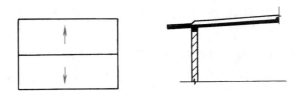

图 8-2　无组织排水

有组织排水按雨水管的位置可分为内排水和外排水。

（1）内排水　雨水管安装在室内，主要用于多跨建筑、高层建筑或立面有特殊要求的建筑。此外，在严寒地区为防止雨水管冻裂也将其放在室内，如图 8-3a 所示。雨水管位置应避免设在主要使用房间内，一般设在卫生间、过道、楼梯间等次要空间内，也可设置专门的管道井。

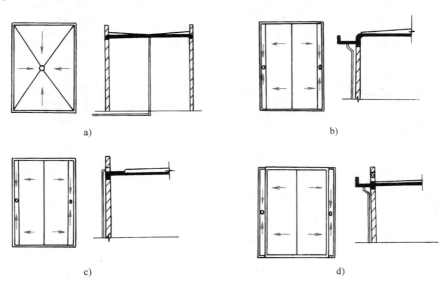

图 8-3　有组织排水
a）有组织内排水　b）挑檐沟外排水　c）女儿墙外排水　d）女儿墙挑檐沟外排水

（2）外排水　雨水管装设在室外，其优点是构造简单，不妨碍室内空间的使用，应用较广。外排水又可细分为以下几种：

1）挑檐沟外排水。屋面雨水汇集到悬挑在墙外的挑檐沟内，再从雨水管排下，如图 8-3b 所示。

2）女儿墙外排水。在女儿墙内设置天沟，雨水汇入天沟后穿过女儿墙进入室外的雨水管，如图 8-3c 所示。

3）女儿墙挑檐沟外排水。其屋面特点是既有女儿墙又有挑檐沟，雨水进入檐沟前先通过女儿墙，一般蓄水屋面和种植屋面多采用此种排水方式，如图 8-3d 所示。

屋顶排水方式的选择应综合考虑屋顶结构形式、气候条件、使用特点，并应优先考虑外排水。

（二）屋面坡度及形成方式

1. 影响屋面坡度的因素

1）屋面材料的种类、尺寸影响着屋面坡度。材料尺寸小、接缝多，屋面坡度宜选大些；反之，尺寸大、密封整体性好，屋面坡度就可以小些。卷材屋面的坡度不宜超过 25%。图 8-4 所示为常见的屋面坡度范围。

2）建筑物所在地区的降雨量、降雪量的大小对屋面坡度影响很大，降雨量大，漏雨可能性增加，屋面坡度应适当增加。屋面坡度还受屋面排水路线长短的影响。

3）其他功能的要求，如是否有上人活动的要求（上人屋面坡度一般取 1%~2%），以及是否要蓄水、种植等。

4）不同的结构形式也影响着屋顶的坡度。

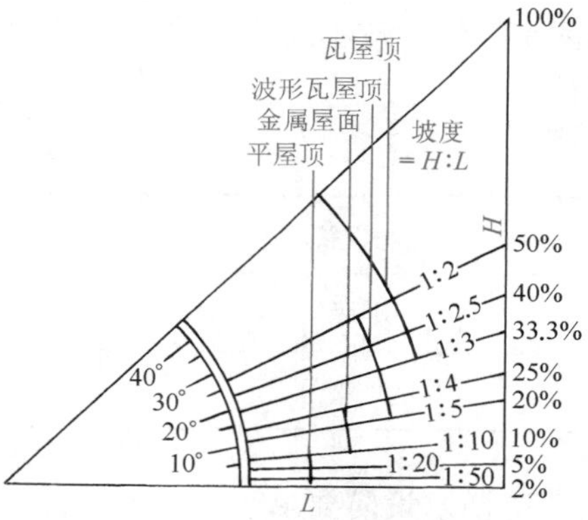

2. 屋面坡度的形成方式

屋面坡度的形成方式应考虑：建筑构造做法合理，满足房屋室内外空间视觉要求；不过多增加屋面荷载；结构经济合理，施工方便。屋面坡度的形成方式有：

图 8-4　常见的屋面坡度范围

（1）垫置坡度　垫置坡度也称为材料找坡或填坡。在屋顶结构层上用轻质的材料（如焦渣混凝土、石灰炉渣）来垫置坡度，但因垫层强度及平整度均较低，需在上面做找平层后再做防水层，如图 8-5a 所示。垫置坡度不宜过大，宜为 2%。有保温层的屋顶也可直接用保温层找坡。

（2）搁置坡度　搁置坡度也称为结构找坡或撑坡。屋顶的结构层根据排水坡度搁置成倾斜状，再铺设防水层。既可在倾斜的梁上布板，也可在屋架、山墙上布板或将板直接斜放在墙上，如图 8-5b 所示。这种做法不需设找坡层，荷载小、施工简便、造价低；但顶棚倾斜可能影响观瞻。搁置坡度宜为 3%，一般用于跨度较大的建筑。

四、屋面防水

1. 防水原理

屋面防水是利用防水材料的不透水性，材料之间相互搭接形成一个封闭的不透水覆盖层，并利用屋面坡度使降于屋面的雨水和融化的雪水因势利导地排离屋面。

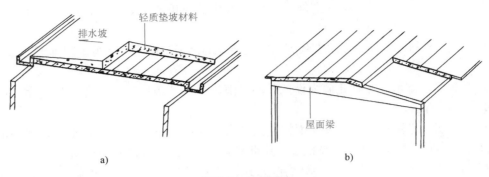

图 8-5 坡度形成

a) 垫置坡度 b) 搁置坡度

2. 屋面的防水等级

由于屋面的多样性，为了使屋面防水做到经济合理，《屋面工程技术规范》（GB 50345—2012）根据建筑物的性质、重要程度、使用功能要求等，将屋面防水分为Ⅰ级、Ⅱ级两个等级，按不同等级设防（表 8-2）。对于有特殊要求的建筑屋面，需进行专项防水设计。

表 8-2 屋面防水等级和设防要求

防水等级	建筑物类别	设防要求
Ⅰ级	重要的建筑和高层建筑	二道防水设防
Ⅱ级	一般的建筑	一道防水设防

3. 防水设防要求

屋面工程防水设计应遵循"合理设防、防排结合、因地制宜、综合治理"的原则。屋面防水多道设防时，可将卷材、涂膜、细石防水混凝土、瓦等材料复合使用，也可采用卷材叠层的方式。一道防水设防是指具有单独防水能力的一道防水层次。混凝土结构层、现喷硬质聚氨酯泡沫塑料、装饰瓦以及不搭接瓦的屋面、隔汽层、厚度不符合规范规定的卷材或涂膜防水层，不得作为屋面的一道防水设防。

4. 屋面防水材料

屋面防水材料按形态和性能分为防水卷材、防水涂料、刚性防水材料、瓦类防水材料、防水密封材料和其他防水板材。

（1）防水卷材 防水卷材是将沥青类或高分子类防水材料浸渍在胎体上制成的防水产品，是一种可卷曲的片状防水材料。要求具有良好的耐水性、对温度变化的稳定性（高温下不流淌、不起泡；低温下不脆裂），具有一定的力学性能、伸长性和抗断裂能力，要有一定的塑性和耐候性等。

根据主要组成材料不同，防水卷材可分为沥青防水卷材、高聚物改性沥青防水卷材和合成高分子防水卷材。根据胎体的不同分为：无胎体卷材、纸胎卷材、玻璃纤维胎卷材、玻璃布胎卷材和聚乙烯胎卷材。

1）沥青防水卷材。沥青防水卷材是指用原纸、纤维织物、纤维毡等胎体材料浸涂沥青，表面撒布粉状、粒状或片状材料后制成的可卷曲片状材料。传统上用得较多的是纸胎石油沥青油毡。但纸胎石油沥青油毡防水屋顶的防水层容易产生起鼓、流淌、开裂等问题，从而导致防水质量下降和使用寿命缩短，近年来在实际工程中已较少采用。

2）高聚物改性沥青防水卷材。它是以高分子聚合物改性石油沥青为涂盖层，以聚酯毡、玻纤毡或聚乙烯为胎基，以细砂、矿物粉料或塑料膜为隔离材料，制成的片状防水材料。如弹性体改性沥青防水卷材、塑性体改性沥青防水卷材、改性沥青聚乙烯胎防水卷材、带自粘层的防水卷材和自粘聚合物改性沥青防水卷材等。

3）合成高分子防水卷材。它是以合成橡胶、合成树脂或两者的共混物为基料，加入适量的助剂和填料，经混炼压延或挤出等工序加工而成的防水卷材。有三元乙丙橡胶卷材、氯化聚乙烯橡塑共混卷材、聚烯烃防水卷材、聚氯乙烯卷材、聚乙烯丙纶双面复合卷材及高密度聚乙烯卷材等。

（2）防水涂料　防水涂料是一种流态或半流态物质，涂刷后通过溶剂的挥发或水分的蒸发或化学反应而固化后，在基层表面可形成坚韧的具有一定弹性的防水涂膜，使表面与水隔绝，起到防水、防潮作用。

防水涂料种类繁多，按其稀释剂和溶剂的类型分为溶剂型、水溶型、乳液型等；按施工方法不同分为热熔型、常温型等；按其成膜厚度可分成厚质涂料和薄质涂料。如膨润土沥青乳液和石灰乳化沥青等沥青基防水涂料，涂成的膜较厚，一般为 4~8mm，称为厚质涂料；而高聚物改性沥青防水涂料和合成高分子防水涂料，涂成的膜较薄，一般为 2~3mm，称为薄质涂料。

屋面常用的防水涂料的种类有高聚物改性沥青防水涂料、合成高分子防水涂料、聚合物水泥防水涂料等。

1）高聚物改性沥青防水涂料。它是以石油沥青为基料，用高分子聚合物进行改性配制而成的水乳型或溶剂型防水涂料。具有涂膜柔软、黏结力强、施工方便等特点，在潮湿基层上也可固化成膜，可抵抗压力水渗透。如水性沥青基防水涂料和溶剂型橡胶沥青防水涂料。

2）合成高分子防水涂料。它是以合成橡胶或合成树脂为主要成膜物质配制而成的单组分或多组分防水涂料。具有耐老化性能优良、黏接力强、渗透性好、伸长性和耐高（低）温性能好等特点。如聚氨酯防水涂料和丙烯酸酯类防水涂料。

3）聚合物水泥防水涂料。它是以丙烯酸酯等聚合物乳液和水泥为主要原料，加入其他外加剂制得的双组分水性建筑防水涂料。它是有机无机复合涂料，克服了有机材料耐老化性能差和无机材料柔韧性差的缺点，抗渗性和抗压强度较高。如聚合物水泥基复合防水涂料和聚合物水泥防水涂料。

（3）刚性防水材料　刚性防水材料是指以水泥、砂、石为原材料（其内掺入少量的外加剂、高分子聚合物等材料），通过调整配合比，抑制或减少孔隙率，改变孔隙特征，增加各原材料界面之间的密实性等方法，配制成的具有一定抗渗能力的水泥砂浆、混凝土类防水材料。

刚性防水材料具有抗压强度高，既可防水又可承重，抗冻性、耐久性好，无毒、无味不燃烧，材料易得，造价低，施工简便等优点；但自重大，抗变形能力弱。

屋面常用的刚性防水材料有防水混凝土和防水砂浆。

1）防水混凝土。它按配制方法主要可分为改善级配法防水混凝土、加大水泥用量和使用超细粉填料的防水混凝土、外加剂防水混凝土和采用特种水泥的防水混凝土。

2）防水砂浆。防水砂浆是通过提高砂浆的密实性及改进抗裂性来达到防水抗渗目的的。用作屋面防水层的防水砂浆有刚性多层抹面的水泥砂浆、掺防水剂的防水砂浆、聚合物水泥防水砂浆。

（4）瓦类防水材料　用于屋面防水的瓦类防水材料一般是板块状、片状的防水材料，一般用于坡屋顶防水。其按材料和形状可分为块瓦、油毡瓦、金属瓦等。

1）块瓦。它包括烧结瓦、混凝土瓦等，适用于防水等级为一级和二级的坡屋面，屋面坡度不应小于30%。

① 烧结瓦是以黏土或其他无机非金属原料，经泥料处理、成型、干燥和焙烧制成的板状或块状烧结制品。其按形状分类主要有平瓦、板瓦、筒瓦等；按瓦表面的状况分类包括有釉瓦（如琉璃瓦）和无釉瓦（如小青瓦）。

② 混凝土瓦是以水泥、细集料和水等为主要原材料，经拌和、挤压成型或静压成型或其他方法成型制成的块瓦。其按颜色可分为本色瓦和彩色瓦或表面经过处理的瓦；按外形可分为波形瓦和平板瓦。

2）油毡瓦。它又称为沥青瓦，是以有机材料或玻璃纤维材料等为胎基，经浸涂石油沥青后，在面层热压各色天然彩砂，在背面撒以隔离材料制成的彩色瓦状屋面防水片材。其胎基有聚酯胎、有机胎、复合胎和玻纤胎。油毡瓦具有柔性好、质量轻、耐酸、耐碱、不褪色等特点，并具有一定的装饰作用，适用于排水坡度大于20%的屋面。其按外观形状分为平面沥青瓦（平瓦）和叠合沥青瓦（叠瓦）。平面沥青瓦适用于防水等级为二级的坡屋面，叠合沥青瓦适用于防水等级为一级和二级的坡屋面。

3）金属瓦。它是用薄钢板、镀铝锌板或铝合金板等金属板材，经模具一次性冷压成型，表面涂覆耐候性涂层制成的。其具有重量轻、耐腐蚀、防火、抗震、使用寿命长、环保、色彩丰富、防水性能好等特点。金属瓦按制作工艺分为石面金属瓦、漆面金属瓦、金属本色瓦，适用于各种建筑的屋面工程，特别适用于"平改坡和屋面翻新"工程。

（5）防水密封材料　屋面防水层的接缝处、端头或边缘连接处一般要用防水密封材料加以密封。防水密封材料应具备优异的水密性和气密性，能牢固地黏结在结合部的表面，并具有一定的耐久性。其按物理性状分为不定型密封材料和定型密封材料。

1）不定型密封材料。不定型密封材料按原材料及其性能可分为塑性密封膏、弹塑性密封膏、弹性密封膏。

① 塑性密封膏，以改性沥青和煤焦油为主要原料制成，具有一定的弹塑性和耐久性，但弹性和伸长性较差。

② 弹塑性密封膏，有聚氯乙烯胶泥及各种塑料油膏等种类，它们的弹性较低，塑性较大，伸长性较好，黏结强度较高。

③ 弹性密封膏，是由聚硫橡胶、有机硅橡胶、氯丁橡胶、聚氨酯和丙烯酸等为主要原料制成的，具有弹性好、耐候性好、黏结强度高等特点，并具有优良的耐油性和低温柔性。

2）定型密封材料。它是根据不同的工程要求制成的呈带状、条状、垫状等形状的防水材料，专门处理各种接缝，以达到止水和防水的目的。常用的定型密封材料有止水带和密封条带。

（6）其他防水板材 近年来，有许多公共建筑开始使用金属板和玻璃板作为屋面防水材料。

1）金属板。较常用的金属板是用彩色涂层钢板、镀层钢板、铝合金板、钛合金板及铜合金板等板材经辊压、冷弯成型制成的。金属板屋面适用于体育馆、游泳馆、车站、航空港、展厅等大跨度建筑。金属板屋面在防水等级为Ⅰ级时的防水做法为：压型金属板+防水垫层；在防水等级为Ⅱ级时的防水做法为：压型金属板或金属面绝缘夹芯板。在两层压型金属板中填入保温芯材复合成保温复合板材的称为金属面绝缘夹芯板，根据加入芯材的不同有硬质聚氨酯夹芯板、聚苯乙烯夹芯板、岩棉夹芯板等。

2）玻璃板。在采光顶中常采用钢化玻璃、夹层玻璃或夹层中空玻璃等安全玻璃作为屋面；也可采用双层有机玻璃、聚碳酸酯板、合成树脂板（玻璃钢板）等材料制成采光板。

五、屋顶保温

1. 屋面保温设计

依照《民用建筑热工设计规范》（GB 50176—2016）的要求，民用建筑热工设计应与地区气候相适应，要保证室内基本的热环境要求，要符合国家节能减排的方针。在全部的五类一级建筑热工设计区划中，除夏热冬暖地区外，其余的严寒地区、寒冷地区、夏热冬冷地区及温和地区都应考虑冬季的保温设计。

保温层应根据屋顶所需传热系数或热阻选择吸水率低、密度和热导率小，并有一定强度的保温材料；封闭式保温层宜采取排汽构造措施；室内湿气有可能透过屋顶结构层进入保温层时，应设置隔汽层。屋面坡度较大时，保温层应采取防滑措施。

2. 屋顶保温材料

常用屋顶保温材料分为无机保温材料和有机保温材料两大类。

1）无机保温材料按构造分为纤维材料、粒状材料和多孔材料，如矿物纤维制品、膨胀珍珠岩制品、加气混凝土、泡沫混凝土等。

2）有机保温材料常用的是泡沫塑料制品，如聚苯乙烯泡沫塑料、硬质聚氨酯泡沫塑料等。

3. 保温层的类型

屋面保温层要保证屋面的保温性能和使用要求，并考虑屋面防火安全。保温层按材料分为三类：板状材料保温层、纤维材料保温层和整体材料保温层。

六、屋顶隔热

1. 屋顶隔热设计

屋顶应具有抵御夏季室外气温和太阳辐射综合热作用的能力。屋顶隔热设计要根据地域气候、建筑环境、屋顶形式、使用功能等因素，经技术经济比较后确定。同样类型的建筑在不同地区所采用的隔热方式有很大区别，不能随意套用标准图集。

依照《民用建筑热工设计规范》（GB 50176—2016）的要求，在寒冷地区、夏热冬冷地区及夏热冬暖地区应考虑夏季的隔热问题。严寒地区及温和地区一般可以不考虑隔热设计。

2. 隔热措施

屋顶隔热的原理是尽量减少直接作用于屋顶表面的太阳辐射，阻断屋面热量向室内的传导。

屋顶隔热的措施有屋顶采用浅色外饰面、屋顶架空通风隔热、屋顶蓄水隔热、反射降温隔热、种植屋面、淋水被动蒸发屋面；坡屋顶可以设带老虎窗的通气阁楼或利用吊顶和屋面之间的通风层组织通风。

8.2 ◆ 平 屋 顶

平屋顶因其能适应各种平面形状，构造简单，施工方便，屋顶表面便于利用等优点，已成为主要的屋顶形式。平屋顶一般由屋面层、结构层及顶棚三大主要部分组成。屋面层由隔汽层、找坡层、保温层、隔热层、找平层、隔离层、防水层及保护层组成。但由于地区差异及建筑功能要求的不同，各地平屋顶的构造层次也有所不同，如保温隔热层实际上是指保温层和隔热层两种构造，有的屋顶中两种构造都设，有的只设其中之一，也有的不设保温层和隔热层。此外，屋顶构造中，还有因建筑的特殊性而设的隔汽层和保护层，以及起过渡作用的找平层等。平屋顶坡度一般小于 5%，上人屋面为 1% ~ 2%，不上人屋面为 3% ~ 5%。

一、平屋顶的构造组成

（1）结构层　结构层的主要作用是承担屋顶的所有重量，要求有足够的强度和刚度，以防止由于结构变形过大引起防水层开裂。其做法与楼盖相似，一般采用预制装配式混凝土楼板或现浇钢筋混凝土楼板。

（2）隔汽层　隔汽层的主要作用是阻止室内的水蒸气向屋顶保温层渗透，防止水蒸气凝结水影响到保温层的保温性能，以及防止水蒸气可能对防水层产生的破坏作用。隔汽层一般是在室内湿度大的建筑屋顶上使用，如浴室、厨房的蒸煮间等。其材料可选用防水卷材或防水涂膜。

（3）找坡层　找坡层利用轻质材料在屋顶上找出一定的排水坡度。

（4）保温层　保温层是在屋顶上用保温材料设置一道阻隔热量的阻隔层，作用是防止室内热量向外扩散。保温层材料一般为轻质多孔材料，保温层的厚度要根据气候条件和材料的性能经热工计算确定。

（5）隔热层　隔热层的作用是隔热，与保温层相反，是防止和减少室外的太阳辐射传入室内，起降低室内温度作用。

（6）找平层　卷材防水要求铺在坚固平整的基层上，以防止卷材凹陷和断裂，因此，在松散材料上和不平整的楼板上应设找平层。找平层一般用 20 ~ 30mm 厚 1 :（2.5 ~ 3）水泥砂浆浇筑。施工中，在水泥砂浆抹平收水后，应二次压光、充分养护，不能有酥松、起砂、起皮现象。找平层宜留分格缝，缝宽宜为 20mm 并嵌填密封材料；分格缝作为隔汽层的通风通道时，可适当加宽并应与保温层相通。分格缝应留设在板端的短缝处，其纵、横向间距不宜大于 6m。

（7）隔离层　为减少结构变形和温度变化对防水层产生的不利影响，在防水层下干铺一层塑料膜、土工布或卷材，也可铺抹一层低强度砂浆（如石灰砂浆）作为隔离层。

（8）防水层　其主要作用是阻止水进入建筑内部，根据材料性质可分为卷材防水层、涂膜防水（也称涂料防水）层等。

（9）保护层　保护层的作用是保护柔性防水层，使防水层在阳光辐射和大气作用下不至迅速老化，防止沥青类卷材防水层中的沥青产生流淌，并防止暴雨对防水层的直接冲刷。在上人屋面中，保护层可防止人踩踏卷材防水层。

二、平屋顶的防水

（一）卷材防水屋面

卷材防水屋面是将柔性防水卷材或片材用胶结材料粘贴在屋面基层上，形成一个大面积封闭的防水覆盖层，所以又称为柔性防水。各种防水卷材的物理性能差异很大，根据其防水性能的高低，可以适用于防水等级为Ⅰ级、Ⅱ级的屋面防水。卷材是在工厂生产的，规格、尺寸准确，质量可靠度高。卷材防水屋面构造层次如图8-6所示。

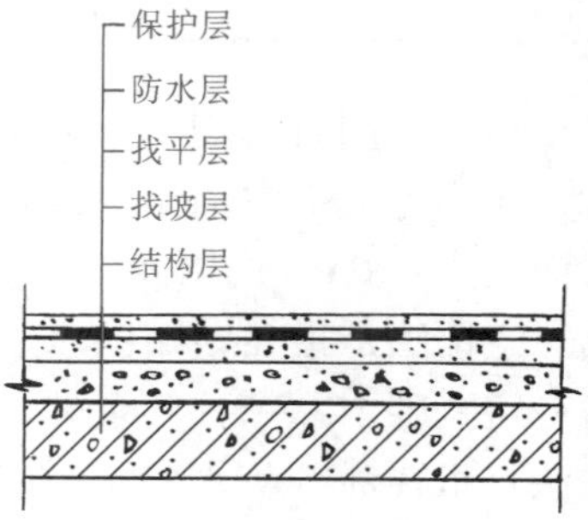

图8-6　卷材防水屋面构造层次

1. 卷材防水层构造要点

1）卷材防水层是由防水卷材和相应的卷材黏结剂分层黏结而成的，要根据地基变形程度、结构形式、当地历年最高及最低气温、年温差、日温差、卷材的暴露程度、屋面坡度等使用条件选用相适应的卷材；卷材层数或厚度由防水等级和材料种类确定，见表8-3。

2）卷材铺设前，基层必须干净、干燥，并涂刷与卷材配套使用的基层处理剂（称为结合层），以保证防水层与基层黏结牢固。

表8-3　每道卷材防水层的最小厚度　　　　　　　（单位：mm）

防水等级	合成高分子防水卷材	高聚物改性沥青防水卷材		
		聚酯胎、玻纤胎、聚乙烯胎	自黏聚酯胎	自黏无胎
Ⅰ级	1.2	3.0	2.0	1.5
Ⅱ级	1.5	4.0	3.0	2.0

3）卷材防水屋面基层与突出屋面结构（如女儿墙、立墙、天窗壁、变形缝、烟囱等）的交接处，以及基层的转角处（如雨水口、檐口、天沟、檐沟、屋脊等），均应做成圆弧形，圆弧半径按表8-4选用。内部排水的雨水口周围应做成略低的凹坑。

表8-4　转角处圆弧半径

卷材种类	高聚物改性沥青防水卷材	合成高分子防水卷材
圆弧半径/mm	50	20

4）卷材的铺贴方法有冷粘法、热粘法、热熔法、自粘法、焊接法及机械固定法等。卷材一般分层铺设，先进行细部构造处理，然后由屋面最低标高处向上铺贴。卷材宜平行屋脊铺设，搭接缝应顺水流方向；上下层卷材不得相互垂直铺贴，上下层卷材长边搭接缝应错开且不小于1/3幅宽；同一层相邻两幅卷材的短边搭接缝错开不应小于500mm；宜顺檐沟、天沟方向铺设。卷材搭接时，搭接宽度依据卷材种类和铺贴方法确定，见表8-5。

表 8-5 卷材搭接宽度

卷材类别	铺贴方法	搭接宽度/mm
高聚物改性沥青防水卷材	胶粘剂粘贴	100
	自黏	80
合成高分子防水卷材	胶粘剂粘贴	80
	胶粘带粘贴	50
	单缝焊焊接	60，有效焊接宽度不小于 25
	双缝焊焊接	80，有效焊接宽度为 10×2+空腔宽

5）当卷材防水层上有重物覆盖或基层变形较大时，应优先采用空铺法、点粘法和条粘法施工，但距屋面周边 800mm 内以及叠层铺贴的各层卷材之间应满粘。空铺法是指在铺贴防水卷材时，卷材与基层在周边一定宽度内黏结，其余部分不黏结的施工方法。点粘法是指在铺贴防水卷材时，卷材或打孔卷材与基层采用点状黏结的施工方法。条粘法是指在铺贴防水卷材时，卷材与基层采用条状黏结的施工方法。

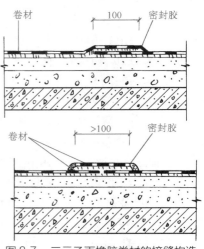

图 8-7　三元乙丙橡胶卷材的接缝构造

6）屋面防水薄弱部位应附加防水层加强，如檐沟、天沟与屋面的交接处，泛水，出屋面管道的根部及找平层分隔缝等部位。

7）卷材搭接的缝口应密封严密。采用冷粘法和自粘法时，应用相容的密封材料封严缝口。图 8-7 所示为三元乙丙橡胶卷材的接缝构造。

8）卷材的收头应采用金属压条钉压，并应用密封材料封严。

2. 卷材防水屋面的细部构造

（1）保护层　屋面保护层的做法要考虑卷材类型和屋面是否上人。

1）不上人屋面保护层可采用浅色涂料、铝箔、矿物粒料、水泥砂浆等。

2）上人屋面可在防水层上浇筑 30～50mm 厚 C20 细石混凝土作保护层（图 8-8a），并应设纵、横向间距不大于 6m，缝宽 10～20mm 的分格缝，缝内用密封材料嵌填。也可以采用

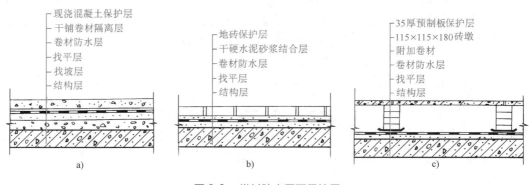

图 8-8　卷材防水屋面保护层

a）现浇混凝土　b）铺地砖　c）架设预制板

块体材料作保护层，如地砖或细石混凝土预制块（图 8-8b），也需设置纵、横向间距不大于 10m，缝宽 20mm 的分格缝，缝内也用密封材料嵌填。还可以架设预制板，如图 8-8c 所示。

　　块体材料、水泥砂浆、细石混凝土等保护层与防水层之间应设隔离层，用于隔离层的材料有塑料膜、土工布、卷材和低强度砂浆等。

　　（2）檐口

　　1）自由落水挑檐，即无组织排水檐口。防水层应做好收头处理，檐口范围内防水层应采用满粘法施工，收头应固定密封，如图 8-9 所示。

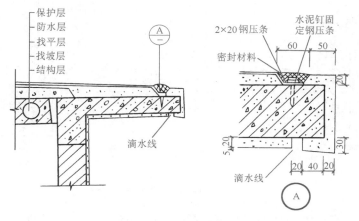

图 8-9　自由落水挑檐构造

　　2）天沟，即有组织排水檐口。卷材防水屋面的天沟应解决好卷材收头及与屋面交接处的防水处理，天沟与屋面的交接处应做成弧形，并增铺附加层，且附加层宜空铺，如图 8-10 所示。

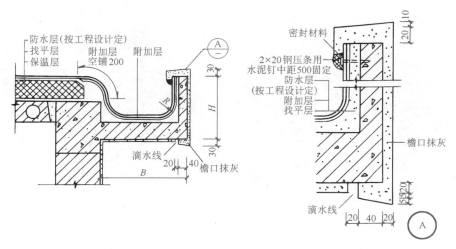

图 8-10　卷材防水屋面天沟构造

　　（3）泛水　卷材防水屋面的泛水应重点做好防水层的转折、垂直墙面上的固定及收头。转折处应做成弧形或 45°斜面（又称八字角），防止卷材被折断。泛水处卷材应采用满粘法施工，泛水高度由设计确定，但最低不小于250mm。泛水的收头应根据墙体材料确定收头及密封形式。墙体为砖墙且不太高时，卷材收头可直接做到女儿墙压顶下，压顶做防水处理，如图8-11a所示；墙较高时可在墙上留凹槽，卷材收头压入凹槽内固定密封，凹槽上部的墙也应做防水处理，如图8-11b所示；钢筋混凝土墙泛水的收头可采用金属条钉压，并用密封材料封固，如图8-11c所示。

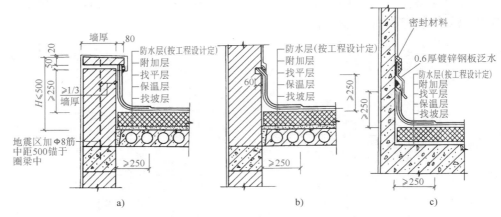

图8-11　卷材防水屋面的泛水构造

（4）变形缝　等高屋面处的变形缝可采用平缝做法，即缝内填沥青麻丝或泡沫塑料，上部填放衬垫材料，用镀锌钢板盖缝，然后做防水层，如图8-12a所示；也可在缝两侧砌矮墙，将两侧防水层采用泛水方式收头在墙顶，用卷材封盖后，顶部加混凝土盖板或镀锌钢盖板，如图8-12b所示。

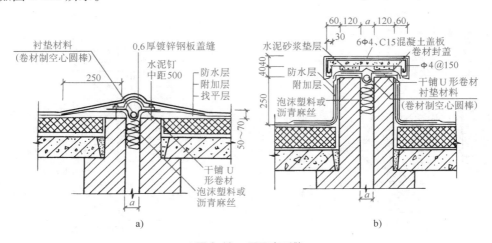

图8-12　屋面变形缝
a）平缝做法　b）砌矮墙做法

（5）出屋面管道　出屋面管道包括烟囱、通风管道及透气管。砖砌或混凝土预制烟囱和通风道构造如图8-13a所示。透气管做法如图8-13b所示。当用金属烟囱时要处理好烟囱的变形和绝热，其构造如图8-13c所示。

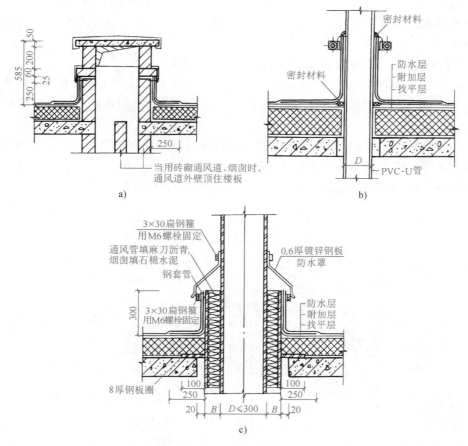

图 8-13 出屋面管道构造

a) 砖砌通风道 b) 透气管 c) 金属烟囱

（6）雨水口 雨水口是屋面雨水汇集并排至雨水管的关键部位，要求排水通畅、防止渗漏和堵塞。雨水口的材料常用的有铸铁和 PVC-U，分为横式和直式两种。

直式雨水口用于天沟沟底开洞，PVC-U 直式雨水口的构造如图 8-14a 所示。

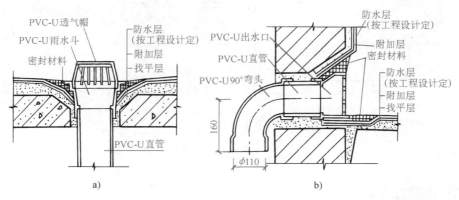

图 8-14 雨水口构造

a) PVC-U 直式雨水口 b) PVC-U 横式雨水口

横式雨水口用于女儿墙外排水，PVC-U 横式雨水口的构造如图 8-14b 所示。

雨水斗的构造应注意其标高，保证为排水最低点，雨水口周围直径 500mm 范围内坡度不应小于 5%。

（7）屋面上人口　屋面上人口分为水平出入口和垂直上人口。

1）水平出入口是指从楼梯间或阁楼到达上人屋面的出入口，除要做好屋面防水层的收头以外，还要防止屋面积水从出入口进入室内，出入口要高出屋面两级踏步，构造做法如图 8-15a 所示。

2）垂直上人口是为屋面检修时上人用，若屋顶结构为现浇钢筋混凝土，可直接在上人口四周浇出孔壁，并将防水层收头压在混凝土或角钢压顶下，如图 8-15b 所示；上人口孔壁也可用砖砌筑，上做混凝土压顶。上人口加盖钢制或木制包镀锌钢板孔盖。

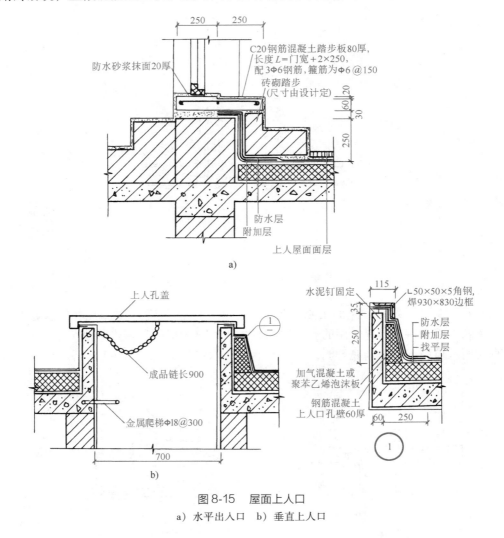

图 8-15　屋面上人口

a）水平出入口　b）垂直上人口

（二）涂膜防水屋面

涂膜防水屋面是靠直接涂刷在基层上的防水涂料固化后形成有一定厚度的膜来达到防水

的目的。涂膜防水屋面具有防水性能好、黏结力强、整体性好、耐腐蚀、耐老化、弹性好、冷作业、施工方便等优点，在建筑各部位的防水工程中都得到广泛应用。

1. 涂膜防水屋面构造要点

涂膜防水屋面是通过分层、分遍的涂布，最后形成一道防水层，与其他层次一起构成完整的防水屋面。为加强防水性能，特别是防水薄弱部位的防水性能，可在屋面中加铺胎体增强材料。涂膜防水屋面构造层次如图 8-16 所示。

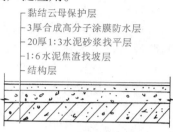

图 8-16 涂膜防水屋面构造层次

（1）防水涂料的选择　要从耐热性、低温柔性、拉伸性能、耐紫外线和耐老化性能及成膜时间等方面选择相适应的防水涂料。应根据当地历年最高和最低气温、屋面坡度选择涂料的耐热性和低温柔性；根据地基变形程度、结构形式、温差和振动因素选择涂料的拉伸性能；根据屋面涂料的暴露程度选择涂料的耐紫外线和耐老化性能。屋面排水坡度大于 25% 时，应选择成膜时间较短的涂料。

（2）涂膜防水层厚度　每道涂膜防水层最小厚度的选用应符合表 8-6 的规定。

表 8-6　每道涂膜防水层最小厚度　（单位：mm）

防水等级	合成高分子防水涂膜	聚合物水泥防水涂膜	高聚物改性沥青防水涂膜
Ⅰ级	1.5	1.5	2.0
Ⅱ级	2.0	2.0	3.0

（3）胎体增强材料　胎体增强材料宜采用聚酯无纺布或化纤无纺布；铺设时长边搭接宽度不得小于 50mm，短边搭接宽度不得小于 70mm。采用两层胎体增强材料时，上下层不得垂直铺设，搭接缝应错开，其间距不应小于幅宽的 1/3。

（4）涂膜防水屋面应设置保护层　不上人屋面保护层材料可采用浅色涂料、矿物颗粒细砂、水泥砂浆等。上人屋面保护层材料可采用块体材料（地砖、预制混凝土块）或细石混凝土，但应在涂膜防水层与保护层之间设置隔离层，做法参照卷材屋面保护层构造。

2. 涂膜防水屋面的细部构造

涂膜防水屋面的细部构造与卷材防水构造基本相同，可参考卷材防水的节点构造图。

（1）檐口　在自由落水挑檐中，涂膜防水层的收头应用防水涂料多遍涂刷或用密封材料封严。天沟、檐沟与屋面交接处的附加层宜空铺，空铺宽度宜为 200～300mm。

（2）泛水　涂膜防水层宜直接涂刷至女儿墙的压顶下，转角处做成圆弧或斜面，收头处理应用防水涂料多遍涂刷封严，如图 8-17 所示。

（3）涂膜防水变形缝　缝内应填充泡沫塑料或沥青麻丝，其上放置衬垫材料，并用卷材封盖，顶部加扣混凝土或金属盖板，可参考图 8-12 施工。

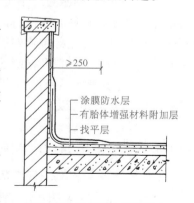

图 8-17　涂膜防水屋面泛水

（三）复合防水屋面

复合防水屋面是将两种防水材料叠加使用，构成屋面防水层。复合方式有：合成高分子防水卷材+合成高分子防水涂膜；自黏聚合物改性沥青防水卷材+合成高分子防水涂膜；高聚物改性沥青防水卷材+高聚物改性沥青防水涂膜等方式。

1）选择复合防水屋面时，所选用的卷材与防水涂料应相容；防水涂膜宜设在防水卷材下面；挥发固化型防水涂料不得作为防水卷材黏结材料使用；水乳型或合成高分子类防水涂膜上面，不得采用热熔型防水卷材；水乳型或水泥基类防水涂料，应待涂膜实干后再采用冷粘法粘贴卷材。

2）采用复合防水屋面时，应根据防水等级和防水材料选择各层厚度。

3）复合防水屋面的细部构造与卷材防水屋面类似。

（四）接缝密封防水

屋面上的各种接缝处是屋面渗漏的主要部位，处理质量直接影响防水层的连续性和整体性，必须做好密封防水处理。

1. 屋面接缝的种类

屋面接缝是指屋面中两个或更多相邻表面之间因预留或装配形成的间隙。接缝种类按其成因可分为构（配）件之间的拼接缝、构造上设置的分格缝和操作过程中形成的施工缝；按其位移变化规律又可分为：

1）位移接缝。接缝间隙会因温度、外力发生变化，如混凝土面层上的分格缝、块体面层的接缝。

2）非位移接缝。接缝间隙基本不变，如卷材的接头与收头及混凝土构件之间的接缝。

2. 接缝密封防水要求

通过对接缝的密封处理，使防水层形成一个连续的整体，能在温差变化及振动、冲击、错动等情况下起到防水作用。要求密封材料必须具备一定的伸长性、黏接强度、耐候性和位移能力，并经受得起长期的压缩、拉伸、振动等作用。

3. 接缝密封的构造要点

1）接缝密封防水是将不定型膏状材料嵌填在接缝内，将屋面形成一个整体，从而起到防水作用。密封材料有改性石油沥青密封材料、合成高分子密封材料、硅酮耐候密封胶等。不同密封材料承受接缝位移的能力不同，密封材料按承受接缝位移的能力分为四级，应根据屋面接缝变形的大小以及接缝的宽度，选择对应等级的密封材料。

2）接缝宽度按屋面接缝位移量经计算确定，接缝的相对位移量不应大于可供选择密封材料的可承受位移能力。

3）密封材料的嵌填深度宜为缝宽的50%~70%。底部粘贴与密封材料不黏结或黏结力较弱的材料作为背衬材料，以防止变形时破坏密封防水。

（五）水泥基渗透结晶型防水材料

水泥基渗透结晶型防水材料的外观呈灰色粉末状，含有多种活性化学物质，利用混凝土本身固有的化学特性和多孔性，以水作为载体，借助渗透作用在混凝土微孔及毛细管内传输、充盈，形成不溶于水的枝蔓状结晶，提高混凝土的密实度，从而达到防水堵水的目的。

水泥基渗透结晶型防水材料分为掺和剂、浓缩剂、增效剂和堵漏剂。

1）掺和剂用于混凝土及砂浆的外加剂，通过提高密实度和早期抗拉强度，使其达到抗渗抗裂、提高防水能力的效果。

2）浓缩剂可加水调和成浆状，通过喷、涂形成防水涂层，也可干撒形成防水层。

3）增效剂用于浓缩剂涂层的表面涂层，可以在浓缩剂涂层上形成坚硬的表层，增强浓缩剂的渗透效果。

4）堵漏剂用于混凝土结构的堵漏治理，能快速阻断混凝土中的渗漏通道，快速封闭裂缝、堵塞漏洞和修补混凝土的缺陷。

三、平屋顶的保温

1. 平屋顶的保温构造

（1）正置式屋面　保温层在防水层下，屋面的构造层次自上而下依次为保护层、防水层、找平层、找坡层、保温层、结构层（图8-18a）。这种形式构造简单、施工方便，目前广泛采用。正置式屋面保温层多用板块材料。

（2）倒置式屋面　保温层在防水层之上，其构造层次自上而下依次为保温层、防水层、结构层，它与传统的屋顶铺设层次相反。其优点是防水层不受太阳辐射和剧烈气候变化的直接影响，不易受外来机械损伤；但保温层应选用吸水率低、耐候性好、长期浸水不腐烂的保温材料。保温层可采用干铺或粘贴板块保温材料，也可采用现喷硬质聚氨酯泡沫塑料；保温层上面应设保护层以防表面破损，保护层要有足够的质量以防保温层在下雨时漂浮，可用混凝土板或大粒径砾石。保护层与保温层之间应铺设隔离层，如图8-18b所示。

（3）保温层与结构层组成复合板的屋面　其形式如图8-18c所示。

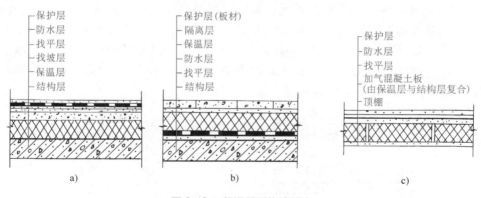

图8-18　保温屋顶构造层次

（4）硬泡防水保温一体化屋面　它是指用硬质聚氨酯泡沫塑料现场喷涂的防水与保温合一的屋面（硬泡屋面）。硬质聚氨酯泡沫塑料具有保温和防水的双重功能，在屋面找坡层上直接施做，可省去一般屋面的防水层、隔汽层、保温层和找平层，有效减少屋面保温和防水构造层次，同时整体喷涂能减少或消除"冷桥"。

（5）胶粉聚苯颗粒保温屋面　它是指在混凝土或金属屋面基层上，铺抹胶粉聚苯颗粒保温浆料、抹抗裂砂浆层后，涂刷高分子乳液弹性底层涂料，再在上面做防水层。

2. 保温层的保护

由于保温层常为多孔轻质材料，一旦受潮或者进水，会使保温效果降低，严重的会因为保温层冻结而使屋面被破坏。为了防止使用中的水蒸气、施工中保温层和找平层中残留的水影响保温效果，可设置排气道和排气孔。排气道宽度宜为40mm，间距为6m，应纵、横连通不得堵塞，并与排气孔相通，找平层设置的分隔缝可兼作排气道。排气孔可设在檐口下或纵、横向排气道的交叉处，并应做防水处理，如图8-19所示。在保温层下也可以设置带支点的塑料板作为排气通道。

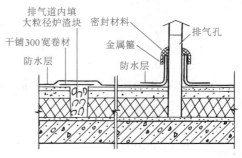

图 8-19 排气道与排气孔构造

对于室内蒸汽压较大的屋顶（如浴室、厨房蒸煮间），需设置隔汽层来防止室内水蒸气进入保温层。隔汽层要选用气密性、水密性较好的材料，隔汽层一般设在结构层之上、保温层之下；在保温层边缘，隔汽层应沿周边墙面向上连续铺设，并高出保温层上表面不得小于150mm。

四、平屋顶的隔热降温

1. 通风隔热屋面

通风隔热屋面是在屋顶中设置通风间层，上层表面遮挡太阳辐射，透过上层到达通风间层的热量，在风压的作用下被热空气流出不断带走，使下层传入室内的热量减少，从而达到隔热的目的。通风间层通常有两种设置方式，一种是屋面上的架空通风隔热；另一种是吊顶通风隔热。

（1）架空通风隔热 如图8-20所示，架空层材料可以是预制混凝土板、筒瓦及各种形式的混凝土构件。架空层的高度与屋面宽度及坡度有关，一般净空高度以180~300mm为宜，太低了隔热效果不明显；太高了通风效果提高不多，且稳定性差。对带女儿墙的屋面，架空层不宜沿屋面满铺，架空板与女儿墙的距离宜为250mm，在边缘留进风口和出风口；对宽度较大的屋面在屋脊处应设通风桥，如图8-21所示。

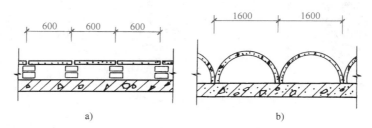

图 8-20 架空通风隔热构造

a）预制混凝土板 b）筒瓦

（2）吊顶通风隔热 如图8-22所示，利用顶棚与结构层之间的空气间层，通过在外墙上开设通风口使内部空气流通，带走屋面传导下来的热量，起到降温的作用。

2. 蓄水屋面

蓄水屋面（图8-23）是在屋面上蓄存一层水，利用水的反射和吸热蒸发作用减少下部结

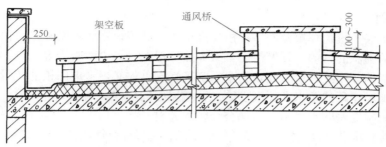

图 8-21 通风桥与架空板

构的吸热，降低对室内的热影响，达到降温隔热的目的。蓄水屋面分开敞式和封闭式两种做法，在我国南方地区多采用开敞式，在北方地区宜采用封闭式。但蓄水屋面不宜在寒冷地区、地震区和振动荷载较大的建筑上使用。

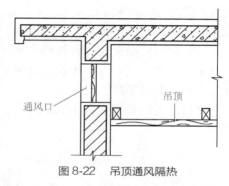

图 8-22 吊顶通风隔热

蓄水屋面的坡度不宜大于 0.5%；屋面应用分仓壁划分若干蓄水区，每区边长不宜大于 10m；在变形缝两侧，应分成两个互不相通的蓄水区。长度超过 40m 的蓄水屋面应设分仓壁，分仓壁可采用混凝土或砖砌体制成；蓄水深度宜为 150~200mm；屋面上应设泄水孔、溢水孔和过水孔。屋面泛水的防水层高度，应高出溢水孔孔底 100mm；蓄水屋面的防水层应选择耐蚀性、耐穿刺性能好的材料，同时屋面上应设置人行通道。

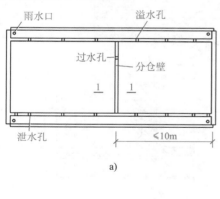

a)

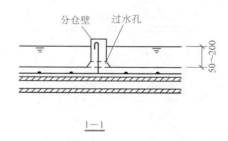

b)

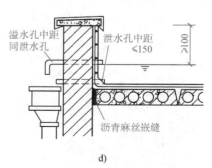

c)　　　　　　　　　　　　　d)

图 8-23 蓄水屋面

a）屋面划分蓄水区　b）屋面分仓壁　c）屋面溢水孔　d）屋面溢水孔、泄水孔

3. 种植屋面

在屋面防水层上覆盖种植介质，种植各种植物，利用植物的蒸发和光合作用吸收太阳辐射的热量，达到降温的目的。种植屋面具有隔热、保温、隔声、吸尘等优点，同时起到美化环境及改善气候的作用。种植屋面是一个系统工程，首先必须考虑屋顶的荷载和安全性，其次要考虑不能破坏屋顶的防水和保温功能。种植屋面的耐根穿刺是关键技术，应采用专门用于种植屋面的耐根穿刺防水材料、金属合金防水卷材。

种植屋面的介质层材料应根据种植植物的要求，选择综合性能良好的材料。介质层厚度应根据不同介质和植物种类等确定，宜采用轻质材料，常用的有谷壳、蛭石、陶粒、泥炭等无土栽培介质，还可以聚丙乙烯泡沫或岩棉、聚丙烯腈絮状纤维等作为栽培介质。也可用腐殖土作为栽培介质，但其自重大且易污染环境。种植介质的四周要设挡墙，挡墙下部应设排水孔。

种植屋面应根据地域、气候、建筑环境、建筑功能等条件，选择相适应的构造形式，应考虑是否设置保温层。种植屋面可用于平屋面或坡屋面。屋面坡度较大时，其排水层、种植介质应采取防滑措施。

种植屋面的构造如图 8-24 所示。

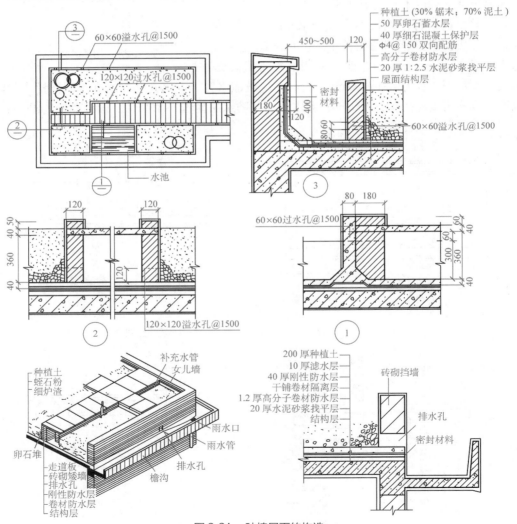

图 8-24　种植屋面的构造

4. 反射降温屋面

太阳能辐射到屋面上，一部分能量被吸收转化成热能对室内产生影响，一部分能量被反射到大气中。反射量与入射量之比称为反射率，反射率越高越利于屋面降温，因此，可以利用材料的颜色和光滑度提高反射率而达到降温的目的。例如屋面上采用浅色的砾石铺面、在屋面上涂刷一层白色涂料或粘贴云母等，对隔热降温均有显著效果；但浅色表面随着使用时间的延长、灰尘的增多，反射效果会逐渐降低。如果在通风隔热屋面上加设一层铝箔反射层，其隔热效果更加显著，也减少了灰尘对反射层的污染。

8.3 ◈ 坡 屋 顶

坡屋顶有许多优点，在功能上，它利于挡风、排水、保温、隔热；在构造上，它简单易造、便于维修、用料方便，又可就地取材；在造型上，大坡度的坡屋顶会产生庄重、威严、神圣、华美之感，一般坡度的坡屋顶会给人以亲切、活泼、轻巧、秀丽之感。随着科学技术的发展，原来的木结构已被钢结构、钢筋混凝土结构等代替，在传统的坡屋顶上体现了新材料、新结构、新技术；轻巧透明的玻璃、彩色的钢板代替了过去的瓦材；新的设计思想将屋顶空间也做了很好的利用，如利用坡屋顶的空间做成阁楼或局部错层，不仅增加了使用面积，也创造了一种新奇空间。新型屋顶窗的出现，使坡屋顶建筑的表现形式更加丰富多彩。

一、坡屋顶的形式及组成

1. 坡屋顶的形式

坡屋顶是一种沿用较久的屋面形式，种类繁多，多采用块状防水材料覆盖屋面，故屋面坡度较大。依据材料的不同，坡屋顶的坡度可取 10% ~ 50%；根据坡面组织的不同，坡屋顶的形式主要有单坡、双坡及四坡等，如图 8-25 所示。

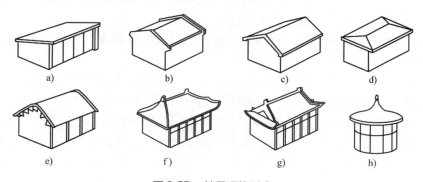

图 8-25　坡屋顶的形式

a) 单坡顶　b) 硬山双坡顶　c) 悬山双坡顶　d) 四坡顶　e) 卷棚顶　f) 庑殿顶　g) 歇山顶　h) 圆攒尖顶

2. 坡屋顶的组成及各部分作用

坡屋顶一般由承重结构、屋面两部分组成，如图 8-26 所示；根据需要还可设置顶棚、保温层、隔热层等。

承重结构主要承受屋面各种荷载并将荷载传到墙或柱上，一般有木结构、钢筋混凝土结构、金属结构等。

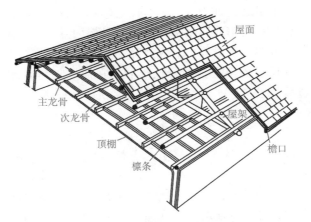

图 8-26 坡屋顶的组成

屋面是屋顶上的覆盖层，起抵御雨、雪、风、霜、太阳辐射等自然因素侵袭的作用，以维护室内环境。覆盖层层面包括屋面盖料和基层，其材料有平瓦、油毡瓦、金属板瓦、压型钢板瓦、玻璃板、聚酯板等。

顶棚是屋顶下面的遮盖部分，起遮蔽上部结构构件、使室内平整、改变空间形状，以及保温隔热和装饰作用。

保温层、隔热层起保温隔热作用，可设在屋面或顶棚中。

二、坡屋顶的结构体系

1. 有檩体系

有檩体系中的檩条和望板构成屋面基层。檩条有钢檩条、木檩条、钢筋混凝土檩条等；望板可选用木板、中密度纤维板、纤维水泥加压板等。

（1）山墙支撑体系　山墙支撑体系是用砌筑成坡形的墙体支撑檩条，又称为硬山搁檩，如图 8-27a 所示。

（2）梁架支撑体系　梁架支撑体系是用梁、柱组成排架，檩条搁置在梁之间与排架一起组成完整的骨架体系。其整体性和抗震性能较好，是我国传统的建筑结构形式，如图 8-27b 所示。

（3）屋架支撑体系　屋架支撑体系又称为桁架支撑，是用搁置在墙或柱上的各种形式的屋架支撑檩条。屋架形式有三角形、梯形、多边形等，材料上有木屋架、钢屋架、钢筋混凝土屋架、钢木组合屋架等。屋架在墙、柱上的支撑不仅只采用两点形式，也可制成三点或四点支撑，如图 8-27c 所示。

2. 无檩体系

直接将屋面板以一定坡度搁置在墙、柱、梁或屋架上，构成装配式坡屋顶结构，这就是无檩体系。无檩体系的屋面板材多用钢筋混凝土板，也可选其他板材。另外，也可用现浇整体式的施工方法，将屋面板与其他屋面支撑构件浇筑成一体化的钢筋混凝土结构屋面（图 8-28），结构布置可参考现浇式钢筋混凝土楼板，其结构整体性要优于装配式坡屋顶。

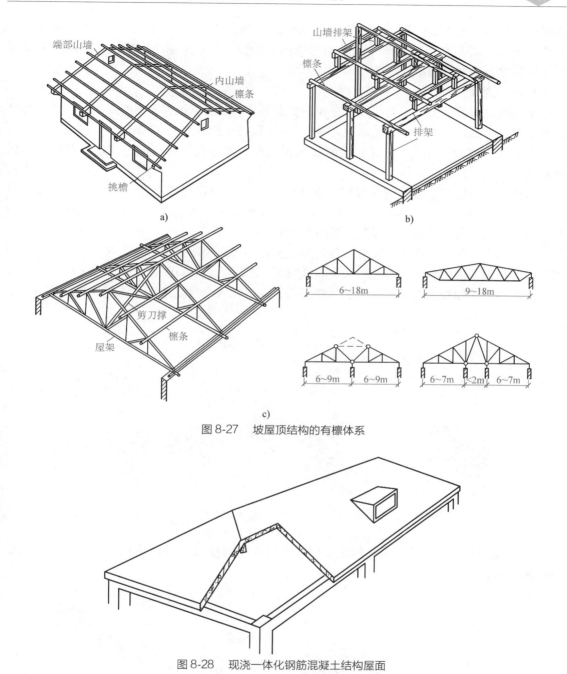

图 8-27 坡屋顶结构的有檩体系

图 8-28 现浇一体化钢筋混凝土结构屋面

三、坡屋面构造

坡屋面主要包括瓦屋面、金属板屋面和透光屋面。

（一）瓦屋面

瓦屋面分为烧结瓦屋面、混凝土瓦屋面、沥青瓦屋面和金属瓦屋面。瓦屋面用于Ⅰ级防水时的做法为"瓦+防水层";用于Ⅱ级防水时的做法为"瓦+防水垫层"。在大风及地震设防地区或屋面坡度大于100%时,瓦片应采取固定措施。严寒及寒冷地区檐口部位应采取防止冰雪融化下坠和冰坝形成的措施。

1. 平瓦屋面

平瓦可分为两大类:一类是烧结瓦,如黏土平瓦、釉面彩瓦和素面西式陶瓦;另一类是混凝土瓦,包括水泥平瓦、彩色水泥瓦等。平瓦屋面的坡度不应小于30%。

(1)平瓦屋面的构造　平瓦屋面的铺瓦方式有水泥砂浆卧瓦、钢挂瓦条挂瓦和木挂瓦条挂瓦。

采用挂瓦方式铺贴时,应在基层上面先铺设一层防水卷材或涂膜防水层。用防水卷材时,其搭接宽度不宜小于100mm,并用顺水条将卷材钉压在基层上,顺水条的间距宜为500mm;再在顺水条上铺钉挂瓦条,如图8-29a所示。

采用水泥砂浆卧瓦方式铺贴时,在基层上设置一层涂膜防水层,再用30~50mm厚1:3水泥砂浆粘瓦,内设φ6@500mm×500mm钢筋网,如图8-29b所示。

如果不铺屋面板,直接在椽子上钉挂瓦条挂瓦,称为冷摊瓦屋面,如图8-29c所示。

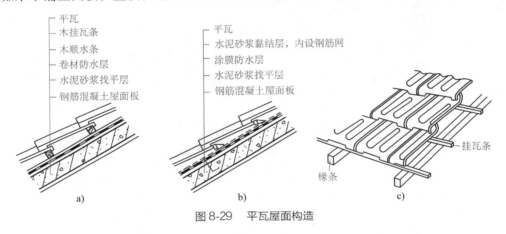

图8-29　平瓦屋面构造

(2)檐口与檐沟构造　平瓦屋面根据排水的要求可做成自由落水檐口和有组织排水檐沟两种形式,如图8-30所示。

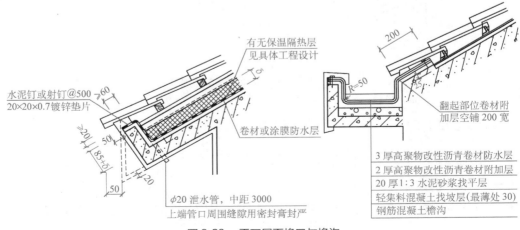

图8-30　平瓦屋面檐口与檐沟

（3）**屋脊和天沟构造**　平瓦屋面的屋脊可用 1∶3 水泥砂浆铺贴脊瓦，如图 8-31a 所示。

天沟一般用铝板制成（图 8-31b），两边包钉在平瓦下的木条上；也可采用天沟瓦施工，将天沟瓦嵌紧于两侧的通长木条之间，并用卧瓦砂浆卧牢。

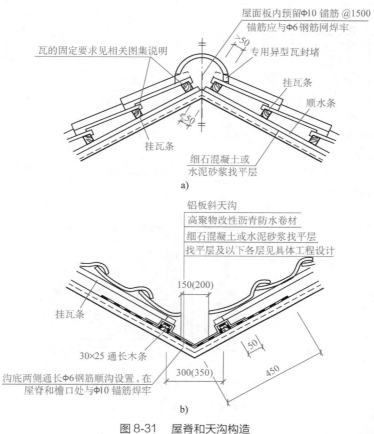

图 8-31　屋脊和天沟构造

（4）**泛水和山墙封檐构造**　屋面与山墙及突出屋面结构的交接处均应做泛水处理，如图 8-32 所示。

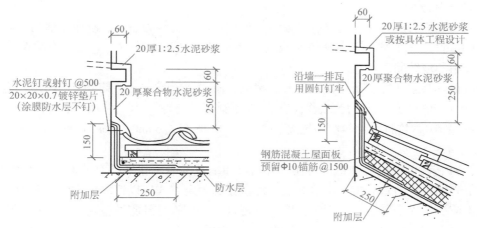

图 8-32　泛水构造

在山墙处收头或挑出山墙的屋面端部要做封檐，如图8-33所示。

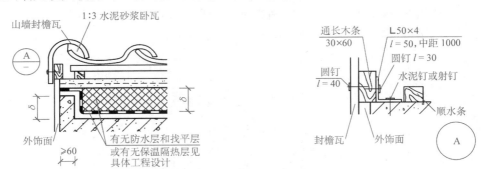

图8-33 山墙封檐构造

（5）变形缝 缝两侧用砖砌筑或钢筋混凝土浇筑矮墙，两侧按泛水构造处理，缝顶盖金属盖缝板，如图8-34所示。

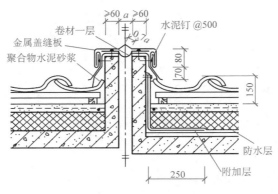

图8-34 变形缝构造

（6）斜屋顶窗 坡屋顶建筑中往往利用上部空间作房间，称为阁楼。阁楼上设斜屋顶窗进行采光和通风。斜屋顶窗构造如图8-35所示，除了窗本身要做好防水、排水外，还要做好窗洞口周围与屋面之间的防水。

2. 油毡瓦屋面

油毡瓦又称为沥青瓦，是以有机原料或玻璃纤维等材料为胎基经浸涂石油沥青后，面层热压各色彩砂，背面撒以隔离材料制成的彩色瓦状屋面防水片材。其胎基有聚酯胎、有机胎、复合胎和玻纤胎。

油毡瓦具有柔性好、质量轻、耐酸、耐碱、不褪色等特点，并具有装饰作用，适用于排水坡度大于20%的屋面。瓦的形状有方形和圆形，方形瓦尺寸一般为1000mm×333mm（图8-36a）；矿物粒料或片料覆盖面瓦的厚度不应小于2.6mm，金属箔面瓦的厚度不应小于2mm。

（1）油毡瓦的铺设 油毡瓦可在木板基层和细石混凝土找平层上铺设，要求基层平整，油毡瓦下先铺一层防水卷材或防水垫层。油毡瓦的固定方式应以钉固为主、粘贴为辅。每片油毡瓦不应少于4个固定钉，固定钉应垂直钉入，钉帽不得外露油毡瓦表面。在大风地区或屋面坡度大于100%时，每片油毡瓦不得少于6个固定钉。

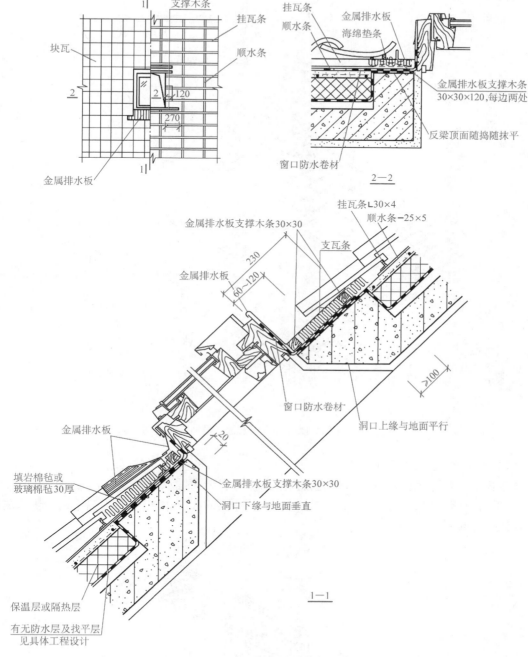

图 8-35 斜屋顶窗构造

在木基层上铺设时，应在基层上先铺一层卷材垫毡，从檐口往上用油毡钉铺钉，钉帽应盖在垫毡下面，垫毡搭接宽度不应小于 50mm。

在混凝土基层上铺设油毡瓦时，应在基层表面抹 1：3 水泥砂浆找平层，铺一层卷材垫毡后，再铺钉油毡瓦，如图 8-36b 所示。

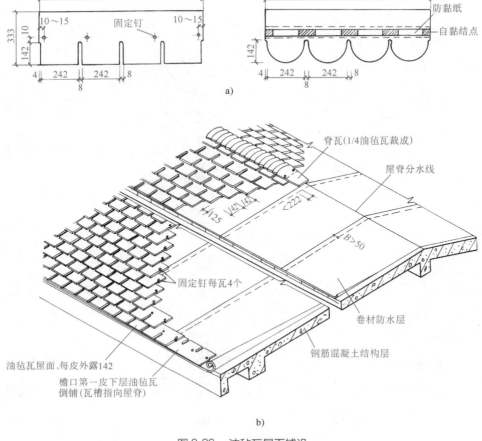

图 8-36　油毡瓦屋面铺设

（2）油毡瓦屋面的细部构造

1）檐口。油毡瓦屋面的檐口分为自由落水檐口和天沟排水檐口。

对于自由落水檐口，油毡瓦下设铝披水板，铝披水板钉压固定垫毡，油毡瓦与垫毡之间采用满贴法铺贴，如图 8-37a 所示。

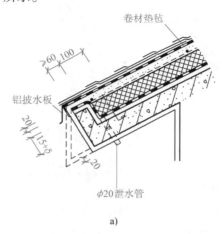

图 8-37　油毡瓦屋面檐口

对于天沟排水檐口，天沟可采用金属板成品檐沟或钢筋混凝土檐沟。采用金属板成品檐沟时，檐沟用专用支架固定，檐沟侧壁要伸入拔水板下。采用钢筋混凝土檐沟时，油毡瓦要压盖住檐沟防水卷材，并采用满贴法铺贴，如图8-37b所示。

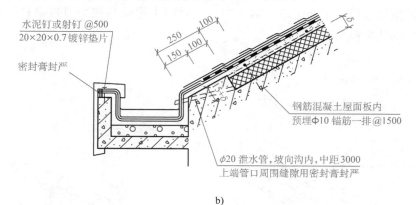

b)

图8-37　油毡瓦屋面檐口（续）

2）屋脊。油毡瓦屋面的脊瓦一般可用油毡瓦裁成，也有专用的脊瓦。每块脊瓦用两个固定钉固定在屋脊线两侧，搭盖住两块坡面瓦，搭盖长度应大于111mm，并应顺年主导风向搭接，如图8-38所示。

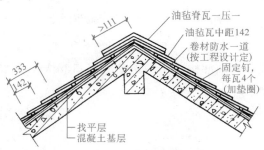

图8-38　油毡瓦屋面屋脊

3）泛水。油毡瓦屋面与山墙及突出屋面结构的交接处均应做泛水处理。油毡瓦屋面用防水卷材做泛水，防水卷材采用满贴法铺贴，与油毡瓦搭接部位用密封膏封严。防水卷材收头处用墙槽加射钉及镀锌垫片固定，如图8-39所示。

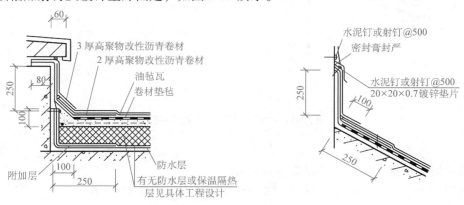

图8-39　油毡瓦屋面泛水

3. 金属瓦屋面（以块瓦型钢板彩瓦为例）

块瓦型钢板彩瓦是用彩色薄钢板经模具一次性冷压成型制成的，色彩丰富，防水性能好，匹配的屋脊、天沟、封檐板、压顶板及挡水板等与瓦配套生产。

（1）块瓦型钢板彩瓦屋面构造　施工时，瓦材用带橡胶垫圈的自攻螺钉固定在冷弯型钢挂瓦条上，如图 8-40 所示。

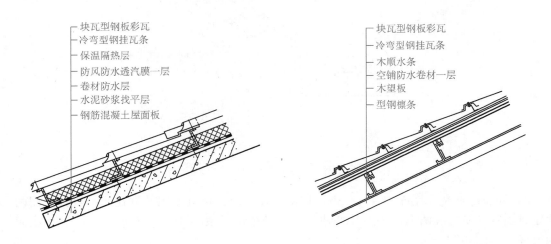

图 8-40　块瓦型钢板彩瓦屋面构造

（2）块瓦型钢板彩瓦屋面细部构造　自由落水檐口和天沟排水檐口处，瓦要出挑并用彩板封檐，如图 8-41 所示。

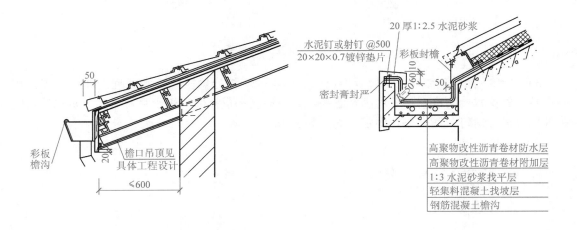

图 8-41　块瓦型钢板彩瓦屋面檐口

山墙挑檐用彩板压顶封檐，如图 8-42 所示。

块瓦型钢板彩瓦屋面屋脊、屋面泛水分别如图 8-43、图 8-44 所示。

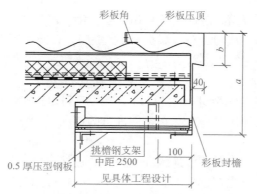

图 8-42 块瓦型钢板彩瓦屋面出墙挑檐

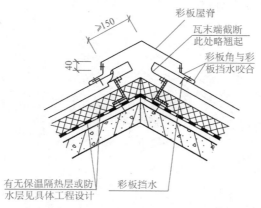

图 8-43 块瓦型钢板彩瓦屋面屋脊

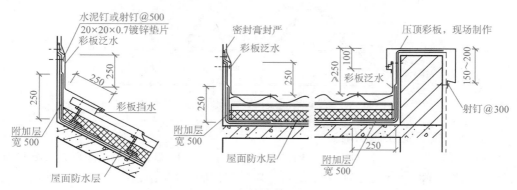

图 8-44 块瓦型钢板彩瓦屋面泛水

（二）金属板屋面

金属板屋面由金属面板与支承结构组成。金属面板是用彩色涂层钢板、镀层钢板、铝合金板、钛合金板及铜合金板等板材经辊压冷弯成型制成的，又称为压型金属板。在两层压型金属板中填入保温芯材复合成保温复合板材，称为金属面绝缘夹芯板。根据加入芯材的不同有硬质聚氨酯夹芯板、聚苯乙烯夹芯板、岩棉夹芯板等。夹芯板的厚度依保温要求不同取30～250mm。支承结构通常为钢结构骨架。

金属板屋面适用于体育馆、游泳馆、车站、航空港、展厅等大跨度建筑。金属板屋面在防水等级为Ⅰ级时的防水做法为压型金属板+防水垫层；在防水等级为Ⅱ级时的防水做法为一层压型金属板或金属面绝缘夹芯板。

1. 压型金属板的铺设

压型金属板铺设应根据板型进行铺板设计。纵向搭接应顺水流方向，搭接处位于檩条处；横向搭接方向宜与主导风向一致。在条件许可的情况下，尽量采用长尺寸压型板，以减小接缝的长度。

压型金属板的固定方式有紧固件连接和咬口锁边连接。

采用紧固件连接时，应先在檩条上安装固定支架，然后用螺栓、铆钉或自攻螺钉将压型金属板连接固定，如图8-45所示。连接紧固件一般要设在压型金属板的波峰上，外露的钉头或螺栓帽均需用硅酮耐候密封胶密封。

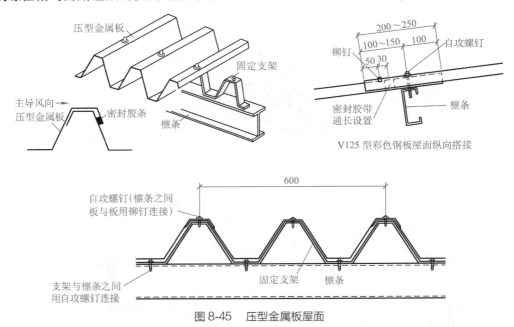

图8-45 压型金属板屋面

2. 压型金属板屋面细部构造

压型金属板屋面中，针对檐口、檐沟、屋脊、天沟、山墙、泛水和变形缝等部位有相应的压型金属板配件，用铆钉或自攻螺钉将相应的配件固定在结构上即可，如图8-46所示。

（三）透光屋面

透光屋面既具有一般屋面的隔热、防水的功能，又能透过光线，可以整个屋面采光，也可部分屋面采光，在宾馆、商场、酒店、住宅、体育及娱乐设施等建筑中有广泛应用。随着各式各样的新型透光材料的出现，克服了普通玻璃的缺点，扩大了透光屋面的使用范围。

1. 透光屋面的基本组成

透光屋面主要由结构骨架、透光材料、连接件和密封材料组成。

（1）结构骨架 透光屋面结构骨架的材料有型钢、铝合金型材、不锈钢和复合木材等。型钢强度大，但需防锈处理，后期维护和保养困难。铝合金型材种类多，色彩丰富，是目前应用较广泛的结构骨架材料，特别是断桥铝合金的出现，使屋面的保温隔热性能得到了较大改善。不锈钢在强度、耐磨蚀及观感上有很大优势，但价格较高，一般在重要的公共建筑上应用。复合木材在强度、热稳定性、耐腐蚀性及观感上都较好，加工制作方便。

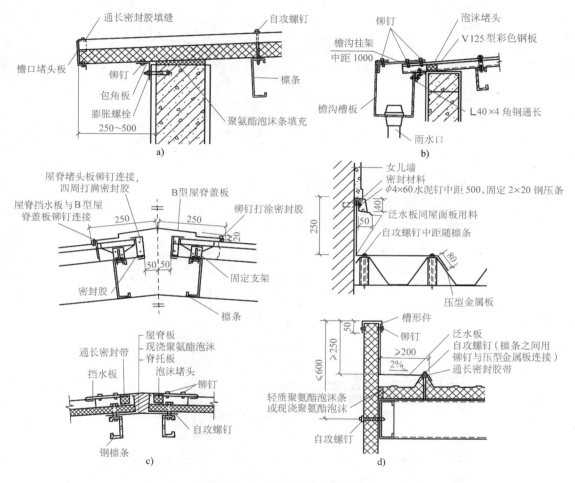

图 8-46　压型金属板屋面细部构造
a）檐口　b）檐沟　c）屋脊　d）泛水

（2）透光材料　透光材料应具有较好的透光性、耐久性、热工性能和安全性能。常用的安全玻璃类透光材料有钢化玻璃、中空玻璃、夹层玻璃等；也可采用安全可靠、具有保温隔热功能、透光率较高的各种采光板，如双层有机玻璃板、聚碳酸酯板、合成树脂板（玻璃钢板）等。

（3）连接件和密封材料　连接件有支架、盖板、压条、紧固螺栓等，可采用不锈钢、电镀及其他经防锈处理的材料；密封材料一般采用氯丁橡胶密封条、橡胶垫、金属挡板和金属披水板、泡沫填塞料和密封胶等。

2. 透光屋面的构造

图8-47所示为铝合金骨架玻璃屋面的主要构造。

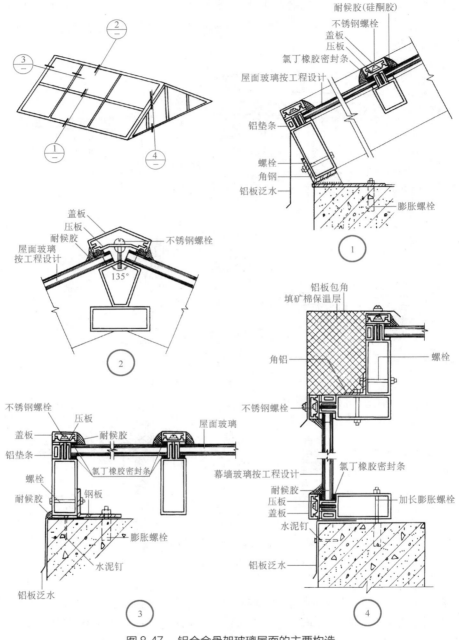

图8-47　铝合金骨架玻璃屋面的主要构造

四、坡屋顶的保温与隔热

1. 坡屋顶的保温

坡屋顶保温可根据结构体系、屋面材料、经济性等因素确定。

（1）瓦屋面

1）结构层上设保温层：在钢筋混凝土结构的坡屋顶中，在瓦材和屋面板之间铺设一屋保温层，如图 8-48a 所示。

2）结构层下设保温层：在有檩体系屋顶中，可在结构层下或顶棚上铺设保温材料，如纤维保温板、泡沫塑料板、膨胀珍珠岩等，如图 8-48b、c 所示。

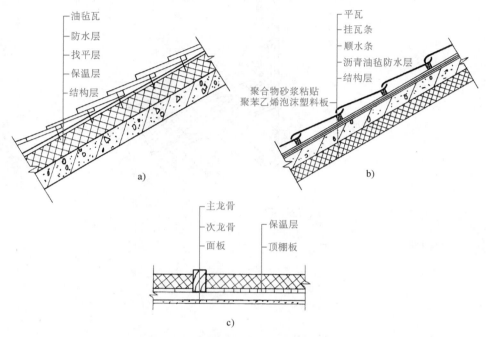

图 8-48 钢筋混凝土结构屋顶保温构造

a）结构层上设保温层 b）结构层下设保温层 c）顶棚上设保温层

3）瓦屋面节点保温构造如下：

① 檐口的构造如图 8-49 所示。

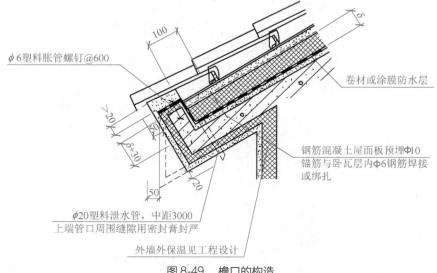

图 8-49 檐口的构造

② 泛水的构造如图 8-50 所示。

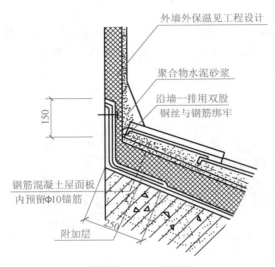

外墙外保温见工程设计

聚合物水泥砂浆

沿墙一排用双股
铜丝与钢筋绑牢

150

钢筋混凝土屋面板
内预留Φ10锚筋

250

附加层

图 8-50　泛水的构造

③ 檐沟的构造如图 8-51 所示。

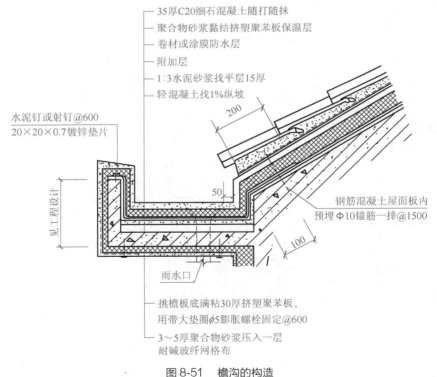

35厚C20细石混凝土随打随抹
聚合物砂浆黏结挤塑聚苯板保温层
卷材或涂膜防水层
附加层
1:3水泥砂浆找平层15厚
轻混凝土找1%纵坡

200

水泥钉或射钉@600
20×20×0.7镀锌垫片

见工程设计

50

钢筋混凝土屋面板内
预埋Φ10锚筋一排@1500

100

雨水口

挑檐板底满粘30厚挤塑聚苯板，
用带大垫圈φ5膨胀螺栓固定@600

3～5厚聚合物砂浆压入一层
耐碱玻纤网格布

图 8-51　檐沟的构造

④ 屋脊的构造如图 8-52 所示。

⑤ 山墙封檐的构造如图 8-53 所示。

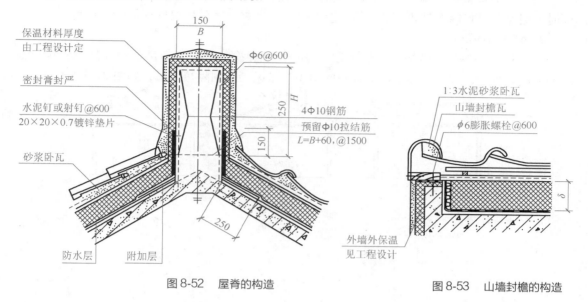

图 8-52 屋脊的构造

图 8-53 山墙封檐的构造

（2）压型金属板屋面 在双层压型金属板内填塞保温材料，构成压型金属板复合保温屋面，如图 8-54a 所示；也可按照保温节能的要求，选择传热系数符合要求的夹芯板，如图 8-54b 所示。

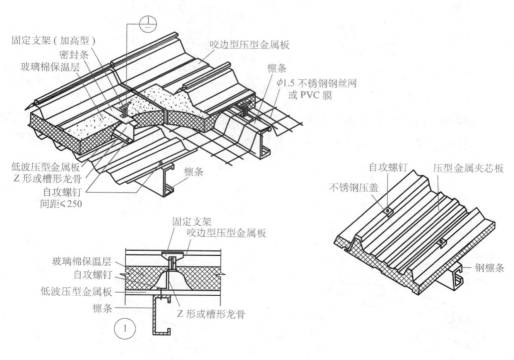

a)

b)

图 8-54 压型金属板屋面保温

（3）透光屋面的保温 选用保温玻璃作为透光材料，如中空玻璃、双层有机玻璃等；同时，用保温材料制作骨架，如断桥铝合金、复合木材及经过保温处理的金属材料。

2. 坡屋顶的隔热

（1）通风隔热 在结构层下做吊顶，并在山墙、檐口或屋脊等部位设通风口；也可在屋面上设老虎窗，利用吊顶上部的大空间组织穿堂风，达到隔热效果，如图8-55所示。

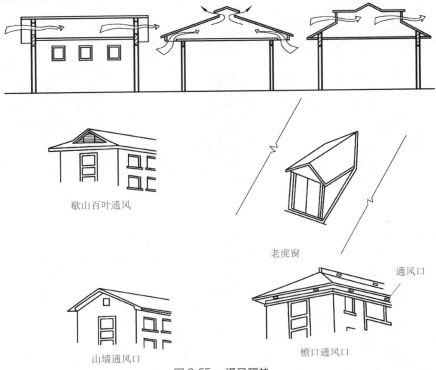

歇山百叶通风

老虎窗

通风口

山墙通风口

檐口通风口

图8-55 通风隔热

（2）材料隔热 通过改变屋面材料的物理性能实现隔热，如提高金属板屋面的反射效率，采用低辐射镀膜玻璃、热反射玻璃等。图8-56所示为加铺阻燃型防潮隔热膜的瓦屋面

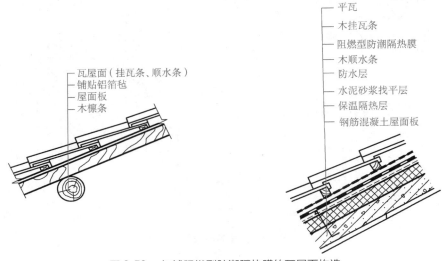

瓦屋面（挂瓦条、顺水条）
铺贴铝箔毡
屋面板
木檩条

平瓦
木挂瓦条
阻燃型防潮隔热膜
木顺水条
防水层
水泥砂浆找平层
保温隔热层
钢筋混凝土屋面板

图8-56 加铺阻燃型防潮隔热膜的瓦屋面构造

构造。阻燃型防潮隔热膜是一种高强度柔性薄膜，它利用高反射、低辐射的特性，结合构造设计形成的空气间层来提高屋面的保温隔热效果。

8.4　节能屋顶与一体化屋顶

一、节能屋顶

建筑节能是一项系统工程，是指建筑在选址、规划、设计、建造、使用和报废处置各阶段的全过程中，通过合理的建筑布局、建筑形状和建筑朝向，合理设计建筑围护结构的热工性能，采用节能型的建筑材料、产品和设备，加强节能设备的运行管理，提高设备系统的运行效率，以及合理、有效地利用可再生能源，在保证建筑物使用功能和室内热环境质量的前提下，降低建筑的能源消耗。

节能屋顶的基本技术路径：一方面是通过被动式节能，控制屋顶热量的内外传递，降低建筑使用过程中的能耗，实现节能；另一方面是利用屋顶开发可再生能源（主要是太阳能）供建筑使用，称为主动式节能。

（一）被动式节能屋顶

1. 被动式节能屋顶技术要求

节能屋顶遵循被动节能措施优先的原则。与普通屋顶相比较，被动式节能屋顶通过加强屋顶的保温隔热性能，提高了屋顶的节能能力：在寒冷地区的屋顶设保温层，以阻止室内热量散失；在炎热地区的屋顶设置隔热层以阻止太阳的辐射热传至室内；而在冬冷夏热地区，屋顶的建筑节能则要冬、夏兼顾，使得在冬季的暖气消耗量和夏季的空调耗电量大幅减少。

在有关建筑节能设计标准中，根据热工设计分区、建筑类型、体形系数规定了传热系数的限值，例如寒冷地区的公共建筑，体型系数≤0.3时，屋面的传热系数≤0.45W/(m²·K)。

2. 节能屋顶构造措施

（1）提高保温隔热材料的性能　节能屋顶一般选用憎水、不吸湿、轻质、绝热性能好、耐老化的轻质材料作为保温隔热层，保温隔热层的厚度要经过热工计算确定。常用材料有聚苯乙烯泡沫塑料板、泡沫玻璃板、憎水膨胀珍珠岩板、聚氨酯泡沫塑料等。节能屋顶构造方式如图8-57所示。节能屋顶女儿墙构造如图8-58所示，节能屋顶挑檐构造如图8-59所示，

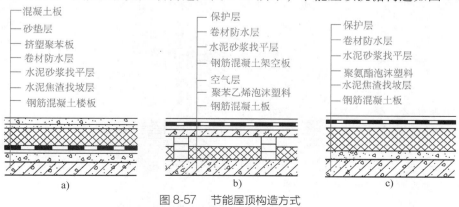

图8-57　节能屋顶构造方式

a）倒置式节能屋顶　b）带架空层节能屋顶　c）正置式节能屋顶

节能屋顶变形缝构造如图 8-60 所示。

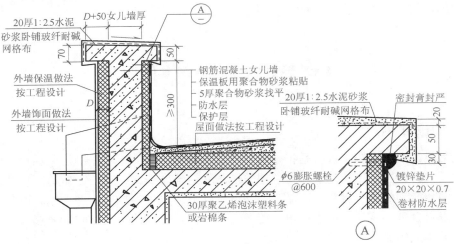

图 8-58　节能屋顶女儿墙构造

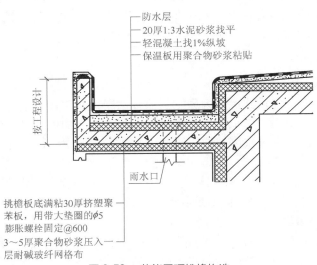

图 8-59　节能屋顶挑檐构造

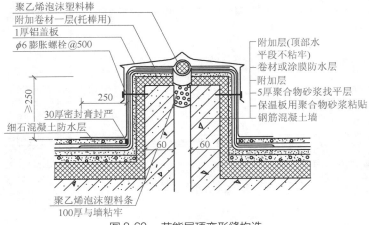

图 8-60　节能屋顶变形缝构造

（2）屋顶通风隔热

1）屋顶设通风层。如前述的平屋顶的架空通风隔热和坡屋顶的通风隔热所述，在平屋顶上设置架空层，在坡屋顶上通过吊顶屋面形成通风层实现屋顶隔热，减少热量向室内传递，达到节能的目的。

2）通风屋顶。在屋顶设置通风天窗，利用热压和自然风压实现室内通风，其优点是无动力消耗，节能环保，如图 8-61 所示。

当建筑内存在竖向贯通的空间（如中庭）时，可采用可开启的透光屋面，其优点是：在夏季，阳光射入室内，将空气加热产生上下温差，利用"温差-热压-通风"的原理，使冷空气从底部进入，升温后从顶部排出带走室内热量，实现室内降温；在冬季，屋顶的窗关闭，阳光透过玻璃屋顶直射进来，整个贯通空间成为一个巨大的"暖房"，加热周围的房间，实现被动采暖。

在屋顶构造方面，屋面可采用具有保温性能的透光材料（如中空玻璃），在顶板和侧面依据朝向、风向等环境条件设置可开启的窗口，不需要外部能源就能实现夏季通风和冬季升温的目的，如图 8-62 所示。

图 8-61　通风天窗

图 8-62　可开启的透光屋面

（3）设置屋顶遮阳　在夏季，建筑物屋顶受阳光照射，表面温度比其他围护结构高得多，对室内温度影响很大，在屋顶设置构架遮阳、植物遮阳或架空层等措施形成二次隔热，能显著降低太阳辐射的影响，如图 8-63 所示。

在屋顶设置构架遮阳设施，是一种有效的节能措施，但在进行构架设计时，要考虑不同纬度地区、不同季节太阳高度角对屋面的影响。

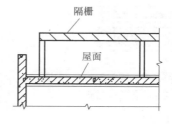

隔栅

屋面

图 8-63　屋顶遮阳

（4）屋顶蓄水与绿化　在本单元的平屋顶部分讲述的"蓄水屋面"和"种植屋面"能够起到隔热降温的作用，但在使用上有一定的局限性。将两者有机结合的"排（蓄）水种植隔热屋面"可充分发挥两者的特点，起到良好的隔热保温作用，可以大幅度降低建筑能耗。该屋面的特点是：在种植层的下面设置的排（蓄）水层能排出上部土壤中渗透的多余水分，也可根据需要蓄存水分，在土壤缺水时蒸发补充。排（蓄）水层的形式有凹凸型排（蓄）水板、网状交织排（蓄）水层和陶粒排（蓄）水层。

凹凸型排（蓄）水板是以抗冲击聚苯乙烯或者聚乙烯为原料经冲压制成的，也叫建筑夹层塑料板，集防水层、排水层、保护层、空气保温层于一体，具有抗压强度高、轻质、阻根、蓄水、排水、透气性良好等优点，如图 8-64 所示。

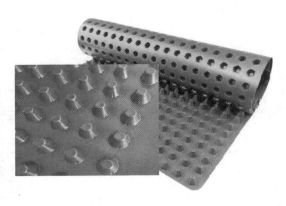

图 8-64　凹凸型排（蓄）水板

采用凹凸型排（蓄）水板的有保温层的排（蓄）水种植隔热屋面构造，如图 8-65 所示。排（蓄）水种植隔热屋面返水与种植挡墙处的构造，如图 8-66 所示。

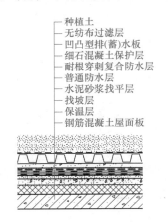

图 8-65　采用凹凸型排（蓄）水板的有保温层的排（蓄）水种植隔热屋面构造

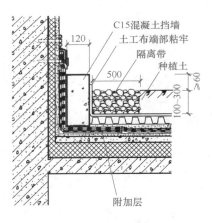

图 8-66　排（蓄）水种植隔热屋面返水与种植挡墙处的构造

（5）冷屋面　冷屋面是通过在屋面上涂高反射率涂料（冷涂料），以提高屋面对阳光的反射能力，降低屋面的温度，减少热量通过屋面向室内的传递，达到节能的目的。涂料可涂在屋面瓦、屋面金属板和屋面保护层上，因冷涂料的颜色主要是明亮的白色，涂装完的屋顶多为白色或浅色，常被称为"白屋顶"。

（二）主动式节能屋顶（太阳能屋顶）

太阳能屋顶是指在房屋顶部装设利用太阳能的装置，将太阳能转化为供建筑利用的热能和电能，以达到节能减排的目的。太阳能屋顶的主要形式有太阳能集热屋顶、太阳能光伏系统屋顶。

1. 太阳能集热屋顶

太阳能集热屋顶是指在房屋顶部装设太阳能集热器，将太阳能转换成热能供建筑内部使用，主要有太阳能热水系统和太阳能供热采暖系统。

（1）太阳能热水系统和太阳能供热采暖系统组成

1）太阳能热水系统是将太阳能转换成热能将水加热，供建筑使用的系统装置，包括太阳能集热器、储热水箱、泵、连接管路、支架、控制系统和必要时配合使用的辅助能源。

2）太阳能供热采暖系统是将太阳能转换为热能，通过循环管路向采暖系统供热，提供建筑物冬季采暖和全年其他用热。该系统由太阳能集热器、蓄热系统、末端供热采暖系统、自动控制系统和其他能源辅助加热或换热设备集合而成。

在屋顶上安装太阳能热水系统和太阳能供热采暖系统，主要是集热器的安装固定。

（2）平屋顶上设置太阳能集热器的安装构造　太阳能集热器使用支架安装在屋面上，如图 8-67 所示。支架可以通过支墩固定和使用地脚螺栓连接；支架除确保牢固外，还要做好防水和密封处理。支墩固定构造如图 8-68 所示，地脚螺栓连接构造如图 8-69 所示。

图 8-67　太阳能集热器安装固定

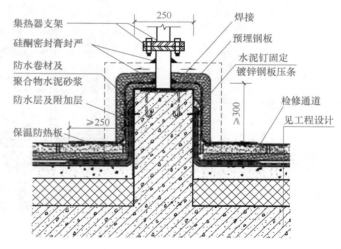

图 8-68　支墩固定构造

（3）坡屋顶上设置太阳能集热器的安装构造　屋面的坡度宜结合集热器接收阳光的最佳倾角确定，集热器可采用支架顺坡镶嵌或顺坡架空设置，如图 8-70 所示。支架与埋设在屋面板上的预埋件应固定牢固，预埋件要进行防腐处理。与屋面结合处的雨水排放应通畅，并应采取防水措施；集热器与屋面之间的空隙不宜大于 100mm。顺坡镶嵌的集热器与周围屋面的连接部位应做好防水构造处理。集热器在瓦屋面上的安装构造如图 8-71 所示。

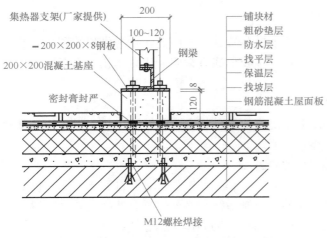

图 8-69 地脚螺栓连接构造

图 8-70 集热器在屋面顺坡架空固定

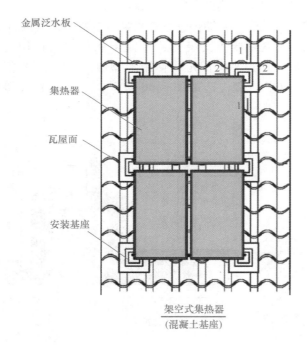

架空式集热器
(混凝土基座)

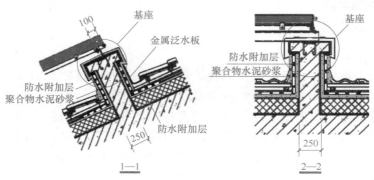

图 8-71 集热器在瓦屋面上的安装构造

2. 太阳能光伏系统屋顶

太阳能光伏系统屋顶是在屋顶安装太阳能电池板，利用光伏效应将太阳辐射能量转换成电能，由太阳能电池板、太阳能控制器、逆变器和蓄电池（组）构成。产生的电能既可以供建筑直接使用，也可送至上级电网。

图 8-72　平屋顶上太阳能
电池板的固定

（1）平屋顶上安装光伏组件构造　平屋顶上安装光伏组件，主要是太阳能电池板的安装固定。通常，太阳能电池板固定在光伏支架上，支架通过基座与屋面结构相连，如图 8-72 所示。

光伏支架的形式要保证太阳能电池板有接受日光的最佳倾角，支架基座既可与屋面结构层相连，也可直接放置在防水层上。支架基座与结构层相连时，称为支墩基础，此时防水层应铺设到支架基座和预埋件的上部，并应在地脚螺栓周围做密封处理，如图 8-73 所示。支架基座放在防水层上时，称为配重基础（图 8-74），支架基座下部应增设附加防水层。支架基座的形式和安装方式应不影响屋面的排水功能。

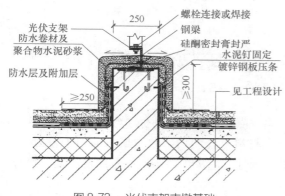

图 8-73　光伏支架支墩基础

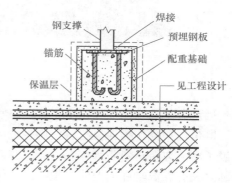

图 8-74　光伏支架配重基础

光伏组件的引线穿过平屋面处应预埋防水套管，并应做防水密封处理；防水套管应在平屋面防水层施工前埋设完毕。

（2）坡屋顶上安装光伏组件构造　太阳能电池板在坡屋顶的瓦屋面上安装时，可以像在平屋顶上安装那样，太阳能电池板固定在光伏支架上，支架通过基座与屋面结构相连。

太阳能电池板在坡屋顶的金属屋面上安装时，通过转接件与金属屋面固定，如图 8-75 所示。

二、一体化屋顶

一体化屋顶是将屋顶的承重、防水、保温、隔热、采光、节能等中的两项以上功能进行组合，进行一体化设计，如保温防水一体化屋顶、太阳能光伏建筑一体化屋顶、保温与结构一体化屋顶等。

1. 保温防水一体化屋顶

保温防水一体化是指建筑物屋面的保温、隔热、防水功能由一种材料承担，如用硬泡聚氨酯将保温和防水进行组合的一体化屋顶。

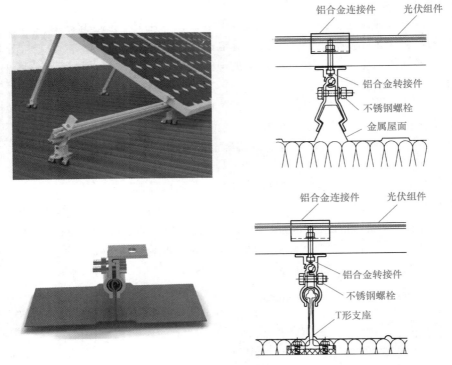

图 8-75　太阳能电池板在坡屋顶的金属屋面上安装构造

　　硬泡聚氨酯性能优异，集耐久、防水、保温、隔热、无缝、环保、经济等优良特性于一身，既可以单独作为保温材料使用，也可与防水材料复合使用。硬泡聚氨酯用于屋面工程，打破了传统建筑材料防水保温不能同时兼备的局限性，解决了防水层一旦出现渗漏，保温层即随之失去保温功能的通病，发挥出了保温及防水一体化的作用。

　　（1）硬泡聚氨酯保温防水一体化屋顶的特点

　　1）防水保温效果好。硬泡聚氨酯热导率低，是很好的保温材料。由于施工时在屋面连续喷涂，消除了热桥，减少了热损失。其泡沫孔互不连通，闭孔率在95%以上，是结构致密的微孔泡沫材料，表面致密，不易透水，吸水率低，抗水蒸气渗透性好。

　　2）工程可靠性高。传统的保温层、防水层施工，由于工序多、接缝多，可靠性较低。硬泡聚氨酯一般采用施工机械连续多次喷涂，每次喷涂都形成具有光滑表面的无接缝的泡沫化合物，使硬泡层成为完整的不透水层，从根本上杜绝了水沿缝隙渗入的可能性。

　　3）节点处理简单方便，防水性能可靠。硬泡聚氨酯是在施工现场喷涂的，对异型部位和节点的防水处理没有特殊要求。它的表层具有很强的抗渗透能力，相对于普通防水材料更能适应复杂的屋面形式，特别是对构造物较多的屋面、异型屋面等具有十分优异的防水性能。

　　4）黏结强度高。硬泡聚氨酯直接喷涂，通过喷枪形成混合物直接发泡成型，因液体物料具有流动性、渗透性，可进入屋面基层空隙中发泡并与基层表面黏结成一体，起到密封空隙的作用，能够与木材、金属、砌块、玻璃、混凝土等多种材料牢固黏结，克服了普通防水保温材料常见的开裂、空鼓和容易脱落等通病。

5）抗风性能强。硬泡聚氨酯与基层的黏接强度超过了硬泡聚氨酯本身的撕裂强度，抗风性能强，不易发生脱层，避免了屋面水沿屋面缝隙渗透。

6）耐老化、化学性能稳定，使用寿命长。聚氨酯是经过聚合反应得到的高分子化合物，具有耐酸碱腐蚀的能力，在低温-50℃情况下不脆裂，在高温150℃情况下不流淌、不黏结，耐老化的温度范围大。

7）防火阻燃。硬泡聚氨酯纯原料为B2级防火，遇明火只炭化，不熔化、不流淌，且炭化的表层硬泡聚氨酯可以阻隔火势的蔓延，保护内层硬泡聚氨酯不受影响。

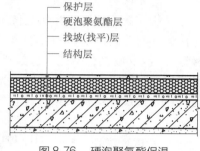

图8-76　硬泡聚氨酯保温防水一体化屋顶的构造

8）施工操作简单。硬泡聚氨酯施工简单迅速，简化了屋面整体的施工工艺（硬泡聚氨酯代替了防水层、保温层及找平层等多个构造层次），可显著缩短工期。

（2）硬泡聚氨酯保温防水一体化屋顶的构造　硬泡聚氨酯保温防水一体化屋顶由结构层、找坡（找平）层、硬泡聚氨酯层和保护层组成，如图8-76所示。

1）找坡（找平）层可用15~20mm厚的1∶2.5水泥砂浆施工，且宜掺加增强纤维。找坡（找平）层应留分格缝，缝宽宜为10~20mm，纵、横分格缝的间距均不宜大于6m。与突出屋面结构的交接处，以及基层的转角处均应做成圆弧形，圆弧半径不应小于50mm。

2）硬泡聚氨酯层施工用的喷涂硬泡聚氨酯分为Ⅰ型、Ⅱ型、Ⅲ型三种，其表观密度、压缩性能、闭孔率和吸水率等略有不同，应根据屋面功能选用。Ⅰ型喷涂硬泡聚氨酯具有优异的保温性能；Ⅱ型喷涂硬泡聚氨酯具有优异的保温性能和一定的防水功能，该型喷涂硬泡聚氨酯与抗裂聚合物水泥砂浆复合后构成的保温防水层，可作为一道防水层使用；Ⅲ型喷涂硬泡聚氨酯具有优异的保温性能和良好的防水性能，是一种保温防水一体化的材料，既可作为保温层，又可作为防水层，是硬泡聚氨酯保温防水一体化屋顶中常用的材料。

3）保护层。Ⅱ型喷涂硬泡聚氨酯使用抗裂聚合物水泥砂浆保护层。喷涂硬泡聚氨酯上人屋面的保护层一般是40mm厚的细石混凝土，并留分格缝，纵、横分格缝的间距均宜为6m。也可用块体等刚性材料作为保护层。保护层与喷涂硬泡聚氨酯之间应铺设隔离材料。

硬泡聚氨酯保温防水一体化屋顶伸出屋面管道防水构造，如图8-77所示。

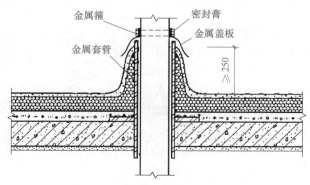

图8-77　硬泡聚氨酯保温防水一体化屋顶伸出屋面管道防水构造

2. 太阳能光伏建筑一体化屋顶

太阳能光伏建筑一体化屋顶是将太阳能发电与建筑屋顶设计相结合，既满足屋顶功能要求，又实现了对太阳能的利用。太阳能光伏建筑一体化屋顶可分为两大类：一类是光伏方阵与建筑屋顶结合；另一类是光伏方阵与建筑屋顶的集成，光伏组件不仅要满足光伏发电的功能要求，同时还要兼顾建筑屋顶的基本功能要求，如光伏瓦屋顶、光伏采光顶等。

普通的光伏组件与建筑屋顶的结合，往往是直接将光伏组件安装到建筑屋顶上，这需要大量的光伏支架、螺栓与光伏组件进行连接，费工费时。而光伏组件与建筑屋顶的集成，是将光伏组件与建筑屋面材料复合在一起，成为不可分割的光伏建筑材料（如光伏瓦、光伏卷材等），或形成复合型光伏建筑构件（如光伏采光顶）。太阳能光伏建筑一体化屋顶的安装形式包括：在平屋顶上直接铺设光伏卷材或在坡屋顶上采用光伏瓦，以替代部分或全部的屋面材料，形成光伏瓦屋顶；在透光屋面上直接替代部分或全部的采光玻璃，形成光伏采光顶。

（1）光伏瓦屋顶　将太阳能板嵌入瓦材结构或与建筑材料结合为一体成为光伏瓦。光伏瓦屋顶的构造和普通的瓦屋面一样，直接将光伏瓦安装在屋面结构上，如图8-78所示。

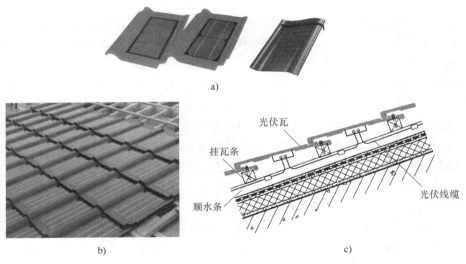

图8-78　光伏瓦屋顶构造

（2）光伏采光顶　将太阳能电池片与玻璃进行组合制成太阳能电池板，嵌入起支撑作用的光伏框架，构成光伏屋面构件，代替透光屋面的透光材料，实现发电采光一体化。光伏采光顶是由光伏屋面构件制成的有采光功能的建筑顶部，同时具有发电功能和建筑功能，如图8-79所示。光伏采光顶的光伏组件将自身所承受的各种荷载传递给光伏框架，光伏框架再将荷载传递给屋面。光伏采光顶的气密性和水密性主要依靠硅酮类密

图8-79　光伏采光顶

封胶来保证。

光伏采光顶的构造与透光屋面相似。

小 结

屋顶是房屋上部起维护作用的承重构件，通常由防水层和结构层组成，根据需要还可增加保温层、隔热层等层次。屋顶的设计应满足建筑的使用功能（防水、保温、隔热、防潮、防火、隔声等）、结构安全（足够的强度与刚度）、施工方便以及经济合理等方面的要求。

屋顶可按多种方式进行分类，从外观形式上可分为平屋顶、坡屋顶和其他形式的屋顶。平屋顶坡度在10%以下，一般在2%～3%。坡屋顶的屋面坡度在10%以上。

屋面的排水方式分为无组织排水和有组织排水两类。有组织排水又分为内排水和外排水。平屋顶的排水坡度可由结构找坡和材料找坡形成。坡屋顶的坡度由结构形成。

平屋顶的防水可采用卷材防水、涂膜防水及复合防水等。防水设计应根据建筑的类别和要求确定防水等级、防水层材料和设防道数。

坡屋顶的结构体系分为有檩体系和无檩体系两大类；屋面类型有平瓦屋面、油毡瓦屋面、金属瓦屋面、压型金属板屋面和透光屋面。

屋顶的隔热方式有架空通风隔热、蓄水隔热、种植隔热和反射降温。

节能屋顶一方面是通过提高屋顶的保温隔热性能，降低建筑使用过程中的能耗；另一方面是利用屋顶开发和利用太阳能，减少不可再生能源的消耗。被动式节能屋顶的主要构造措施有：提高屋顶保温隔热材料的性能、设置通风层或通风天窗、设置屋顶遮阳和采用冷屋面，以及屋顶蓄水和绿化。主动式节能屋顶是在屋顶上安装太阳能集热器、太阳能光伏系统进行太阳能的利用。

一体化屋顶是将多个功能层合并，进行一体化设计，用较少的构造层次实现屋面防水、保温、隔热和能源的开发利用。较成熟的一体化屋顶是保温防水一体化屋顶和太阳能光伏建筑一体化屋顶。

复习思考题

1. 屋顶有哪些功能和外观形式？
2. 影响屋顶坡度的因素有哪些？如何形成屋顶的排水坡度？
3. 什么叫有组织排水？它包括哪些构件？
4. 平屋顶包括哪些构造层次？各层的作用是什么？
5. 卷材防水屋面有哪些构造层次？防水层铺设要注意哪些问题？
6. 卷材防水屋面的细部节点构造如何处理？绘图说明。
7. 什么是涂膜防水？如何提高其防水性能？
8. 什么是复合防水屋面？
9. 屋面接缝有哪几种？

10. 屋面接缝密封构造如何处理?

11. 平屋顶和坡屋顶保温分别有哪些构造做法?

12. 屋顶的隔热措施有哪些? 各有何特点?

13. 坡屋顶由哪几部分组成?

14. 平瓦屋面的做法有哪些? 细部构造如何处理?

15. 油毡瓦屋面的铺设要点是什么? 檐口及屋脊的构造如何处理?

16. 块瓦型钢板彩瓦屋面的细部构造如何处理?

17. 压型金属板屋面的节点构造如何处理?

18. 透光屋面的材料有哪些特点和要求?

19. 坡屋顶有哪些隔热措施?

20. 屋顶节能有哪些措施?

21. 硬泡聚氨酯保温防水一体化屋顶有哪些特点?

22. 太阳能集热器和光伏组件在屋面上安装的构造是什么?

单元九
装配式混凝土建筑构造

知识目标

1. 掌握装配式混凝土建筑的概念、特点。
2. 了解装配式混凝土建筑的类型及技术特点。
3. 了解装配式混凝土建筑常用的构件和构造。
4. 掌握预制率和装配率的概念。

能力目标

1. 能分辨装配式混凝土结构和现浇混凝土结构。
2. 能识别常见的装配式混凝土结构构件。
3. 能列举出装配式混凝土结构采用的规范。

9.1 ▶ 概 述

装配式混凝土建筑是指以工厂化生产的钢筋混凝土预制构件为主，通过现场装配的方式设计建造的混凝土结构类房屋建筑，一般分为全装配式建筑和部分装配式建筑两大类。全装配式建筑一般为低层或抗震设防要求较低的多层建筑；部分装配式建筑的主要构件一般采用预制构件，在现场通过现浇混凝土连接，形成装配整体式结构。装配式混凝土建筑的特点是：施工速度快，利于冬期施工，生产率高，产品质量好，减少了物料损耗。

装配式混凝土建筑的主体结构，依靠节点和拼缝将结构连接成整体并同时满足使用阶段和施工阶段对承载力、稳固性、刚度、延性的要求。装配式混凝土建筑的连接构造一般采用钢筋连接的方式，有灌浆套筒连接、搭接连接和焊接连接3种连接方式。

根据结构体系分类，装配式混凝土结构可分为装配整体式框架结构、装配整体式剪力墙结构、装配整体式框架-剪力墙结构。

1. 装配整体式框架结构

框架结构中全部或部分框架梁、柱采用预制构件制成的装配整体式混凝土结构，称为装配整体式框架结构。

装配整体式框架结构是常见的结构体系，主要应用于空间要求较大的建筑，如商店、学校、医院等。其传力途径为楼板→次梁→主梁→柱→基础→地基，结构传力合理，抗震性能好。结构的主要受力构件（梁、柱、楼板）及非受力构件（墙体、外装饰等）均可预制，预制构件的种类一般有全预制柱、全预制梁、叠合梁、预制板、叠合板、预制外挂墙板、全预制女儿墙等。全预制柱的竖向连接一般采用钢筋套筒灌浆连接方式逐根连接。

装配整体式框架结构的技术特点：预制构件标准化程度高，构件种类较少，各类构件重量差异较小，起重机械的性能可利用充分，技术经济指标较高；建筑物拼装节点标准化程度高，有利于提高工效；钢筋连接及锚固可全部采用统一形式；机械化施工程度高、质量可靠、结构较安全，施工现场为绿色施工环境。

2. 装配整体式剪力墙结构

装配整体式剪力墙结构是住宅建筑中常见的结构体系，其传力途径为楼板→剪力墙→基础→地基，采用剪力墙结构的建筑物室内无凸出于墙面的梁、柱等结构构件，室内空间规整。装配整体式剪力墙结构的主要受力构件（剪力墙、楼板）及非受力构件（墙体、外装饰等）均可预制，预制构件的种类一般有预制围护构件（包含全预制剪力墙、单层叠合剪力墙、双层叠合剪力墙、预制混凝土夹芯保温外墙板、预制叠合保温外墙板、预制围护墙板）、预制剪力墙内墙、全预制梁、叠合梁、全预制板、叠合板、全预制阳台板、叠合阳台板、预制飘窗、全预制空调板、全预制楼梯、全预制女儿墙等。其中，预制剪力墙的竖向连接可采用螺栓连接、钢筋套筒灌浆连接、钢筋浆锚连接；预制围护墙板的竖向连接一般采用螺纹盲孔灌浆连接。

装配整体式剪力墙结构的技术特点：预制构件标准化程度较高，预制墙体构件、楼板构件均为平面构件，生产、运输效率较高；竖向连接方式采用螺栓连接、钢筋套筒灌浆连接、钢筋浆锚连接等连接技术；水平连接节点部位采用后浇混凝土施工方式。

3. 装配整体式框架-剪力墙结构

装配整体式框架-剪力墙结构是办公楼、酒店类建筑中常见的结构体系，剪力墙为第一道抗震防线，预制框架为第二道抗震防线。预制构件的种类一般有预制外挂墙板、全预制柱、叠合梁、全预制板、叠合板、全预制女儿墙等。其中，预制柱的竖向连接采用钢筋套筒灌浆连接。

装配整体式框架-剪力墙结构的技术特点：结构的主要抗侧力构件（剪力墙）一般为现浇，第二道抗震防线（框架）为预制；预制构件标准化程度较高，预制柱（梁）构件、楼板构件均为平面构件，生产、运输效率较高。

9.2 ❯ 各部位构件及构造

一、叠合板

（一）钢筋桁架混凝土叠合板

钢筋桁架混凝土叠合板（图 9-1）是一种预制板，该叠合板可根据预制板的接缝构造、支座构造、长宽比按单向板或双向板设计。在预制板内设置钢筋桁架，可增加预制板的整体刚度和水平界面的抗剪性能。钢筋桁架的下弦与上弦可作为楼板的下部和上部受力钢筋使用。施工阶段，在验算预制板的承载力及变形时，可考虑桁架钢筋的作用，以减少预制板下的临时支撑。

图9-1　钢筋桁架混凝土叠合板

（二）PK 预应力混凝土叠合板

PK 预应力混凝土叠合板（图 9-2）是一种新型装配整体式预应力混凝土楼板，它是以倒 T 形预应力混凝土预制带肋薄板为底板，肋上预留椭圆形孔，孔内穿置横向非预应力受力钢筋，然后再浇筑叠合层混凝土，从而形成整体双向受力楼板。它可根据需要设计成单向板或双向板。

PK 预应力混凝土叠合板中因为板肋的存在，增大了新、旧混凝土之间的接触面，板肋预留孔洞内后浇的叠合层混凝土与横向穿孔钢筋形成的抗剪销栓，能保证叠合层混凝土与预制带肋底板形成整体，以协调受力并共同承载，加强了叠合面的抗剪性能。

（三）SP 预应力空心板

SP 预应力空心板（图 9-3）采用高强度、低松弛预应力钢绞线及干硬性混凝土冲捣挤压成型，具有跨度大、承载力高、尺寸精确、平整度好、抗震、防火、保温、隔声等特点，适用于混凝土框架结构、钢结构及砖混结构的楼板、屋面板以及墙板，在工业与民用建筑中具有广泛的应用前景。

图 9-2　PK 预应力混凝土叠合板

图 9-3　SP 预应力空心板

二、叠合梁

叠合梁是一种预制混凝土梁，在施工现场后浇混凝土形成整体受弯构件。叠合梁下部主筋通常已在工厂完成预制并与混凝土整浇完成，上部主筋需现场绑扎或在工厂绑扎完毕但未包裹混凝土。

装配整体式框架结构中，当采用叠合梁时，框架梁的后浇混凝土叠合层厚度不宜小于150mm，次梁的后浇混凝土叠合层厚度不宜小于120mm；当采用凹口截面预制梁时，凹口深度不宜小于50mm，凹口边厚度不宜小于60mm，如图 9-4 所示。

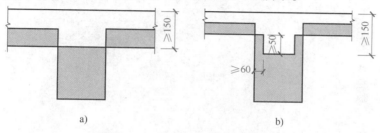

图 9-4　叠合梁预制部分的截面形式
a）矩形截面　b）凹口截面

三、预制剪力墙

相对于现浇的剪力墙而言，预制剪力墙（图 9-5）可以将墙体完全预制或做成中空，剪力墙的主筋需要在施工现场完成连接；同时，在预制剪力墙外表面反打上外保温及饰面材料。剪力墙结构中一般部位的剪力墙可采用部分预制、部分现浇，也可全部预制；底部加强部位的剪力墙宜现浇。

a)   b)

图 9-5　预制剪力墙

预制剪力墙的截面形式及要求：

1）预制剪力墙宜采用一字形，也可采用 L 形、T 形或 U 形。预制剪力墙上的洞口宜居中布置。

2）楼层内相邻预制剪力墙之间的连接接缝应现浇形成整体式接缝。

3）当接缝位于纵、横墙交接处的约束边缘构件区域时，约束边缘构件应按《装配式混凝土结构技术规程》（JGJ 1—2014）第 8.3.1 条的要求处理。

四、预制框架柱

装配整体式结构中一般部位的框架柱采用预制柱；重要或关键部位的框架柱应现浇，比如穿层柱、跃层柱、斜柱，以及高层框架结构中地下室部分及首层的柱。预制框架柱应采用矩形截面，边长不宜小于 400mm，一次成型的预制框架柱的长度不超过 14m 和 4 层层高的较小值。预制框架柱如图 9-6 所示。

a)   b)

图 9-6　预制框架柱

五、预制楼梯

　　预制楼梯是将楼梯的组成构件在工厂或工地现场预制，然后在施工现场拼装而成的一种楼梯。预制楼梯解决了现浇钢筋混凝土楼梯施工工艺烦琐，成品观感质量较差，施工精度低，对工人技术要求高，混凝土振捣困难等问题。

　　预制楼梯有不带平台的直板式楼梯（即板式楼梯）和带平台的折板式楼梯两种形式。板式楼梯有双跑楼梯和剪刀楼梯两种类型。双跑楼梯一层楼两跑，长度短，如图9-7所示；剪刀楼梯一层楼一跑，长度较长，如图9-8所示。预制楼梯实物如图9-9所示。

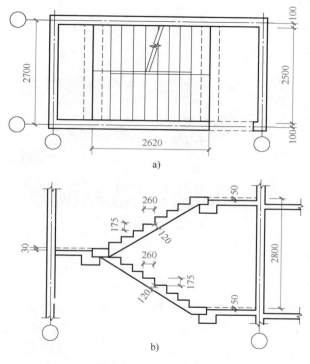

图 9-7　双跑楼梯示例

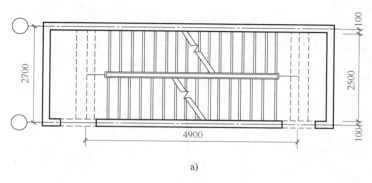

图 9-8　剪刀楼梯示例

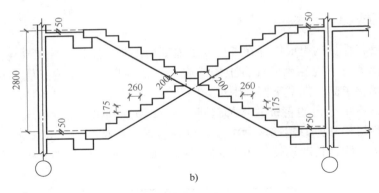

图9-8 剪刀楼梯示例（续）

图9-9 预制楼梯实物

六、预制阳台

预制阳台可分为预制叠合阳台板及全预制阳台。全预制阳台又分为全预制板式阳台和全预制梁式阳台，如图9-10所示。全预制阳台表面的平整度可以和模具的表面一样平整或者做成凹陷的效果，表面坡度和排水口也可在工厂预制完成。预制阳台施工如图9-11所示。

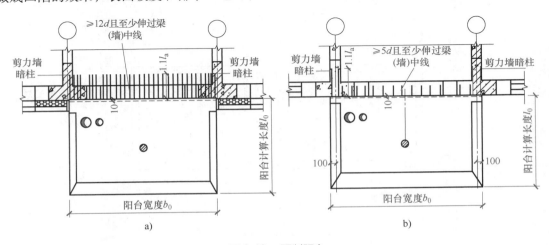

图9-10 预制阳台

a）全预制板式阳台 b）全预制梁式阳台

图 9-11　预制阳台施工

七、外挂墙板

外挂墙板采用外饰面反打技术，将保温及预制构件一体化，防水、防火及保温性能得到提高，可实现建筑外立面无砌筑、无抹灰、无外架的绿色施工。外挂墙板包括普通外挂墙板和夹芯外挂墙板。

普通外挂墙板的厚度不宜小于 120mm，宜双层双向配筋。夹芯外挂墙板的外叶墙板厚度不宜小于 50mm，内叶墙板厚度不宜小于 80mm，保温材料的厚度不宜小于 30mm；受力的内叶墙板宜双层双向配筋。

八、预制内隔墙

预制内隔墙是指在预制厂加工制成供建筑装配用的混凝土板型构件，可以提高建筑的工厂化、机械化施工程度，减少现场湿作业，节约现场用工，克服季节影响，缩短建筑施工周期。内隔墙在工厂预制时可以预埋管线，减少现场二次开槽，降低现场工作量。

9.3 ◈ 装配率的基本规定

一、装配率的定义

《装配式建筑评价标准》（GB/T 51129—2017）明确了装配率的定义：单体建筑室外地坪以上的主体结构、围护墙和内隔墙、装修和设备管线等采用预制部品部件的综合比例。

二、装配率的基本规定

1）装配率计算和装配式建筑等级评价应以单体建筑作为计算与评价单元，并应符合下列规定：单体建筑应按项目规划批准文件的建筑编号确认；建筑由主楼和裙房组成时，主楼和裙房可按不同的单体建筑进行计算和评价；单体建筑的层数不大于 3 层，且地上建筑面积不超过 500m² 时，可由多个单体建筑组成建筑组团作为计算与评价单元。

2）装配式建筑评价应符合下列规定：

① 在设计阶段宜进行预评价，并应按设计文件计算装配率。项目评价应在项目竣工验收后进行，并应按竣工验收资料计算装配率和确定评价等级。

② 主体结构部分的评价分值不低于 20 分；围护墙和内隔墙部分的评价分值不低于 10 分；采用全装修；装配率不低于 50%。

《装配式建筑评价标准》（GB/T 51129—2017）还明确了装配式建筑宜采用装配化装修。

三、标准规范体系已基本健全

为配合装配式建筑的全面发展，我国已密集出台了一系列标准规范，如《装配式混凝土结构技术规程》（JGJ 1—2014）、《装配整体式混凝土结构技术规程》（DBJ 61/T 87—2014）、《装配式建筑评价标准》（GB/T 51129—2017）、《装配式混凝土建筑技术标准》（GB/T 51231—2016）、《装配式木结构建筑技术标准》（GB/T 51233—2016）、《装配式钢结构建筑技术标准》（GB/T 51232—2016）。这些标准规范的出台，标志着我国已基本建立了装配式建筑标准规范体系，为装配式建筑发展提供了坚实的技术保障。

小　结

装配式混凝土建筑是指以工厂化生产的钢筋混凝土预制构件为主，通过现场装配的方式设计建造的混凝土结构类房屋建筑。

装配式混凝土建筑的特点是：施工速度快，利于冬期施工，生产率高，产品质量好，减少了物料损耗。

根据结构体系分类，装配式混凝土结构可分为装配整体式框架结构、装配整体式剪力墙结构、装配整体式框架-剪力墙结构。

常见的预制构件有叠合板、叠合梁、预制剪力墙、预制框架柱、预制楼梯、预制阳台以及外挂墙板和预制内隔墙。

《装配式建筑评价标准》（GB/T 51129—2017）明确了装配率的定义：单体建筑室外地坪以上的主体结构、围护墙和内隔墙、装修和设备管线等采用预制部品部件的综合比例。

复习思考题

1. 什么是装配式混凝土建筑？
2. 装配式混凝土结构根据结构体系如何分类？各自有哪些技术特点？
3. 装配式混凝土建筑有哪些常见构件？

第二部分　工业建筑构造

单元十
工业建筑概述

10.1 ▷ 工业建筑的特点与分类

工业建筑是为工业生产需要而建造的各种不同用途的建筑物和构筑物的总称，其中生产用的建筑物通常称为工业厂房。工业建筑和民用建筑具有许多共性，但由于工业建筑是为工业生产服务的，所以生产工艺将直接影响到建筑平面布局、建筑结构、建筑构造、施工工艺等，这与民用建筑又有很大差别。

一、工业建筑的特点及设计要求

（1）工业建筑要满足生产工艺流程的要求　因为每一种工业产品的生产都有一定的生产程序，这种程序称为生产工艺流程，生产工艺流程的要求决定着工业建筑的平面布置和形式。

（2）工业建筑要求有较大的内部空间　许多工业产品的体积、质量很大，由于生产的要求，往往需要配备大中型生产机器设备和起重运输设备（起重机）等，因此工业建筑应有较大的内部空间。

（3）工业建筑要有良好的通风和采光　有的工业建筑在生产过程中会产生大量的余热、烟尘、有害气体、有侵蚀性的液体以及噪声等，这就要求工业建筑内应有良好的通风设施并能满足采光要求。

（4）满足特殊方面的要求　有的工业建筑为保证正常生产，要求保持一定的温度、湿度或要求防尘、防振、防爆、防菌、防辐射等，设计时应采取相应的特殊技术措施来满足其要求。

（5）工业建筑内通常会有各种工程技术管网　如上下水管道、热力管道、压缩空气管道、煤气管道、氧气管道和电力供应管道等，构造上应予以考虑。

（6）工业建筑内常有各种运输车辆通行　生产过程中有大量的原料、加工零件、半成品、成品、废料等需要用各种运输车辆进行运输，所以工业建筑在设计时应解决好运输工具的通行问题。

二、工业建筑的分类

由于生产工艺的多样化和复杂化，工业建筑的类型有很多，通常可按以下几种方式进行分类。

1. 按用途分类

（1）主要生产厂房　用于产品从原料到成品的整个加工、装配过程的厂房，如机械制造厂的铸造车间、热处理车间、机械加工车间和机械装配车间等。

（2）辅助生产厂房　为主要生产车间服务的各类厂房，如机械制造厂的机械修理车间、电动机修理车间、工具车间等。

（3）动力用厂房　为全厂提供能源的各类厂房，如发电站、变电站、锅炉房、煤气站、乙炔站、氧气站和压缩空气站等。

（4）储藏用建筑　储藏各种原材料、半成品、成品的仓库，如机械制造厂的金属材料库、油料库、辅助材料库、半成品库及成品库等。

（5）运输用建筑　用于停放、检修各种交通运输工具用的房屋，如机车库、汽车库、蓄电池车库、消防车库和站场用房等。

（6）其他　不属于上述五类用途的建筑，如污水处理建筑等。

2. 按层数分类

（1）单层厂房　是指层数仅为一层的工业厂房，多用于机械制造工业、冶金工业和其他重工业等，如图10-1所示。

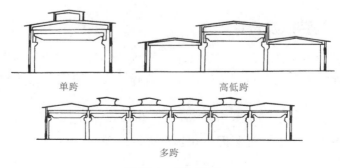

单跨　　　　　　　　　　　　高低跨

多跨

图 10-1　单层厂房

（2）多层厂房 是指层数在二层以上的工业厂房，一般为二~五层，多用于精密仪表工业、电子工业、食品工业、服装加工工业等，如图 10-2 所示。

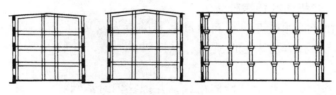

图 10-2 多层厂房

（3）混合层数厂房 是指同一厂房内既有单层又有多层的厂房，多用于化学工业、热电站等，如图 10-3 所示。

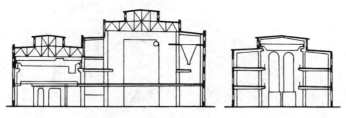

图 10-3 混合层数厂房

3. 按生产状况分类

（1）热加工车间 是指在高温状态下进行生产的车间，如铸造、炼钢、轧钢等车间。

（2）冷加工车间 是指在正常温度、湿度条件下进行生产的车间，如机械加工、机械装配、机修等车间。

（3）恒温恒湿车间 是指在恒定的温度、湿度条件下进行生产的车间，如纺织车间、精密仪器车间、酿造车间等。

（4）洁净车间 是指在无尘、无菌、无污染的高度洁净状况下进行生产的车间，如集成电路车间、医药工业中的粉针剂车间等。

（5）其他特种状况车间 如生产过程中会产生大量腐蚀性物质、放射性物质、噪声、电磁波等的车间。

10.2 ● 单层工业厂房的结构组成和类型

一、单层工业厂房的结构组成

在厂房建筑中，由支承各种荷载作用的构件所组成的骨架通常称为结构。目前，我国单层工业厂房一般采用的是装配式钢筋混凝土排架结构，如图 10-4 所示。其主要构件有：

（1）基础 基础承受从柱和基础梁传来的全部荷载，并将荷载传给地基。

（2）柱 柱是厂房结构的主要承重构件，承受屋架、吊车梁、支撑系统、连系梁和外墙传来的荷载，并把它传给基础。

（3）屋架（屋面梁） 屋架是屋盖结构的主要承重构件，承受屋盖及天窗上的全部荷载，并将荷载传给柱子。

（4）吊车梁 吊车梁承受起重机自重和起重的重力及运行中所有的荷载（包括起重机起动或制动产生的横向、纵向冲击力），并将其传给排架柱。

微课：单层工业厂房的结构组成及内部的起重运输设备

（5）基础梁 基础梁承受上部墙体荷载，并把它传给基础。

（6）连系梁 连系梁是厂房纵向柱列的水平连系构件，用以增加厂房的纵向刚度，当设在墙内时，承受上部墙体的荷载，并将荷载传给纵向柱列。

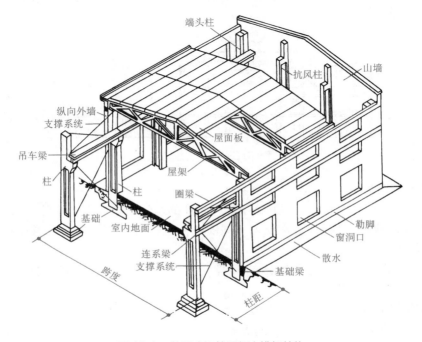

图 10-4 装配式钢筋混凝土排架结构

（7）支撑系统 支撑系统的作用是加强厂房的空间整体刚度和稳定性，它主要传递水平荷载和由起重机产生的水平制动力。

（8）屋面板 屋面板直接承受板上的各类荷载（包括屋面板自重、屋面覆盖材料重量、雪荷载、积灰荷载及施工检修荷载等），并将荷载传给屋架。

（9）天窗架 天窗架承受天窗上的所有荷载并把它传给屋架或屋面梁。

（10）抗风柱 抗风柱同山墙一起承受风荷载，并把荷载中的一部分传给厂房的纵向柱列，另一部分直接传给基础。

（11）外墙 厂房的大部分荷载由排架结构承担，因此外墙是自承重构件，主要起防风、防雨、保温、隔热、遮阳、防火等作用。

（12）窗与门 窗与门起采光、通风、围护、分隔、交通联系及疏散等作用。

（13）地面 地面应满足生产使用及运输等要求。

二、单层工业厂房的结构类型

单层工业厂房按结构类型分类，主要有排架结构和刚架结构两种。

排架结构是由柱子、基础、屋架（屋面梁）构成的一种骨架体系。它的基本特点是把屋架看成一个刚度很大的横梁，屋架（屋面梁）与柱子的连接为铰接，柱子与基础的连接为刚接，如图 10-5 所示。依其所用材料不同分为钢筋混凝土排架结构、由钢筋混凝土柱和钢屋架组成的排架结构和砖排架结构。

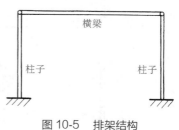

图 10-5　排架结构

刚架结构是将屋架（屋面梁）与柱子合并成一个构件，柱子与屋架（屋面梁）的连接处为整体刚性节点，柱子与基础的连接为铰接节点，如图 10-6 所示。常用的刚架结构有门式刚架和钢框架刚架。

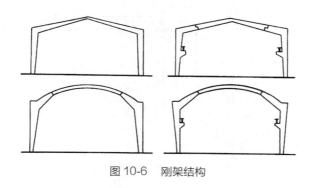

图 10-6　刚架结构

10.3 ❯ 厂房内部的起重运输设备

单层工业厂房内需要安装各种类型的起重运输设备，以便装卸各种原材料或搬运各种零（部）件。常用的起重运输设备有以下三种。

一、悬挂式单轨起重机

悬挂式单轨起重机由电动葫芦和工字钢轨两部分组成。工字钢轨可以悬挂在屋架（或屋面梁）下弦，轨上设有可水平移动的滑轮组（即电动葫芦），起重量一般为 1～5t，如图 10-7 所示。

二、单梁电动起重机

单梁电动起重机由电动葫芦和梁架组成。梁架悬挂在屋架下或支承在吊车梁上，工字钢轨固定在梁架上，电动葫芦悬挂在工字钢轨上。梁架沿厂房纵向移动，电动葫芦沿厂房横向移动，起重量一般为 0.5～5t，如图 10-8 所示。

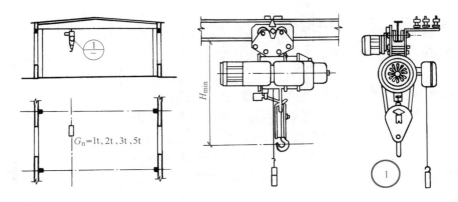

图 10-7 悬挂式单轨起重机

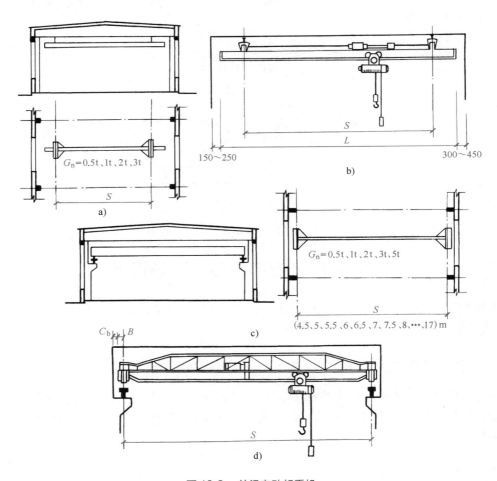

图 10-8 单梁电动起重机

a)、b）悬挂式单梁电动起重机平面图、剖面图及安装尺寸

c)、d）支承式单梁电动起重机平面图、剖面图及安装尺寸

三、桥式起重机

桥式起重机由桥架和起重小车组成，桥架支承在吊车梁上，并可沿厂房纵向移动，桥架上设起重小车，小车能沿桥架横向移动，起重量为 5~350t，如图 10-9 所示。

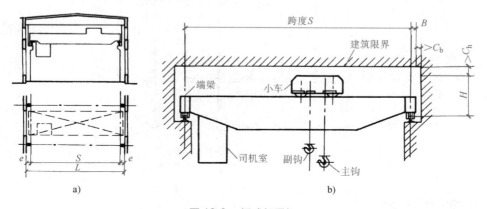

图 10-9　桥式起重机

a）平面图、剖面图　b）安装尺寸

桥式起重机根据开动时间与全部生产时间的比值，分为轻级、中级、重级工作制，用 JC 来表示：

1）轻级工作制——15%（以 JC15%表示）。

2）中级工作制——25%（以 JC25%表示）。

3）重级工作制——40%（以 JC40%表示）。

10.4 ◈ 单层工业厂房的定位轴线

定位轴线是确定厂房主要构件的位置及其标志尺寸的基线，也是设备定位、安装及厂房施工放线的依据，本节简要介绍横向排架结构单层工业厂房定位轴线的有关内容。

一、柱网尺寸

厂房的定位轴线分为横向定位轴线和纵向定位轴线两种。通常把与横向排架平面平行的轴线称为横向定位轴线；与横向排架平面垂直的轴线称为纵向定位轴线。纵、横向定位轴线在平面上形成的有规律的网格，称为柱网，如图 10-10 所示。

1. 跨度

两纵向定位轴线之间的距离称为跨度。单层工业厂房的跨度在 18m 及 18m 以下时，取 30M 数列，如 9m、12m、15m、18m；跨度在 18m 以上时，取 60M 数列，如 24m、30m、36m 等。

2. 柱距

两横向定位轴线之间的距离称为柱距。单层工业厂房的柱距应采用 60M 数列，如 6m、12m，一般情况下采用 6m。抗风柱的柱距宜采用 15M 数列，如 4.5m、6m、7.5m 等。

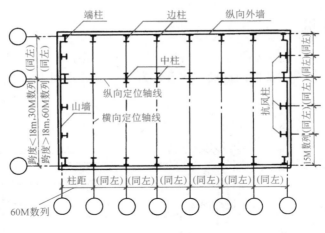

图 10-10　单层工业厂房柱网

二、定位轴线的确定

（一）横向定位轴线

1）除了靠山墙的端柱和横向变形缝两侧的柱外，厂房纵向柱列中的中柱的中心线应与横向定位轴线相重合，如图 10-11 所示。

2）山墙为非承重墙时，墙内缘与横向定位轴线相重合，且端柱应自横向定位轴线向内移 600mm，如图 10-12 所示。

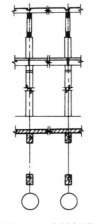

图 10-11　中柱与横向
定位轴线的联系

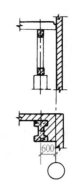

图 10-12　非承重山墙与
横向定位轴线的联系

3）在变形缝处，应采用双柱及两条定位轴线，且柱的中心线均应自定位轴线向两侧各移 600mm，如图 10-13 所示。两定位轴线的距离叫插入距，用 a_i 表示，一般等于变形缝宽度 a_e。

（二）纵向定位轴线

1. 边柱与纵向定位轴线的关系

（1）封闭结合　当结构所需的上柱截面高度 h、起重机桥架端头长度 B 及起重机安全运行时所需桥架端头与上柱内缘的间隙 C_b 三者之和小于起重机轨道中心线至厂房纵向定位轴线的距离 e（一般为 750mm），即 $h+B+C_b<e$ 时，边柱外缘、墙内缘宜与纵向定位轴线相重合，此时屋架端部与墙内缘也重合，形成封闭结合的构造，如图 10-14 所示。

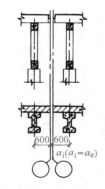

（2）非封闭结合　当 $h+B+C_b>e$ 时，若继续采用封闭结合的定位办法，便不能满足起重机安全运行所需的空间要求。因此需将边柱的外缘从纵向定位轴线向外移出一定尺寸 a_c，这个尺寸 a_c 称为联系尺寸。由于纵向定位轴线与柱子边缘之间有联系尺寸，上部屋面板与外墙之间便出现空隙，因此这种情况称为非封闭结合，如图 10-15 所示。

图 10-13　变形缝处柱与定位轴线的关系

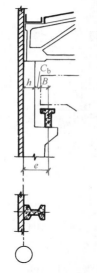

图 10-14　边柱与纵向定位轴线的封闭结合

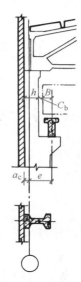

图 10-15　边柱与纵向定位轴线的非封闭结合

2. 中柱与纵向定位轴线的关系

（1）等高厂房中柱设单柱时的定位　双跨及多跨厂房中如没有纵向变形缝，宜设置单柱和一条纵向定位轴线，且上柱的中心线与纵向定位轴线相重合，如图 10-16a 所示。当相邻跨内的桥式起重机起重量较大时，设两条定位轴线，两轴线之间的距离（插入距）用 a_i 表示，此时上柱中心线与插入距中心线相重合，如图 10-16b 所示。

（2）等高厂房中柱设双柱时的定位　若厂房需设置纵向防震缝时，应采用双柱及两条定位轴线，此时的插入距 a_i 与相邻两跨起重机的起重量有关。若相邻两跨起重机的起重量不大，其插入距 a_i 等于防震缝宽度 a_e，即 $a_i=a_e$，如图 10-17a 所示；若相邻两跨中，一跨起重机起重量较大，必须在该跨设联系尺寸 a_c，此时插入距 $a_i=a_e+a_c$，如图 10-17b 所示；

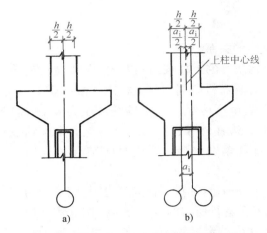

图 10-16　等高厂房中柱设单柱时的定位

若相邻两跨起重机的起重量都很大，两跨都需设联系尺寸 a_c，此时插入距 $a_i = a_c + a_e + a_c$，如图 10-17c 所示。

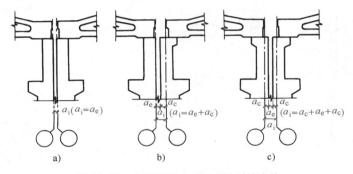

图 10-17　等高厂房中柱设双柱时的定位

（3）不等高跨中柱设单柱时的定位　不等高跨不设纵向伸缩缝时，一般采用单柱，若高跨内起重机的起重量不大时，根据封墙底面的高度，可以有两种情况：

1）若封墙底面高于低跨屋面，宜采用一条纵向定位轴线，且纵向定位轴线与高跨上柱外缘、封墙内缘及低跨屋架标志尺寸的端部相重合，如图 10-18a 所示。

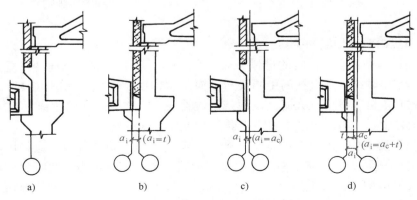

图 10-18　不等高跨中柱设单柱时的定位

2）若封墙底面低于低跨屋面时，应采用两条纵向定位轴线，且插入距 a_i 等于封墙厚度 t，即 $a_i = t$，如图 10-18b 所示。

当高跨内起重机的起重量较大时，高跨中需设联系尺寸 a_c，此时定位轴线也有两种情况：若封墙底面高于低跨屋面，则有 $a_i = a_c$，如图 10-18c 所示；若封墙底面低于低跨屋面，则有 $a_i = a_c + t$，如图 10-18d 所示。

（4）不等高跨中柱设双柱时的定位　当不等高跨的高差或荷载相差悬殊需设沉降缝时，此时只能采用双柱及两条定位轴线，其插入距 a_i 分别与起重机的起重量、封墙高度有关。

1）若高跨起重机的起重量不大，封墙底面高于低跨屋面，则插入距 a_i 等于沉降缝宽度 a_e，即 $a_i = a_e$，如图 10-19a 所示；封墙底面低于低跨屋面时，插入距 a_i 等于沉降缝宽度 a_e 加上封墙厚度 t，即 $a_i = a_e + t$，如图 10-19b 所示。

2）若高跨起重机的起重量较大，高跨内需设联系尺寸 a_c，此时，当封墙底面高于低跨屋面时，有 $a_i = a_e + a_c$，如图 10-19c 所示；当封墙底面低于低跨屋面时，有 $a_i = a_c + a_e + t$，如图 10-19d 所示。

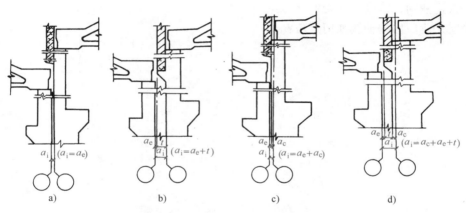

图 10-19　不等高跨中柱设双柱时的定位

小　　结

工业建筑通常可按以下几种方式进行分类：

1）按用途分类：主要生产厂房、辅助生产厂房、动力用厂房、储藏用建筑、运输用建筑等。

2）按层数分类：单层厂房、多层厂房、混合层数厂房。

3）按生产状况分类：热加工车间、冷加工车间、恒温恒湿车间、洁净车间、其他特种状况车间。

单层工业厂房一般采用的是装配式钢筋混凝土排架结构，其主要构件有：基础、柱、屋架、吊车梁、基础梁、连系梁、支撑系统、屋面板、天窗架、抗风柱、外墙、窗与门、地面。

单层工业厂房按结构类型分类主要有排架结构和刚架结构两种。

单层工业厂房内常用的起重设备有：悬挂式单轨起重机、单梁电动起重机、桥式起重机。

定位轴线是确定厂房主要构件的位置及其标志尺寸的基线，也是设备定位、安装及厂房施工放线的依据。

厂房的定位轴线分为横向定位轴线和纵向定位轴线两种。

复习思考题

1. 什么是工业建筑？
2. 工业建筑的特点是什么？如何分类？
3. 简述常见的装配式钢筋混凝土排架结构单层工业厂房的组成。
4. 单层工业厂房的结构类型有哪些？
5. 什么是柱网、跨度、柱距？
6. 单层工业厂房的轴线如何定位？

单元十一

单层工业厂房的主要结构构件

11.1 ❯ 基础与基础梁

微课：单层厂
房的基础与
基础梁

一、基础

基础支承厂房上部结构的全部荷载，然后将荷载连同自重传递到地基中去，是厂房结构中的重要构件之一。

（一）基础的类型

基础的类型主要取决于上部荷载的大小、性质及工程地质条件等。单层工业厂房的基础一般做成独立基础，其形式有锥台形基础、薄壳基础、板肋基础等，如图 11-1 所示。根据厂房荷载及地基情况，还可采用条形基础和桩基础等，如图 11-2、图 11-3 所示。

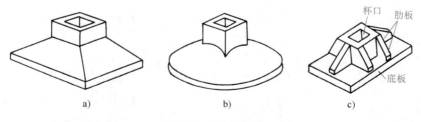

图 11-1　独立基础

a）锥台形基础　b）薄壳基础　c）板肋基础

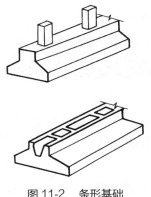

图 11-2　条形基础

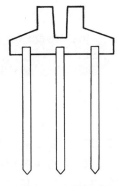

图 11-3　桩基础

（二）独立基础构造

在单层工业厂房中，独立基础应用十分广泛，所以本书以独立基础为例研究其构造。由于柱有现浇和预制两种施工方法，因此基础与柱的连接也有两种构造形式。

1. 现浇柱下基础

基础与柱均为现场浇筑，但不同时施工，因此应在基础顶面相应位置预留钢筋，其数量与柱中的纵向受力钢筋相同，预留钢筋的伸出长度应根据柱的受力情况、钢筋规格及接头方式（焊接或绑扎接头）来确定，一般构造做法如图 11-4 所示。

2. 预制柱下杯形基础

当柱为预制柱时，基础的顶部做成杯口形式，柱安装在杯口内，这种基础称为杯形基础，如图 11-5 所示。

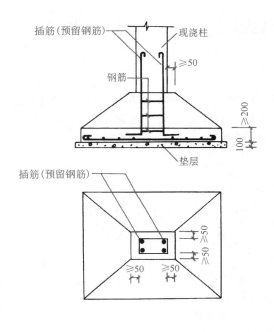

图 11-4　现浇柱下基础

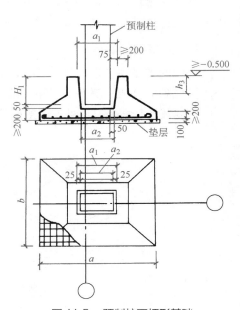

图 11-5　预制柱下杯形基础

基础所用混凝土的强度等级一般不低于 C15，钢筋采用 HPB300 钢筋或 HRB335 钢筋。为了便于施工放线和保护钢筋，在基础底部通常铺设 C15 混凝土垫层，厚度为 100mm。独立式基础的施工，目前普遍采用现场浇筑的方法。

二、基础梁

单层工业厂房采用钢筋混凝土排架结构时，外墙和内墙仅起围护或分隔作用。此时，如果设墙下基础，则会由于墙下基础所承受的荷载比柱基础小得多，而产生不均匀沉降，导致墙面开裂。因此，一般工业厂房将外墙或内墙砌筑在基础梁上，基础梁两端架设在相邻独立基础的顶面，这样可使内、外墙和柱一起沉降，墙面不易开裂，如图 11-6 所示。

基础梁的标准长度一般为 6m，截面形式多采用上宽下窄的梯形截面（图 11-7），有预应力与非预应力钢筋混凝土梁两种形式。

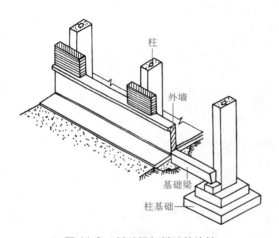

图 11-6　基础梁与基础的连接

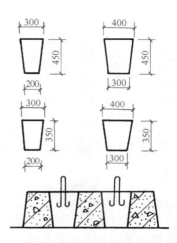

图 11-7　基础梁截面形式

基础梁搁置的构造要求：

1）基础梁顶面标高应至少低于室内地坪 50mm，高于室外地坪 100mm。

2）基础梁一般直接搁置在基础顶面上，当基础较深时，可采取加垫块、设置高杯口基础或在柱下部分加设牛腿等措施，如图 11-8 所示。

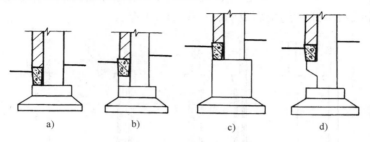

图 11-8　基础梁的位置与搁置方式

a）基础梁搁置在柱基础顶面　b）基础梁搁置在混凝土垫块上
c）基础梁搁置在高杯口基础上　d）基础梁搁置在柱牛腿上

3）基础产生沉降时，基础梁底的坚实土将对梁产生反拱作用；寒冷地区土壤冻胀也会对基础梁产生反拱作用，因此在基础梁底部应留有50~100mm的空隙，寒冷地区基础梁底可铺设厚度≥300mm的松散材料，如矿渣、干砂等，如图11-9所示。

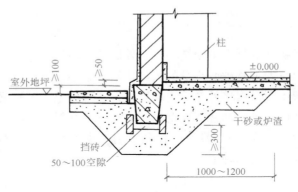

图 11-9　基础梁防冻措施

11.2 ▶ 柱

在单层工业厂房中，柱按其作用不同分为排架柱和抗风柱两种。

一、排架柱

排架柱是厂房结构中的主要承重构件之一，它不仅承受屋盖和起重机等的竖向荷载，还承受起重机制动时产生的纵向和横向水平荷载，以及风荷载、墙体和管道设备荷载等。

（一）排架柱的类型

排架柱按所用的材料不同可分为砖排架柱、钢筋混凝土排架柱、钢排架柱等，目前钢筋混凝土排架柱应用较广泛。

钢筋混凝土排架柱基本上可分为单肢排架柱和双肢排架柱两大类。单肢排架柱有矩形排架柱、工字形排架柱及空心管排架柱等种类；双肢排架柱是由两肢矩形柱或两肢空心管柱，用腹杆（平腹杆或斜腹杆）连接而成的，如图11-10所示。

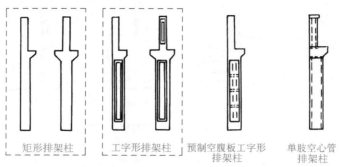

图 11-10　钢筋混凝土排架柱的类型

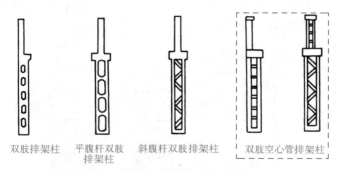

双肢排架柱　　平腹杆双肢排架柱　　斜腹杆双肢排架柱　　双肢空心管排架柱

图 11-10　钢筋混凝土排架柱的类型（续）

（二）排架柱的构造

（1）工字形排架柱　工字形排架柱的构造如图 11-11 所示。

（2）双肢排架柱　双肢排架柱的构造如图 11-12 所示。

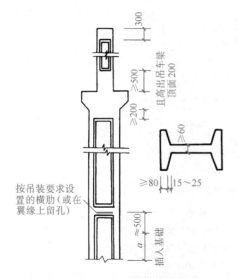

图 11-11　工字形排架柱的构造

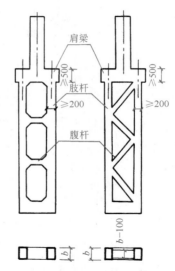

图 11-12　双肢排架柱的构造

（3）牛腿　牛腿有实腹式和空腹式之分，通常采用实腹式牛腿，如图 11-13 所示，其构造要求如下：

1）牛腿外缘高度 h_k 应大于或等于 $h/3$，且不小于 200mm。

2）支承吊车梁的牛腿，其支承板边与吊车梁外缘的距离不宜小于 70mm（其中包括 20mm 的施工误差）。

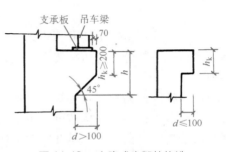

图 11-13　实腹式牛腿的构造

3）牛腿挑出距离 d 大于 100mm 时，牛腿底面的倾斜角 β 宜小于或等于 45°；当 d 小于等于 100mm 时，β 可等于 0°。

（4）排架柱的预埋件　为使排架柱与其他构件有可靠的连接，在排架柱的相应位置应设预埋件或预埋钢筋，预埋件的位置及作用如图 11-14 所示。

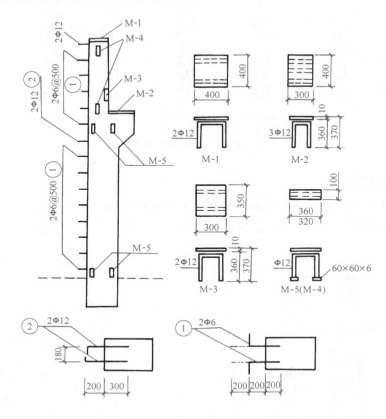

图 11-14　排架柱的预埋件

注：1. M-1 为与屋架连接用的预埋件。

　　2. M-2、M-3 为与吊车梁连接用的预埋件。

　　3. M-4、M-5 为与柱间支撑连接用的预埋件。

　　4. 2φ6@500 为与墙体连接用的钢筋。

　　5. 2φ12 为与连系梁或圈梁连接用的钢筋。

二、抗风柱

单层工业厂房的山墙面积很大，为保证山墙的稳定性，应在山墙内侧设置抗风柱，使山墙的风荷载一部分由抗风柱传至基础，另一部分由抗风柱的上端传至屋盖系统后再传至纵向柱列。

抗风柱的截面形式常为矩形，尺寸常为 400mm×600mm 或 400mm×800mm。抗风柱与屋架的连接多为铰接，在构造处理上必须满足以下要求：一是水平方向应有可靠的连接，以保证有效地传递风荷载；二是在竖向应使屋架与抗风柱之间有一定的相对竖向位移，以防止抗风柱与厂房在沉降不均匀时，屋盖的竖向荷载传给抗风柱，对屋盖结构产生不利影响。因此屋架与抗风柱之间一般采用弹簧板连接，如图 11-15 所示。

当厂房沉降较大时，抗风柱与屋架往往采用螺栓连接方式，其构造如图 11-16 所示。

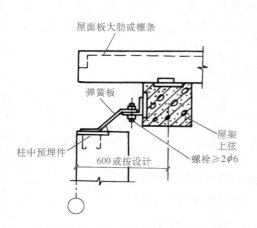

图 11-15　抗风柱与屋架用弹簧板连接

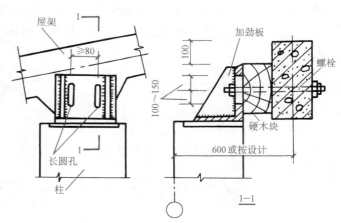

图 11-16　抗风柱与屋架用螺栓连接

11.3 ▷ 屋　　盖

一、屋盖结构体系

单层工业厂房的屋盖起着承重和围护双重作用。因此屋盖构件分为承重构件（屋架、屋面梁、托架）和覆盖构件（屋面板、檩条）两部分。目前，单层工业厂房屋盖结构的形式可分为无檩体系和有檩体系两种。

1. 无檩体系

无檩体系是将大型屋面板直接放在屋架（或屋面梁）上，屋架（屋面梁）再放在柱子上，如图 11-17a 所示。其优点是整体性好，刚度大，构件数量少，施工速度快；但屋面自重一般较大，适用于大中型厂房。

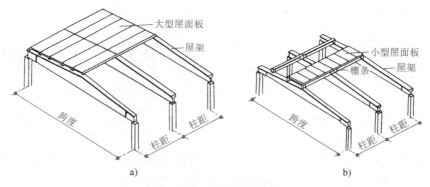

图 11-17　屋盖结构体系
a）无檩体系　b）有檩体系

2. 有檩体系

有檩体系是将各种小型屋面板（或瓦）直接放在檩条上，檩条再支承在屋架（或屋面梁）上，屋架（屋面梁）再放在柱子上，如图11-17b所示。其优点是屋盖质量小，构件小，吊装容易；但整体刚度较差，构件数量多，适用于小型厂房和起重机吨位较小的中型工业厂房。

二、屋盖的承重构件

（一）屋面梁

屋面梁又称为薄腹梁，其断面呈T形或工字形，有单坡和双坡之分，如图11-18所示。

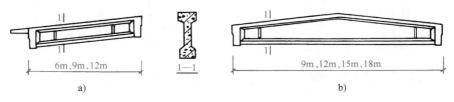

图11-18　屋面梁
a）单坡　b）双坡

单坡屋面梁适用于6m、9m、12m的跨度，双坡屋面梁适用于9m、12m、15m、18m的跨度，屋面梁的坡度比较平缓，一般为1/12～1/8。屋面梁的特点是形状简单、制作和安装方便、稳定性好、可以不加支撑，但自重较大。

（二）屋架

1. 钢筋混凝土桁架式屋架

目前常用的屋架为钢筋混凝土桁架式屋架，其外形有三角形、梯形、折线形、拱形四种形式。

（1）三角形屋架　屋架的外形如同等腰三角形，屋面坡度为1/5～1/3，适用于跨度为9m、12m、15m的中轻型厂房，如图11-19所示。

（2）梯形屋架　屋架的上弦杆坡度一致，屋面坡度一般为1/12～1/10，适用于跨度为18m、24m、30m的中型厂房，如图11-20所示。

图11-19　三角形屋架

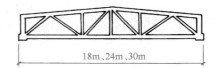

图11-20　梯形屋架

（3）折线形屋架　屋架的上弦杆是由若干段折线形杆件组成的，屋面坡度一般为1/15～1/5，适用于12～36m的中型和重型工业厂房，如图11-21所示。

（4）拱形屋架　屋架的上弦杆是由若干段曲线形杆件组成的，屋面坡度一般为1/30～1/3，适用于18m、24m、30m的中重型工业厂房，如图11-22所示。

2. 钢筋混凝土两铰拱和三铰拱屋架

钢筋混凝土两铰拱和三铰拱屋架的屋架上弦采用钢筋混凝土或预应力钢筋混凝土杆件，

下弦采用角钢或钢筋，屋面坡度一般为 1/10～1/4，适用于 9m、12m、15m、18m 的中轻型厂房，如图 11-23 所示。

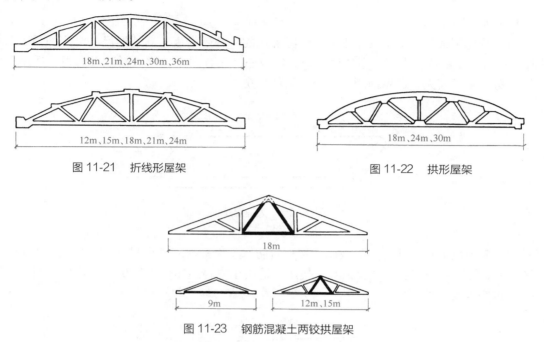

图 11-21　折线形屋架　　　　　　　　　　　　　图 11-22　拱形屋架

图 11-23　钢筋混凝土两铰拱屋架

（三）托架

因工艺要求或设备安装的需要，柱距需为 12m，而屋架的间距和大型屋面板长度仍为 6m 时，需在 12m 的柱距之间设置托架来支承中间屋架（图 11-24），通过托架将屋架上的荷载传给柱子。托架一般采用预应力混凝土托架或钢托架。

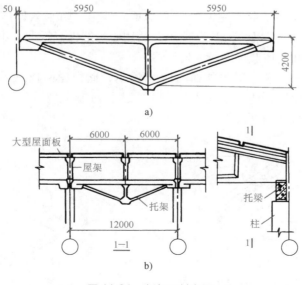

图 11-24　托架及其布置

a）托架　b）托架布置

三、屋盖的覆盖构件

1. 屋面板

（1）大型屋面板　这是无檩体系中广泛采用的一种屋面板，其外形尺寸常用的是1.5m×6m，如图11-25所示。为配合屋架尺寸和檐口做法，还有嵌板、檐口板和天沟板，适用于大中型厂房和振动较大、对屋面刚度要求较高的厂房。

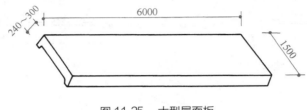

图 11-25　大型屋面板

（2）F形屋面板　此类屋面板属于构件自防水屋面板，其外形尺寸常用的是1.5m×6m，如图11-26所示，需与盖瓦和脊瓦配合使用，适用于中轻型非保温厂房，不适用于对屋面刚度及防水要求较高的厂房。

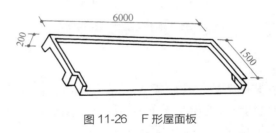

图 11-26　F形屋面板

（3）夹芯保温屋面板　此类屋面板具有承重、保温、防水三种作用，故又称为三合一板，外形尺寸为1.5m×6m，如图11-27所示，适用于一般保温厂房，不适用于气候寒冷、冻融频繁地区和有腐蚀性气体及湿度较大的厂房。

（4）钢筋混凝土槽形板　其尺寸如图11-28所示，此类屋面板属于自防水构件，需与盖瓦、脊瓦和檩条一起使用，适用于起重量在10t以下的中小型厂房，不适用于有腐蚀性气体、有较大振动、对屋面刚度及隔热要求较高的厂房。

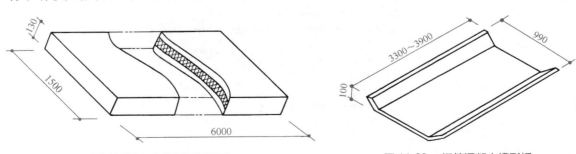

图 11-27　夹芯保温屋面板　　　　　图 11-28　钢筋混凝土槽形板

除此之外，还有预应力混凝土单肋板、钢丝网水泥波形瓦等。

2. 檩条

檩条起着支承槽瓦或小型屋面板等作用，并将屋面荷载传给屋架。常用的有预应力钢筋混凝土倒 L 形和 T 形檩条，如图 11-29 所示。

四、屋盖构件间的连接

1. 屋架与柱的连接

屋架与柱的连接方法有焊接和螺栓连接两种。一般采用焊接，即在屋架（或屋面梁）端部的支承部位设置预埋件，吊装前先焊上一块垫板，就位后与柱顶预埋钢板通过焊接连接在一起，如图 11-30a 所示。螺栓连接是在柱顶伸出预埋螺栓，在屋架（或屋面梁）下弦的端部设置预埋件，就位前焊上带有缺口的支座钢板，吊装就位后，用螺母将屋架拧牢，为防止螺母松动，常将螺母与支座钢板焊牢，如图 11-30b 所示。

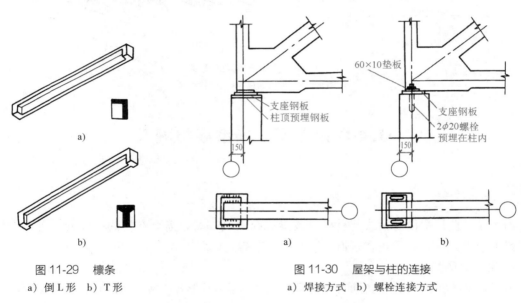

图 11-29　檩条
a）倒 L 形　b）T 形

图 11-30　屋架与柱的连接
a）焊接方式　b）螺栓连接方式

2. 屋面板与屋架（或屋面梁）的连接

每块屋面板的肋部底面均有预埋件与屋架（或屋面梁）上弦相应处的预埋件相互焊接，其焊接点不少于三点，板与板之间的缝隙均用强度等级不低于 C15 的细石混凝土填实，如图 11-31 所示。

3. 天沟板与屋架的连接

天沟板端底部的预埋件与屋架上弦的预埋件采用四点焊接，与屋面板之间的缝隙加通长钢筋，再用强度等级不低于 C15 的细石混凝土填实，如图 11-32 所示。

4. 檩条与屋架的连接

檩条与屋架上弦的连接方法有焊接和螺栓连接两种，如图 11-33 所示，常采用焊接。两个檩条在屋架上弦的对头空隙应以水泥砂浆填实。

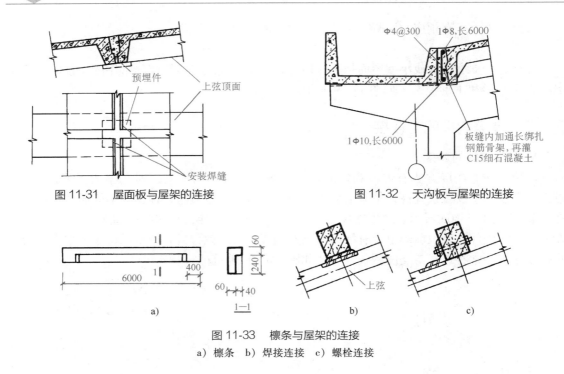

图 11-31　屋面板与屋架的连接　　　　　图 11-32　天沟板与屋架的连接

图 11-33　檩条与屋架的连接

a）檩条　b）焊接连接　c）螺栓连接

11.4 ▷ 吊车梁、连系梁与圈梁

一、吊车梁

当单层工业厂房设有桥式起重机（或梁式起重机）时，需要在柱的牛腿处设置吊车梁，吊车梁上铺设轨道，起重机在轨道上运行。吊车梁是单层工业厂房的重要承重构件之一。

1. 吊车梁的类型

吊车梁按材料不同有钢筋混凝土吊车梁和钢吊车梁两种形式，常采用钢筋混凝土吊车梁。钢筋混凝土吊车梁按截面形式不同有等截面吊车梁和变截面吊车梁，如图 11-34、图 11-35 所示。

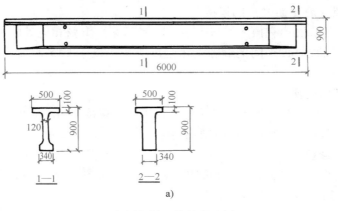

图 11-34　等截面吊车梁

a）T 形梁

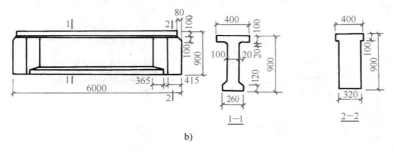

b)

图 11-34　等截面吊车梁（续）

b）工字形梁

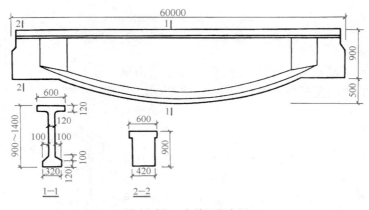

图 11-35　变截面吊车梁

2. 吊车梁与柱的连接

吊车梁的上翼缘与柱之间用角钢或钢板连接，吊车梁下部在安装前应焊上一块钢垫板，并与柱牛腿上的预埋钢板焊牢，吊车梁与柱的空隙以 C20 混凝土填实，如图 11-36 所示。

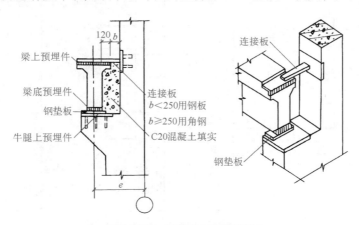

图 11-36　吊车梁与柱的连接

3. 起重机轨道的固定

吊车梁上的钢轨可采用铁路钢轨或起重机专用钢轨。吊车梁的翼缘上留有安装孔，安装前先用 C20 混凝土垫层找平，然后铺设钢垫板或压板，再用螺栓固定，如图 11-37 所示。

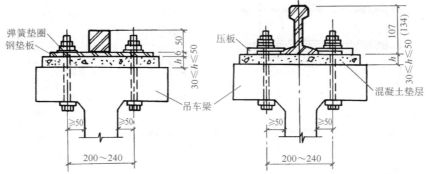

图 11-37 起重机轨道的固定

4. 车挡的固定

为防止吊车在行驶过程中来不及制动而冲撞到山墙上，应在吊车梁的尽端设车挡装置，如图 11-38 所示。

二、连系梁

连系梁是柱与柱之间在纵向的水平连系构件，其作用是加强厂房的纵向刚度，传递山墙传来的风荷载，它有设在墙内和不在墙内两种形式，其截面形式有矩形和 L 形。

连系梁与柱的连接，可以采用焊接或螺栓连接，具体做法如图 11-39 所示。

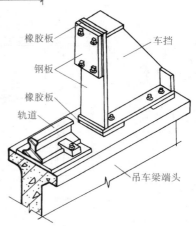

图 11-38 车挡

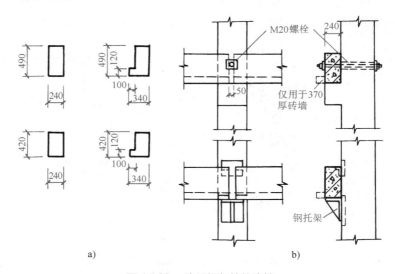

a) b)

图 11-39 连系梁与柱的连接

a) 连系梁截面形式及尺寸 b) 连系梁与柱的连接

三、圈梁

圈梁是连续、封闭、在同一标高上设置的梁，作用是将砌体同厂房排架柱、抗风柱连在一起，加强厂房的整体刚度及墙的稳定性。圈梁应设在墙内，位置通常设在柱顶、吊车梁、窗过梁等处。其断面高度应不小于 180mm，配筋中的主筋为 4 φ 12，箍筋为 φ 6，间距为 200mm。圈梁应与柱伸出的预埋筋连接起来，如图 11-40 所示。

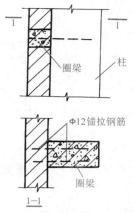

图 11-40　圈梁与柱的连接

11.5 ▶ 支 撑 系 统

单层工业厂房结构中，支撑虽然不是主要的承重构件，但它能够保证厂房结构和构件的承载能力、稳定性和刚度，并有传递部分水平荷载的作用。

支撑有屋盖支撑和柱间支撑两大部分。

（1）屋盖支撑　屋盖支撑能保证屋架上下弦杆件受力后的稳定，它包括横向水平支撑（上弦或下弦横向水平支撑）、纵向水平支撑（上弦或下弦纵向水平支撑）、垂直支撑和纵向水平系杆等，如图 11-41 所示。

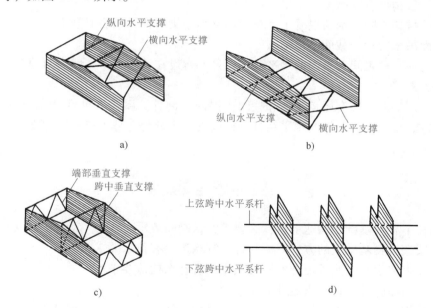

图 11-41　屋盖支撑

a）横向水平支撑（上弦）　b）纵向水平支撑（下弦）　c）垂直支撑　d）纵向水平系杆

（2）柱间支撑　柱间支撑能提高厂房的纵向刚度和稳定性，按吊车梁位置分为上部支撑和下部支撑两种形式，如图 11-42 所示。

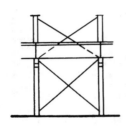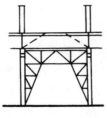

图 11-42　柱间支撑

　　柱间支撑一般采用型钢制作，支撑形式宜采用交叉式，其斜杆与水平面的交角不宜大于 55°。

小　　结

　　单层工业厂房的基础有锥台形基础、薄壳基础、板肋基础等。

　　排架柱按材料不同分为砖柱、钢筋混凝土柱、钢柱等。其中，钢筋混凝土排架柱又可分为单肢柱和双肢柱两大类。

　　目前，单层工业厂房屋盖结构的形式可分为有檩体系和无檩体系两种。

　　屋盖的承重构件有屋面梁、屋架、托架。

　　吊车梁按材料不同有钢筋混凝土吊车梁和钢吊车梁两种，钢筋混凝土吊车梁按截面形式不同有等截面吊车梁和变截面吊车梁。

　　连系梁是柱与柱之间在纵向的水平连系构件，有设在墙内和不在墙内两种形式，其截面形式有矩形和 L 形。

　　单层工业厂房的支撑有屋盖支撑和柱间支撑两大部分。屋盖支撑可分为横向水平支撑、纵向水平支撑、垂直支撑和纵向水平系杆。柱间支撑可分为上部支撑和下部支撑。

复习思考题

　　1. 预制柱下杯形基础在构造上有什么要求？试画图表示。

　　2. 基础梁搁置在基础上的方式有哪几种？其构造上有什么要求？

　　3. 一般柱上要设置哪些预埋件？实腹式牛腿有什么构造要求？

　　4. 抗风柱与屋架的连接应满足什么要求？

　　5. 屋盖结构是由哪两部分组成的？一般有哪两大体系？各有什么优缺点？

　　6. 吊车梁的类型有哪些？各部分的连接构造是什么？车挡的作用是什么？

　　7. 什么是连系梁、圈梁？各有什么作用？

　　8. 单层工业厂房的支撑包括哪两大部分？各部分又由哪些部分组成？

单元十二
单层工业厂房的围护构件

知识目标

1. 了解单层工业厂房外墙和屋面的一般构造。
2. 掌握侧窗、大门和天窗的组成及通用构造。
3. 了解单层工业厂房的屋面排水方式和构造。
4. 了解单层工业厂房的地面构造组成。
5. 了解钢梯的类型。

能力目标

1. 能识读单层工业厂房各围护构件构造图。
2. 能准确判断侧窗和大门的类型。

12.1 ❥ 外　　墙

　　单层工业厂房的外墙按承重方式不同分为承重墙、承自重墙和框架墙。承重墙一般用于中小型厂房，其构造与民用建筑构造相似。当厂房跨度和高度较大，或厂房内起重运输设备吨位较大时，通常由钢筋混凝土排架柱来承受屋盖和起重运输荷载，外墙只承受自重，起围护作用，这种墙称为承自重墙。某些高大厂房的上部墙体及厂房高低跨交接处的墙体，往往砌筑在墙梁上，墙梁架空支承在排架柱上，这种墙称为框架墙。承自重墙与框架墙是厂房外墙的主要形式。根据墙体材料不同，厂房外墙又可分为砖及砌块墙、板材墙、轻质板材墙和开敞式外墙。

一、砖及砌块墙

　　砖及砌块墙是指用烧结普通砖、烧结多孔砖、蒸压灰砂砖、混凝土砌块和轻集料混凝土砌块砌筑的墙。

（一）墙与柱的相对位置

墙与柱的相对位置一般有三种：

1）将墙砌筑在柱子外侧，如图 12-1a 所示。这种方案构造简单、施工方便、热工性能好，基础梁和连系梁便于标准化，因此被广泛采用。

2）将墙部分嵌入在排架柱中，如图 12-1b 所示。这种方案能增加柱列的刚度；但施工较麻烦，需要部分砍砖，基础梁和连系梁等构件也随之复杂。

3）将墙设置在柱中，如图 12-1c、d 所示，这种方案能增加柱列刚度，节省用地；但不利于基础梁和连系梁的统一及标准化，热工性能差，构造复杂。

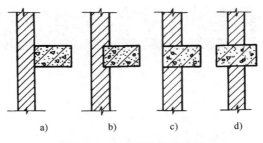

图 12-1　墙与柱的相对位置

（二）墙与柱的连接

为使墙体与柱子之间有可靠的连接，通常的做法是在柱子高度方向每隔 500mm 甩出两根 φ6 钢筋，砌筑时把钢筋砌在墙的水平灰缝里，如图 12-2 所示。

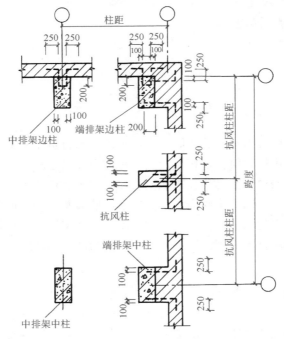

图 12-2　墙与柱的连接

（三）女儿墙与屋面板的连接

女儿墙的厚度一般为 240mm，用强度等级不低于 M5 的砂浆砌筑，并应设置构造柱，构造柱间距不宜大于 4m。为保证女儿墙的稳定性，女儿墙与屋面板之间常采用钢筋拉结等措施，如图 12-3 所示。

女儿墙的顶部都需做压顶处理，压顶宜用钢筋混凝土现浇制成，其截面常为梯形，如图 12-4 所示。

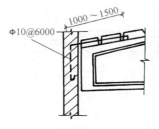

图 12-3 女儿墙与屋面板的连接

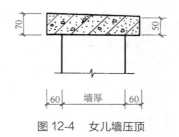

图 12-4 女儿墙压顶

二、板材墙

板材墙是我国工业建筑墙体的发展方向之一，其优点是能减轻墙体自重，改善墙体抗震性能，充分利用工业废料，加快施工速度，促进建筑业的工业化转型；但目前的板材墙还存在着热工性能差，连接尚不理想等缺点。

（一）板材墙的类型

板材墙按材料不同可分为单一材料的墙板和组合墙板两类。

1. 单一材料的墙板

（1）钢筋混凝土槽形板、空心板 其构造如图 12-5 所示，槽形板也称为肋形板，其优点是钢材和水泥的用量较少；但保温隔热性能较差，且易积灰。空心板的钢材、水泥用量较多；但双面平整，不易积灰，并有一定的保温隔热能力。

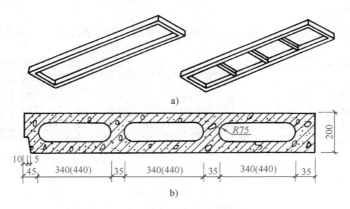

图 12-5 钢筋混凝土槽形板、空心板
a）槽形板 b）空心板

（2）配筋轻混凝土墙板 其优点是质量轻，保温隔热性能好；但有易开裂或钢筋锈蚀等缺点，故一般需加水泥砂浆等作为防水面层，如图 12-6 所示。

2. 组合墙板

组合墙板一般做成轻质高强的夹芯墙板，如图 12-7 所示。其特点是材料各尽所长，通常芯层采用高效热工材料制作，面层外壳采用承重、防腐蚀性能好的材料制作；但加工麻烦，连接复杂，板缝处热工性能差。

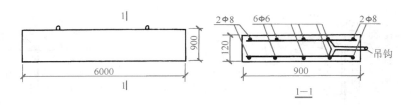

图 12-6　配筋轻混凝土墙板

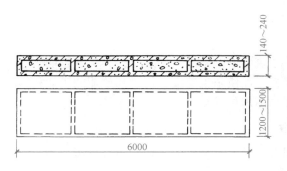

图 12-7　组合墙板

（二）板材墙的布置与构造

1. 板材墙的布置

墙板布置可分为横向布置、竖向布置和混合布置三种类型，如图 12-8 所示。

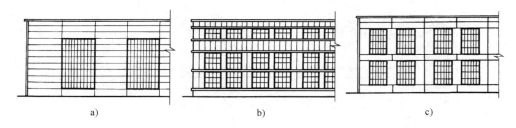

图 12-8　墙板布置
a）横向布置　b）竖向布置　c）混合布置

1）横向布置的优点是板的长度和柱距一致，可利用厂房的柱作为墙板的支承件或悬挂点；竖缝可由柱遮挡，不易渗透风雨；墙板本身可兼起门窗过梁与连系梁的作用，能增强厂房的纵向刚度；构造简单，连接可靠，板型较少，便于布置窗框板或带形窗等。其缺点是遇到穿墙孔洞时，墙板布置较复杂。

2）竖向布置的优点是布置灵活，不受柱距限制，便于做成矩形窗。其缺点是板长受侧窗高度限制，板型较多，构造复杂，易渗漏雨水等。

3）混合布置中的大部分板为横向布置，在窗间墙和特殊部位竖向布置，因此它兼有横向与竖向布置的优点，布置灵活；但板型较多，构造复杂。

2. 板材墙与柱的连接构造

横向布置墙板方式目前应用较多，下面主要介绍横向布置墙板的一般构造。横向布置墙板的板与柱的连接可采用柔性连接和刚性连接。

（1）柔性连接　这种连接方法是在大型墙板上预留安装孔，同时在柱的两侧相应位置设置预埋件，在板吊装前焊接连接角钢，并装上螺栓钩，吊装后用螺栓钩将上下两块板连接起来，如图 12-9 所示。这种连接对厂房的振动和不均匀沉降的适应性较强。

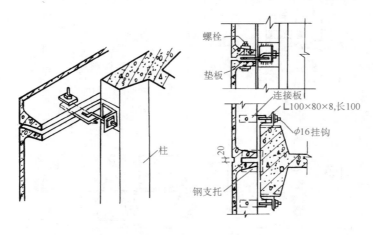

图 12-9　柔性连接

（2）刚性连接　刚性连接是用角钢直接将柱与板的预埋件焊接连接起来，如图 12-10 所示。这种方法构造简单，连接刚度大，增加了厂房的纵向刚度；但由于板柱之间缺乏相对独立的移动条件，在振动和不均匀沉降的作用下，墙体会产生裂缝，因此不适用于抗震设防烈度为 7 度以上的地震区或可能产生不均匀沉降的厂房。

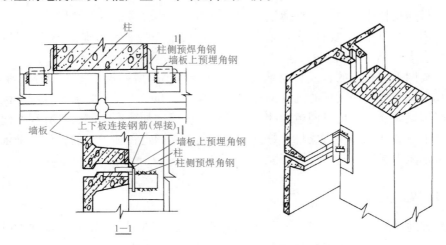

图 12-10　刚性连接

3. 板材墙板缝的处理

为了使墙板能起到防风雨、保温、隔热作用，除了板材本身要满足这些要求之外，还必须做好板缝的处理。

板缝可分为水平缝和垂直缝，水平板缝可做成平口缝、高低错口缝等；垂直板缝可做成直缝、单腔缝、双腔缝等，如图 12-11、图 12-12 所示。

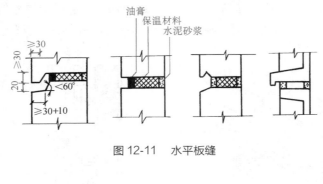

图 12-11　水平板缝

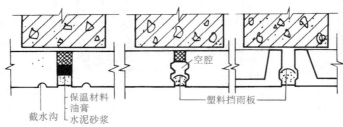

图 12-12　垂直板缝

三、轻质板材墙

轻质板材墙是指用轻质的瓦楞薄钢板、塑料墙板、铝合金板等材料做成的墙。这种墙一般起围护作用，墙身自重也由厂房骨架来承担，适用于一些不要求保温隔热的热加工车间、防爆车间和仓库建筑的外墙。

目前，我国采用较多的轻质板材墙为压型钢板墙。压型钢板是将金属板压制成波形断面，改善其力学性能，增大板的刚度，具有轻质高强、施工方便、防火、抗震等优点。压型钢板墙可根据设计要求采用不同色彩的压型钢板，既可增加防腐性能，又有利于建筑艺术的表现。压型钢板墙多是用铆钉或自攻螺钉通过金属墙梁固定在柱子上的，压型钢板之间要合理搭接，尽量减少板缝。

四、开敞式外墙

我国南方地区的热加工车间，为了获得良好的自然通风和迅速散热，常常做成开敞式或半开敞式外墙。其构造主要是挡雨遮阳板，目前常用的有钢筋混凝土挡雨板，如图 12-13、图 12-14 所示。

图 12-13　钢筋混凝土挡雨板

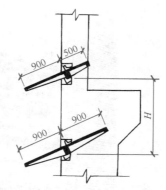

图 12-14　无支架钢筋混凝土挡雨板

12.2 ▷ 侧窗和大门

一、侧窗

单层工业厂房的侧窗不仅要满足采光和通风的要求，还应满足工艺上的泄压、保温、防尘等要求。由于侧窗面积较大，处理不当容易产生变形损坏和开关不便，因此侧窗的构造还应满足坚固耐久、开关方便、节省材料及降低造价的要求。通常厂房采用单层窗，但在寒冷地区或有特殊要求的车间应采用双层窗。

（一）侧窗的类型

侧窗按开启方式分为平开窗、中悬窗、固定窗、立转窗、上悬窗等。

（1）平开窗　具有构造简单、开关方便、通风效果好的优点，可做成双层窗，多用于外墙下部作为通风的进气口。

（2）中悬窗　窗扇沿水平轴转动，开启角度可达 80°，有利于泄压，并便于开关，常用于外墙上部。中悬窗构造复杂，开关扇周边的缝隙易漏雨且不利于保温。

（3）固定窗　构造简单，节省材料，多设在外墙中部，主要用于采光。对有防尘要求的车间，其侧窗多做成固定窗。

（4）立转窗　窗扇沿垂直轴转动，并可根据不同的风向调节开启角度，通风效果好，多用于热加工车间的外墙下部作为进风口。

（5）上悬窗　一般向外开启，防雨性能好；但启闭不如中悬窗轻便，并且开启角度较小，通风效果较差，常用于厂房上部作为高侧窗。

根据厂房的通风需要，厂房外墙的侧窗一般是将中悬窗、固定窗、平开窗等组合在一起，如图 12-15 所示。

（二）侧窗的构造

（1）空腹式钢侧窗　具有坚固、耐久、挡光少、易于批量生产等优点；但维护费用高、易锈蚀，其构造如图 12-16 所示。

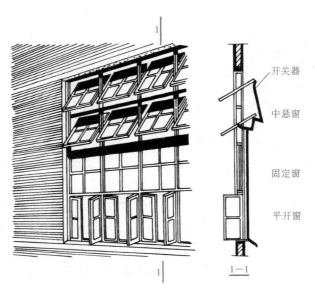

图 12-15　侧窗组合示例

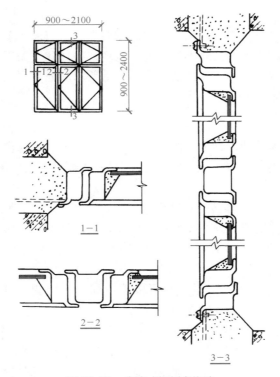

图 12-16　空腹式钢侧窗构造

（2）木开扇钢筋混凝土窗　具有可开启、坚固、耐久、造价低等优点；但不美观、挡光，其构造如图 12-17 所示。

（3）铝合金窗　具有美观、耐久、密封性好等优点；但造价较高、热工性能差，其构造见单元六。

（4）塑钢窗　具有美观、耐久、耐腐蚀、防火性能好等优点；但造价高，其构造见单元六。

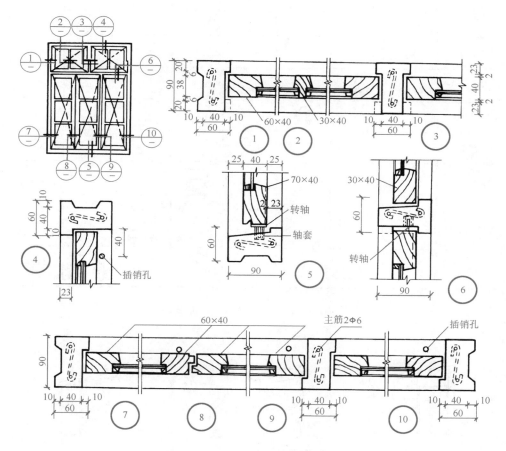

图 12-17　木开扇钢筋混凝土窗构造

二、大门

厂房大门主要用于生产运输和人流通行，因此大门的尺寸应根据运输工具的类型、运输货物的外形尺寸及通行方便等因素确定。一般大门的尺寸应比装满货物时的车辆宽出 600～1000mm，高出 400～600mm。常用厂房大门的规格如图 12-18 所示。

（一）大门的类型

厂房大门按使用材料分为木大门、钢木大门、钢板门、塑钢门等；按用途可分为一般大门和特殊大门（特殊大门是根据厂房的特殊要求设计的，有保温门、防火门、冷藏库门、射线防护门、烘干室门、隔声门等）；按开启方式分为平开门、折叠门、推拉门、上翻门、升降门、卷帘门等，如图 12-19 所示。

（1）平开门　构造简单，开启方便，为便于疏散和节省车间使用面积，平开门通常向外开启，但须设置雨篷，以保护门扇和方便出入。其缺点是受力状态较差，易产生下垂或扭曲变形。

运输工具	门洞口宽/mm							门洞口高/mm
	2100	2100	3000	3300	3600	3900	4200 (4500)	
3t矿车	🚃							2100
蓄电池车		🚲						2400
轻型卡车			🚗					2700
中型卡车				🚗				3000
重型卡车					🚚			3900
轮式起重机						🚛		4200
火车							🚂	5100 5400

图 12-18　常用厂房大门的规格

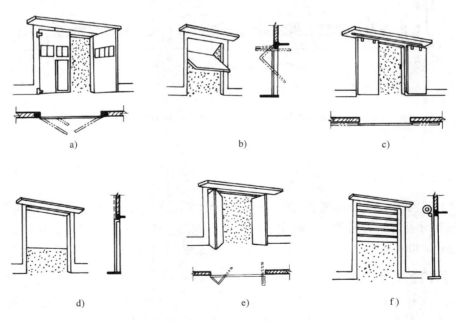

图 12-19　大门开启方式

a）平开门　b）上翻门　c）推拉门　d）升降门　e）折叠门　f）卷帘门

（2）折叠门　折叠门是由几个较窄的门扇通过铰链组合而成的，开启时通过门扇上下方的滑轮沿导轨左右移动并折叠在一起。这种门占用空间较少，适用于较大的门洞口。

（3）推拉门　门的开关是通过滑轮沿着导轨向左右推拉的，门扇受力状态较好，构造简单，不易变形；但密闭性较差，故不宜用于密闭要求高的车间。

（4）上翻门　开启时门扇随水平轴沿导轨上翻至门顶过梁下面，不占使用空间。这种门可避免门扇的碰损，多用于车库大门。

（5）升降门　升降门开启时门扇沿导轨向上升，门洞较高时可沿水平方向将门扇分为数段。其开启时不占使用空间，只需在门洞上部留有足够的上升高度，开启宜采用电动力，适用于较高大的大型厂房。

（6）卷帘门　门扇是由许多经冲压成型的金属叶片连接而成的，开启时通过门洞上部的转动轴将叶片卷起。卷帘门有手动和电动两种形式。卷帘门密闭性好；但制作复杂、造价较高，适用于非频繁开启的高大门洞。

（二）大门构造

（1）平开钢木大门　平开钢木大门（图 12-20）由门扇和门框组成。门扇采用焊接型钢骨架，上贴 15mm 厚的木门芯板；寒冷地区要求保温的大门，可采用双层木板，中间填保温材料。大门门框一般采用钢筋混凝土制作，在安装铰链处设置预埋件，一般每个门扇设两个铰链，铰链焊接在预埋件上。

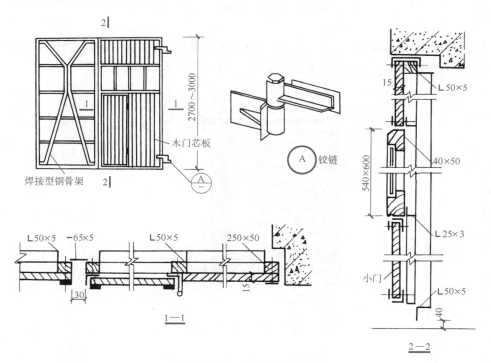

图 12-20　平开钢木大门

（2）推拉门　由门扇、上导轨、滑轨、导饼和门框组成，门扇可采用钢板门或空腹式薄壁钢板门等，门框一般由钢筋混凝土制作，如图 12-21 所示。

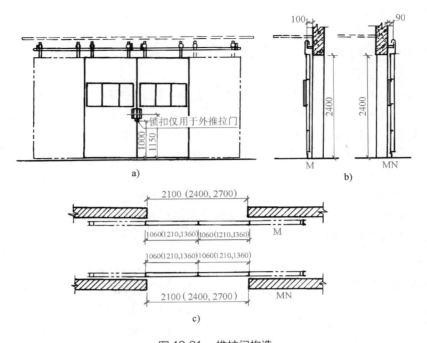

图 12-21 推拉门构造
a）推拉门立面图　b）推拉门剖面图　c）推拉门平面图

（3）卷帘门　由卷帘板、导轨、卷筒和开关装置等组成。其门扇为 1.5mm 厚的钢帘板，钢帘板之间用铆钉连接。门框一般由钢筋混凝土制作，如图 12-22 所示。

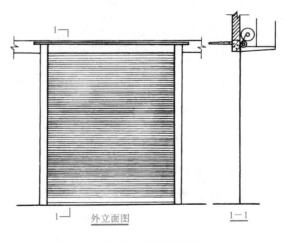

图 12-22 卷帘门构造

（4）推拉折叠门　由门扇、上轨道、滑轮、吊挂铰链、下轨道、导向铰链、门铰和门框组成，门扇一般为钢板门，门框一般由钢筋混凝土制作，如图 12-23 所示。

（5）上翻门　由门扇、平衡锤、滑轮、导轨、导向滑轮及门框等组成，门扇采用钢板、空腹式薄壁钢板及钢木材料制作，门框由钢筋混凝土制作，如图 12-24 所示。

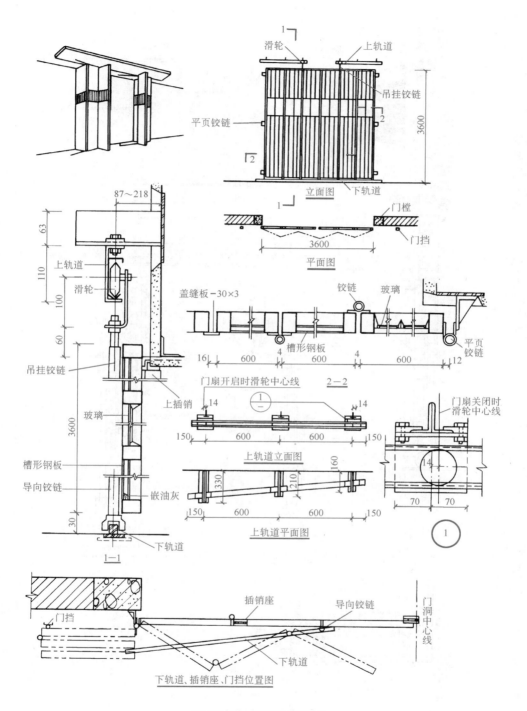

图 12-23　推拉折叠门构造

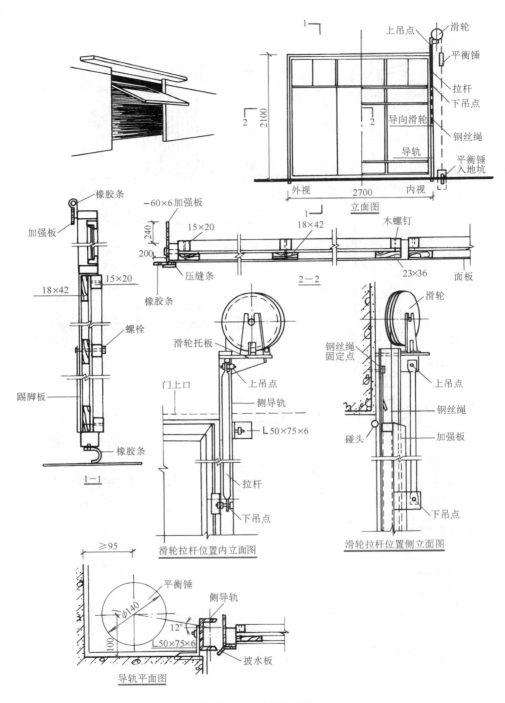

图 12-24　上翻门构造

12.3 ▷ 屋　　面

单层工业厂房屋面与民用建筑屋面的构造基本相同，但也存在一定的差异：一方面是厂房屋面面积较大，质量较大；另一方面是厂房屋面直接受厂房内部的振动、高温、腐蚀性气体、积灰等因素的影响，因此排水、防水构造更复杂，造价也比较高。

一、屋面排水

（一）排水方式

屋面排水方式有两种：有组织排水和无组织排水。

有组织排水是将屋面雨水有组织地汇集到天沟或檐沟，再经雨水斗、雨水管排到室外或下水道。有组织排水通常分为外排水、内排水和内落外排水。

1）外排水如图 12-25a 所示，适用于厂房较高或地区降雨量较大的南方地区。

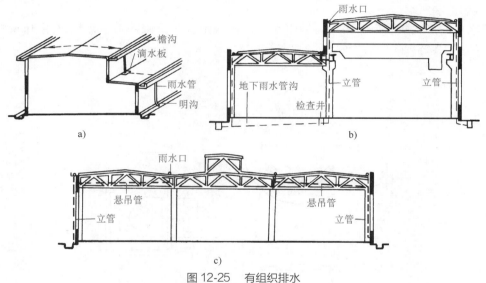

图 12-25　有组织排水

a）外排水　b）内排水　c）内落外排水

2）内排水如图 12-25b 所示，适用于多跨厂房或严寒多雪的北方地区。

3）内落外排水如图 12-25c 所示，适用于多跨厂房或地下管线铺设复杂的厂房。

无组织排水也称为自由落水，是指雨水直接由屋面经檐口自由排落到散水上或明沟内，适用于高度较低或屋面积灰较多的厂房，如图 12-26 所示。

（二）排水装置

1. 天沟（或檐沟）

天沟有钢筋混凝土槽形天沟和直接在钢筋混凝土屋面板上做成的"自然天沟"两种形式，如图 12-27 所示。

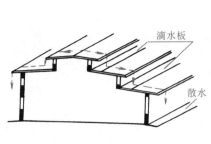

图 12-26 无组织排水

图 12-27 自然天沟示意

为使天沟内的雨水、雪水顺利流向低处的雨水斗，沟底应分段设置坡度，一般为 0.5%～1%，最大不宜超过 2%，一般用焦渣混凝土垫坡，然后再用水泥砂浆抹面。槽形天沟的分水线与沟壁顶面的高差应≥50mm，以防雨水出槽而导致渗漏。

2. 雨水斗

雨水斗的形式较多，常采用铸铁雨水斗，铸铁雨水斗及铸铁雨水盘均可用 3mm 厚钢板制成，如图 12-28 所示。

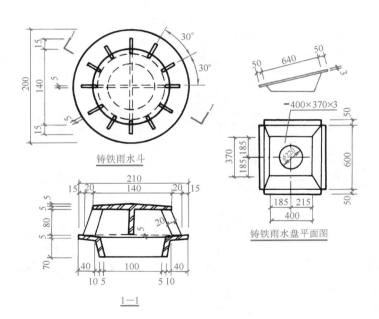

图 12-28 铸铁雨水斗及铸铁雨水盘

3. 雨水管

在工业厂房中一般采用铸铁雨水管，当环境对金属有腐蚀时可采用塑料雨水管，铸铁雨水管的管径常选用 $\phi100mm$、$\phi150mm$、$\phi200mm$，如图 12-29 所示。

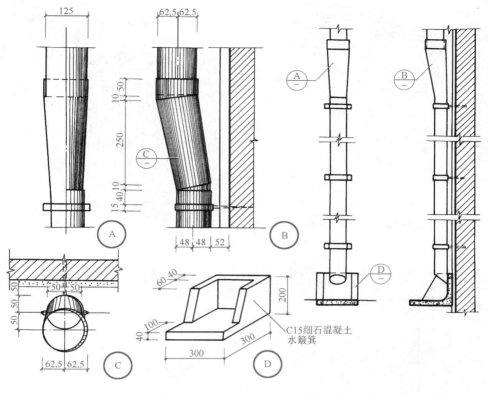

图 12-29　雨水管

二、屋面防水

（一）卷材防水

目前，应用较多的工业厂房屋面防水卷材为三元乙丙橡胶卷材和 APP 改性沥青防水卷材，屋面可做成保温和非保温两种形式。卷材防水屋面的构造原则和做法与民用建筑基本相同，下面仅介绍几个特殊部位的防水构造。

（1）挑檐构造　一般采用带挑檐的屋面板，并将板支承在屋架端部伸出的挑梁上。挑檐一般用于无组织排水，如图 12-30 所示。

（2）槽形天沟板外排水构造　将槽形天沟板支承在钢筋混凝土屋架端部挑出的水平挑梁上，适用于有组织外排水，如图 12-31 所示。

（3）边天沟构造　包括直接采用槽形天沟板做天沟以及去掉保温层在屋面板上直接做天沟两种形式，雨水管穿透大型屋面板，从室内穿下排走，适用于有组织内排水，如图 12-32 所示。

（4）中间天沟构造　在等高多跨厂房的两坡屋面之间，可以采用两块槽形板做天沟或去掉屋面板上的保温层形成内天沟，适用于中间天沟排水，如图 12-33 所示。

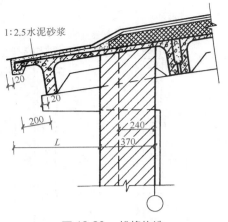

图 12-30 挑檐构造

注：L 根据屋面坡度及屋架跨度取值。

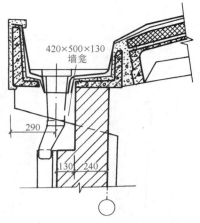

图 12-31 槽形天沟板外排水构造

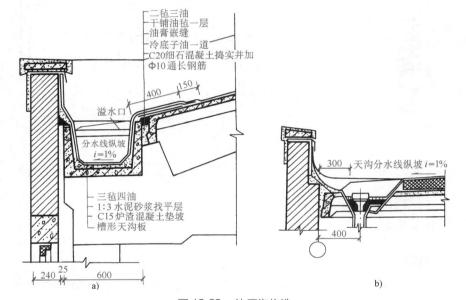

图 12-32 边天沟构造

a）槽形天沟板做天沟 b）在屋面板上直接做天沟

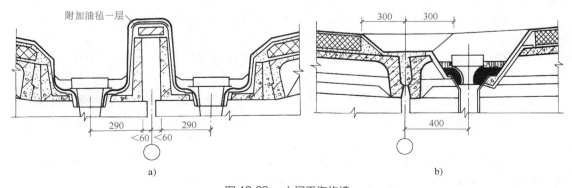

图 12-33 中间天沟构造

a）双槽形板天沟 b）在屋面板上直接做内天沟

（5）山墙及女儿墙构造 工业厂房屋面卷材防水的山墙及女儿墙构造与民用建筑的山墙及女儿墙做法基本相同，但在山墙顶部需做现浇的钢筋混凝土压顶，以利于防水和加强山墙的整体性，如图 12-34 所示。

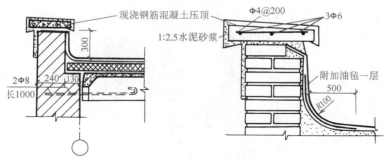

图 12-34 山墙及女儿墙构造

（6）等高跨横向变形缝构造 一般在横向变形缝处设置矮墙泛水，以免水溢入缝内，缝的上部应设置能适应变形的镀锌薄钢板盖缝或预制压顶板，如图 12-35 所示。

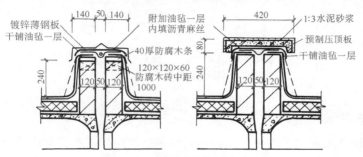

图 12-35 等高跨横向变形缝构造

（7）等高跨纵向变形缝构造 一般是利用两个槽形天沟的沟壁间隙，再配以镀锌薄钢板盖缝板或预制钢筋混凝土压顶板，如图 12-36 所示。

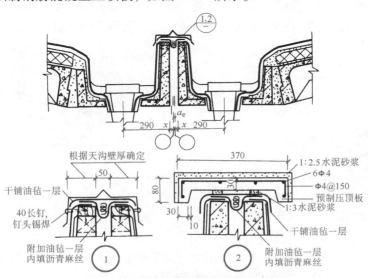

图 12-36 等高跨纵向变形缝构造

注：x 值按屋架形式、跨度确定。

（8）高低跨变形缝构造　变形缝上用预制钢筋混凝土板或镀锌薄钢板盖缝，缝内填沥青麻丝，如图 12-37 所示。

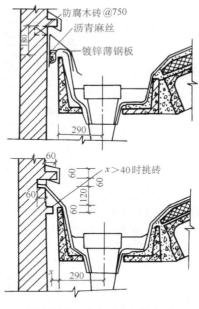

图 12-37　高低跨变形缝构造

（二）构件自防水

构件自防水屋面是利用屋面板本身的密实性和抗渗性来防水，常用的有钢筋混凝土屋面板、F 形板以及彩色涂层压型钢板屋面。

（1）钢筋混凝土屋面板　该屋面板根据板缝采用的措施不同，分为嵌缝式（图 12-38、图 12-39）和脊带式（图 12-40）。嵌缝式防水构造，是利用大型屋面作为防水构件，并在板缝内嵌灌油膏，板缝有纵缝、横缝和脊缝，嵌缝前必须将板缝清扫干净，排除水分，嵌缝油膏要饱满。脊带式防水构造是在嵌缝后再贴卷材防水层，其防水效果更佳。

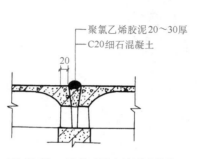

图 12-38　嵌缝式防水构造（横缝）

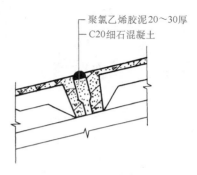

图 12-39　嵌缝式防水构造（纵缝）

（2）F 形板　该屋面是以断面呈 F 形的预应力钢筋混凝土屋面板为主，配合盖瓦和脊瓦等附件组成的构件自防水屋面。F 形板的三面设有挡水条，纵缝是由上面一块板的挑檐搭盖的，横缝和脊缝是由盖瓦、脊瓦盖缝的，如图 12-41 所示。

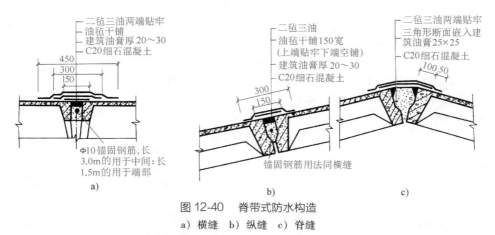

图 12-40 脊带式防水构造

a）横缝 b）纵缝 c）脊缝

注：锚固钢筋仅用于重级工作制起重机或有 3t 以上锻锤的车间。

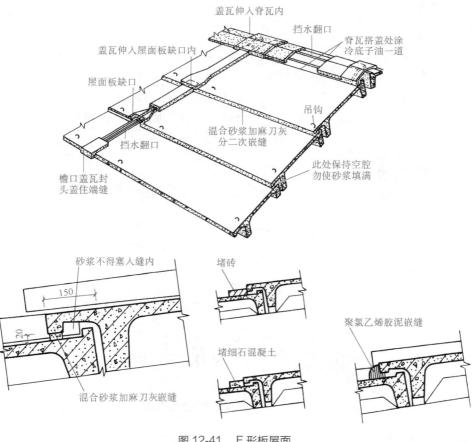

图 12-41 F 形板屋面

（3）彩色涂层压型钢板屋面 彩色涂层压型钢板具有质量轻、施工速度快、耐锈蚀、美观等特点；但造价较高、维修复杂。有保温要求的彩色涂层压型钢板屋面可分为两大类，一类为松散型组合体系，由外到内依次为外层压型钢板、玻璃棉毡、铝箔布、檩条、内层压型钢板；另一类为复合板体系，即将金属复合板直接固定在檩条上。

三、屋面的保温与隔热

单层工业厂房内部的生产工艺条件不同，保温与隔热的具体要求也不一样，有些厂房屋面要做成保温的，有些要求做成隔热的。

1. 屋面的保温

屋面保温有保温层铺在屋面板上部、保温层设在屋面板下部和保温层与承重层相结合等三种做法。

（1）保温层铺在屋面板上部　该做法与民用建筑中的保温层在屋面板上部的构造基本相同。

（2）保温层设在屋面板下部　该做法有直接喷涂保温层和吊挂保温层两种形式。

1）直接喷涂保温层是在完成屋面板吊装施工后，用喷枪把保温材料直接喷涂在屋面板的板底上，如图12-42a所示，喷涂材料可用水泥膨胀蛭石砂浆（水泥∶白灰∶蛭石粉＝1∶1.5∶8，体积比）或水泥膨胀珍珠岩砂浆〔水泥∶珍珠岩＝1∶（10~12），体积比〕，喷涂厚度为20~30mm。

2）吊挂保温层是将轻质保温材料吊挂在屋面板下部，其间可留有空气间层。所用轻质保温材料有聚苯乙烯泡沫塑料、玻璃棉毡、铝箔等，如图12-42b、c所示。

（3）保温层与承重层相结合　即把屋面板和保温层结合起来，甚至将承重、保温、防水功能三者合一，常用的有配筋加气混凝土板和夹芯钢筋混凝土屋面板（图12-43）等。

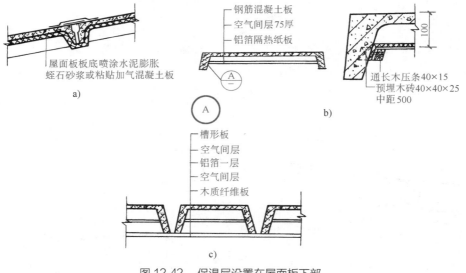

图12-42　保温层设置在屋面板下部

2. 屋面的隔热

在炎热地区的低矮厂房中，一般应做隔热处理。当厂房高度在9m以上时，可不考虑隔热，主要用加强通风来达到降温的目的；当厂房高度小于9m，或高度小于等于跨度的1/2时，宜做隔热处理，具体做法如图12-44所示。

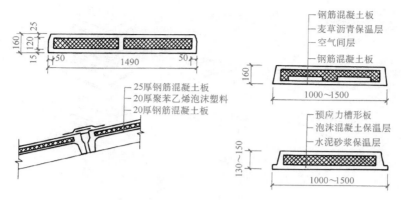

图 12-43　夹芯钢筋混凝土屋面板

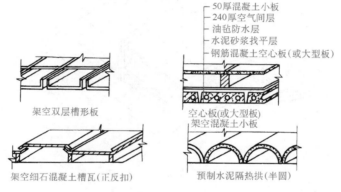

图 12-44　屋面的隔热做法

12.4 ▶ 天　　窗

微课：天窗

　　在大跨度和多跨度的单层工业厂房中，为了满足天然采光和自然通风的要求，常在厂房的屋顶设置各种类型的天窗。

　　天窗按其在屋面的位置不同分为上凸式天窗，如矩形天窗、M 形天窗、梯形天窗等；下沉式天窗，如横向下沉式天窗、纵向下沉式天窗、井式天窗等；平天窗，如采光板、采光罩、采光带等，如图 12-45 所示。

一、上凸式天窗

　　上凸式天窗是我国单层工业厂房采用较多的一种形式，尤其是矩形天窗，我国南北方均适用。下面以矩形天窗为例，介绍上凸式天窗的构造。

　　矩形天窗主要由天窗架、天窗屋面、天窗端壁、天窗侧板、天窗扇等组成，如图 12-46 所示。

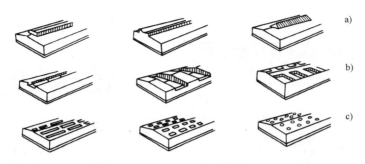

图 12-45　天窗的类型

a）上凸式天窗　b）下沉式天窗　c）平天窗

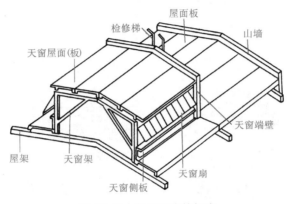

图 12-46　矩形天窗的组成

（1）天窗架　天窗架是天窗的承重构件，它支承在屋架或屋面梁上，常用的有钢筋混凝土天窗架和型钢天窗架，跨度有 6m、9m、12m，如图 12-47 所示。

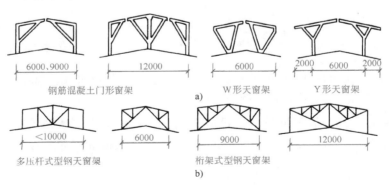

图 12-47　天窗架

a）钢筋混凝土天窗架　b）型钢天窗架

（2）天窗屋面　天窗屋面通常与厂房屋面的构造相同，由于天窗的宽度和高度一般较小，故多采用无组织排水，如图 12-48a 所示，并在天窗檐口下部的屋面上铺设滴水板；雨量多或天窗高度和宽度较大时，宜采用有组织排水，如图 12-48b、c、d 所示。

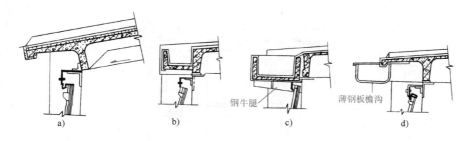

图 12-48　天窗屋面檐口

a）带挑檐的屋面板　b）带檐沟的屋面板　c）钢牛腿上铺天沟板　d）挑檐板挂薄钢板檐沟

（3）天窗端壁　天窗两端的山墙称为天窗端壁，常用预制钢筋混凝土端壁板，它不仅使天窗尽端封闭起来，同时也支承天窗上部的屋面板，如图 12-49 所示。

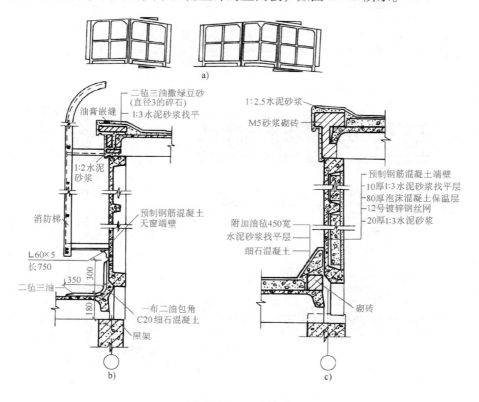

图 12-49　天窗端壁

a）天窗端壁立面　b）非保温屋面上的天窗端壁　c）保温屋面上的天窗端壁

（4）天窗侧板　天窗侧板是天窗下部的围护构件，它的主要作用是防止屋面的雨水溅入车间以及积雪挡住天窗扇影响开启，屋面至侧板顶面的高度一般应≥300mm，常有大风、大雨或多雪地区应增高至 400~600mm。侧板常采用钢筋混凝土槽形板，如图 12-50 所示。

（5）天窗扇　天窗扇多由钢材制成，按开启方式分为上悬式和中悬式，既可按一个柱距独立开启分段设置，也可按几个柱距同时开启通长设置，如图 12-51 所示。

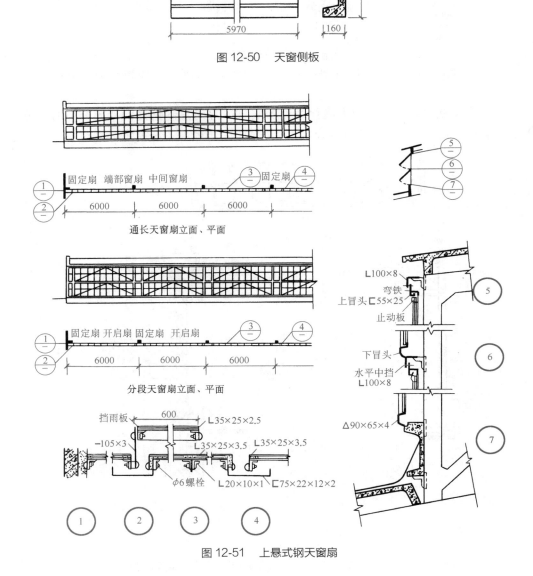

图 12-50 天窗侧板

图 12-51 上悬式钢天窗扇

二、下沉式天窗

下沉式天窗可分为横向下沉式天窗、纵向下沉式天窗和井式天窗，其构造基本上类似，下文以井式天窗为例介绍下沉式天窗的构造。

（1）井式天窗布置方式 井式天窗的布置方式有三种：单侧布置、两侧对称或错开布置、跨中布置。前两种布置方式的通风效果较好，排水、清灰容易，但采光效果较差；跨中布置通风较差，排水、清灰麻烦，但采光效果较好，如图 12-52 所示。

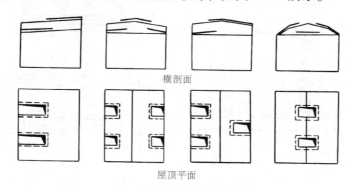

图 12-52　井式天窗的布置方式

（2）井底板铺设　井底板铺设有横向铺设和纵向铺设两种方式。横向铺设是把井底板平行于屋架摆放，铺板前应先在屋架下弦上搁置檩条，如图 12-53 所示，檩条有 T 形和槽形两种形式。纵向铺设是把井底板直接放在屋架下弦上，可省去檩条，增加天窗垂直方向的净空高度，纵向铺设时的井底板常采用出肋板或卡口板，如图 12-54 所示。

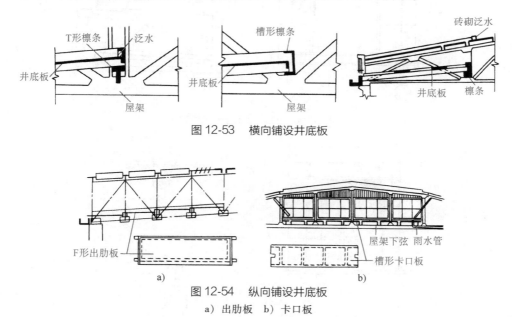

图 12-53　横向铺设井底板

图 12-54　纵向铺设井底板

a）出肋板　b）卡口板

（3）挡雨设施　不采暖厂房的井式天窗通常不设窗扇而做成开敞式，但应加设挡雨设施，常用的施工方法有设空格板、挑檐板、镶边板等。

1）空格板是将大型屋面板的大部分板面去掉，仅保留纵肋和部分横向小肋及两端用作挑檐的结构，如图 12-55 所示。

2）挑檐板在井口的横向采用加长屋面板，纵向多铺一块屋面板形成挑檐，如图 12-56 所示。

3）镶边板可架设在井口的檩条上或直接搁置在屋面板纵肋的钢牛腿上，如图 12-57 所示。

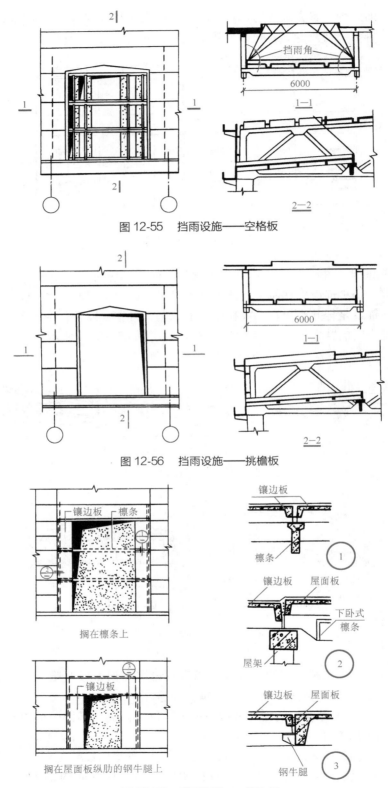

图 12-55　挡雨设施——空格板

图 12-56　挡雨设施——挑檐板

图 12-57　挡雨设施——镶边板

（4）窗扇　窗扇既可设在垂直口上，也可设在水平口上。垂直口一般设在厂房的垂直方向上，可以安装上悬窗扇或中悬窗扇，如图 12-58 所示。水平口设窗扇有两种形式，一种是设中悬窗扇，窗扇架在井口的空格板或檩条上，如图 12-59a 所示；另一种是设水平推拉窗扇，即在水平口上设导轨，窗扇两侧设滑轮，使窗扇沿导轨开闭，如图 12-59b 所示。

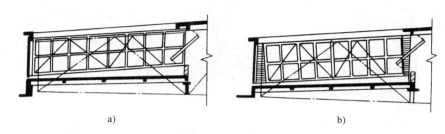

图 12-58　垂直口窗扇的设置

a）平行四边形窗扇　b）矩形窗扇

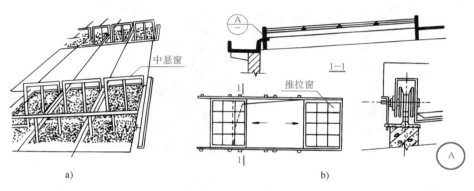

图 12-59　水平口窗扇的设置

（5）排水及泛水　井式天窗由于有上下两层屋面，既要做好排水，又要解决好井口板、井底板的泛水。

1）排水。井式天窗的排水比较复杂，其具体做法可采用无组织排水、上层屋面通长天沟排水、下层屋面通长天沟排水和双层天沟排水等，如图 12-60 所示。

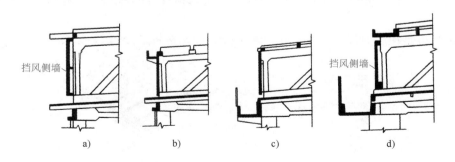

图 12-60　井式天窗的排水方式

a）无组织排水　b）上层屋面通长天沟排水　c）下层屋面通长天沟排水　d）双层天沟排水

2）泛水。井口周围应做 150～200mm 的泛水，为防止雨水流入车间，在井底板的边缘也应设泛水，高度应≥300mm，如图 12-61 所示。

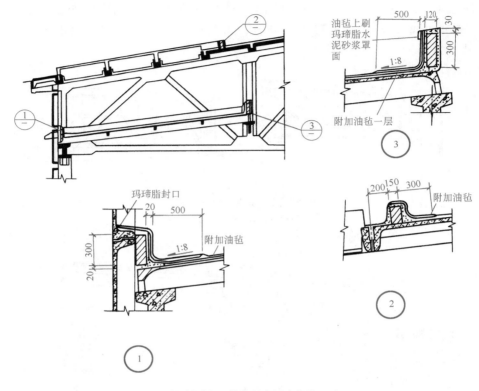

图 12-61　井式天窗泛水构造

三、平天窗

平天窗是利用屋顶水平面安设透光材料进行采光的天窗。它的优点是屋面荷载较小，构造简单，施工简便；但易造成眩光、直射，易积灰。平天窗宜采用安全玻璃（如钢化玻璃、夹丝玻璃等），但此类材料价格较高；当采用平板玻璃、磨砂玻璃、压花玻璃等非安全玻璃时，为防止玻璃破碎落下伤人，须加设安全网。平天窗可分为采光板、采光罩和采光带三种类型。

1）采光板是在屋面板上留孔，孔上装平板式透光材料，如图 12-62 所示。

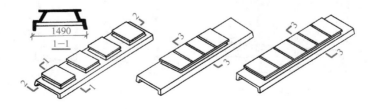

图 12-62　采光板

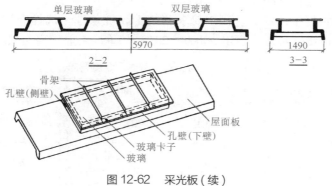

图 12-62　采光板（续）

2）采光罩是屋面板上留孔，孔上装弧形采光材料，有固定式和开启式两种样式，开启式采光罩的构造如图 12-63 所示。

3）采光带是在屋面的纵向或横向开设 6m 以上长度的采光口，口上装平板透光材料，如图 12-64 所示。

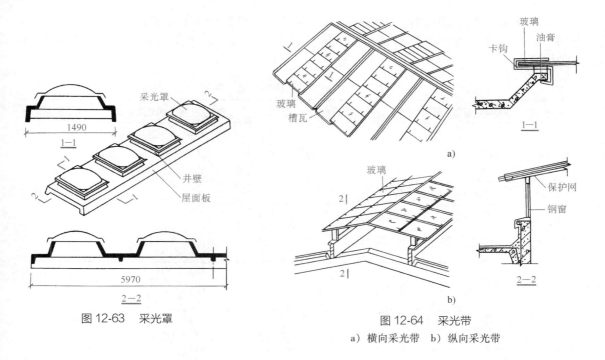

图 12-63　采光罩

图 12-64　采光带
a）横向采光带　b）纵向采光带

12.5 ◈ 地面及其他构造

一、地面

单层工业厂房地面的基本构造一般为面层、垫层和基层。当它们不能充分满足使用要求和构造要求时，可增设其他构造层，如结合层、找平层、隔离层等。

（1）面层 应根据生产特征、使用要求和技术经济条件来选择面层，地面的种类和厚度可查阅《建筑地面设计规范》（GB 50037—2013）。单层工业厂房面层厚度要求见表12-1。

表 12-1 单层工业厂房面层厚度要求

面层	材料强度等级	厚度/mm	面层	材料强度等级	厚度/mm
混凝土（垫层兼面层）	≥C20	按垫层确定	现制水磨石	≥C20	≥30
细石混凝土	≥C20	40~60	耐磨混凝土（金属集料面层）	≥C30	50~80
聚合物水泥砂浆	≥M20	20	钢纤维混凝土	≥CF30	60
水泥砂浆	≥M15	20	防油渗混凝土	≥C30	60~70
水泥钢（铁）屑	≥M40	30~40	耐热混凝土	≥C20	≥60
水泥石屑	≥M30	30	不发火花细石混凝土	≥C20	40~50

（2）垫层 底层地面垫层材料的厚度和要求，应根据地基的土质、地下水特征、使用要求、面层类型、施工条件以及技术经济等因素综合确定。单层工业厂房垫层最小厚度见表12-2。

表 12-2 单层工业厂房垫层最小厚度

垫层	材料强度等级或配合比	厚度/mm	垫层	材料强度等级或配合比	厚度/mm
混凝土	≥C20	≥80	灰土	3：7 或 2：8（熟化石灰：黏土或粉质黏土、粉土的拌合物）	≥100
三合土	1：2：4（石灰：砂：碎料）	≥100	砂	—	≥60
炉渣	1：6（水泥：炉渣）或 1：1：6（水泥：石灰：炉渣）	≥80	砂石或碎石（砖）	—	≥100

（3）基层 基层通常采用素土夯实。

（4）结合层 单层工业厂房结合层常用厚度见表12-3。

表 12-3 单层工业厂房结合层常用厚度

面层	结合层材料	厚度/mm
大理石板、花岗石板	1：2 水泥砂浆或 1：3 干硬性水泥砂浆	20~30
水泥花砖	1：2 水泥砂浆或 1：3 干硬性水泥砂浆	20~30
陶瓷锦砖（陶瓷马赛克）	1：1 水泥砂浆	5
陶瓷地砖（防滑地砖、釉面地砖）	1：2 水泥砂浆或 1：3 干硬性水泥砂浆	10~30

（续）

面层	结合层材料	厚度/mm
块石	砂、炉渣	60
铸铁板、网纹钢板	1∶2 水泥砂浆	45
	砂、炉渣	60
花岗岩条（块）石	1∶2 水泥砂浆	15~20
	砂	60
耐酸花岗岩	沥青砂浆	20
	树脂砂浆	10~20
	聚合物水泥砂浆	10~20
耐磨混凝土（金属集料）	刷水泥浆一道（掺建筑胶，下一层为强度等级不低于 C30 的混凝土）	—
钢纤维混凝土	刷水泥浆一道（掺建筑胶，下一层为强度等级不低于 C30 的混凝土）	—
防静电水磨石、防静电水泥砂浆	防静电水泥浆一道，1∶3 防静电水泥砂浆内配导静电接地网	—
防静电塑料板、防静电橡胶板	专用胶粘剂粘贴	—

（5）找平层　找平层常用材料为 1∶3 水泥砂浆或 C15、C20 混凝土。单层工业厂房找平层厚度见表 12-4。

表 12-4　单层工业厂房找平层厚度

找平层材料	强度等级或配合比	厚度/mm
水泥砂浆	1∶3	≥15
细石混凝土	C15~C20	≥30

（6）隔离层　常用的隔离层有石油沥青油毡、防水卷材等，单层工业厂房隔离层的层数见表 12-5。

表 12-5　单层工业厂房隔离层的层数

隔离层材料	层数（或道数）
石油沥青油毡	一层或二层
防水卷材	一层
有机防水涂料	一布三胶
防水涂膜（聚氨酯类涂料）	二道或三道
防油渗胶泥玻璃纤维布	一布二胶

注：1. 石油沥青油毡单位面积质量，不应低于 350g/m²。
　　2. 防水涂膜总厚度一般为 1.5~2mm。
　　3. 防水薄膜（农用薄膜）用作隔离层时，其厚度为 0.4~0.6mm。
　　4. 用于防油渗隔离层时，可采用具有防油渗性能的防水涂膜材料。

二、其他构造

1. 坡道

厂房的室内外高差一般为150mm，为了便于各种车辆通行，在门口外侧须设置坡道。坡道的坡度常取10%～15%，宽度应比大门宽600～1000mm，如图12-65所示。

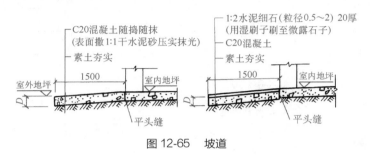

图12-65　坡道

2. 钢梯

单层工业厂房中常采用各种钢梯，如作业台钢梯、起重机钢梯、消防及屋面检修钢梯等。

（1）作业台钢梯　作业台钢梯是工人上下生产操作平台或跨越生产设备联动线的通道，其坡度一般为45°、59°、73°和90°，其构造如图12-66所示。

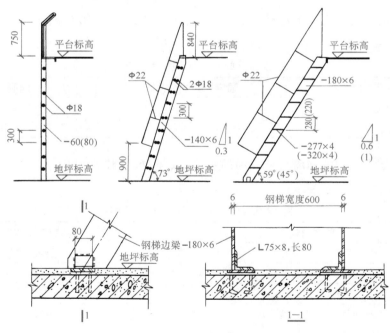

图12-66　作业台钢梯

（2）起重机钢梯　起重机钢梯是为起重机驾驶员上下起重机使用的专用梯，起重机钢梯一般为斜梯，梯段有单跑和双跑两种形式，坡度一般为51°、55°和63°，如图12-67所示。

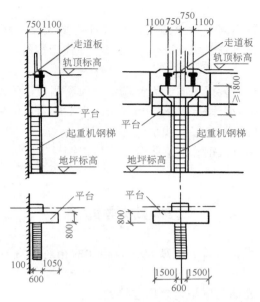

图 12-67　起重机钢梯

（3）消防及屋面检修钢梯　单层工业厂房屋顶高度大于 10m 时，应设专用梯自室外地面通至屋面，或从厂房屋面通至天窗屋面，作为消防及检修之用。消防及屋面检修作业常采用直梯（图 12-68），宽度为 600mm，它由梯段、踏步、支撑组成。

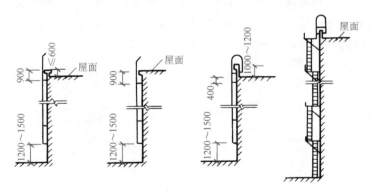

图 12-68　消防及屋面检修钢梯

小　结

厂房外墙按材料不同可分为砖及砌块墙、板材墙、轻质板材墙和开敞式外墙。
板材墙的布置方式有横向布置、竖向布置、混合布置。
厂房侧窗按开启方式分为平开窗、中悬窗、立转窗、固定窗、上悬窗等。
厂房大门按开启方式分为平开门、折叠门、推拉门、上翻门、升降门、卷帘门等。
屋面排水方式有两种：有组织排水和无组织排水。有组织排水通常分为外排水、内排水和内落外排水。

天窗按其在屋面的位置不同分为上凸式天窗（如矩形天窗、M形天窗、梯形天窗等）、下沉式天窗（如横向下沉式天窗、纵向下沉式天窗、井式天窗等）、平天窗（如采光板、采光罩、采光带等）。

矩形天窗主要由天窗架、天窗屋面、天窗端壁、天窗侧板、天窗扇等组成。

厂房地面的基本构造一般有面层、垫层和基层。当不能满足使用要求和构造要求时，可增设其他构造层，如结合层、隔离层、找平层等。

钢梯有作业台钢梯、起重机钢梯、消防及屋面检修钢梯等。

复习思考题

1. 一般厂房的外墙为承自重墙和框架墙，墙和柱的相对位置有哪几种方案？它们的优缺点是什么？

2. 墙与柱、屋架，女儿墙与屋架是怎样连接的？

3. 板材墙的分类有哪些？各有什么优缺点？

4. 横向布置墙板与柱连接的类型有哪几种？各有什么优缺点？

5. 厂房侧窗按开启方式分有哪几种？各适用于什么情况？

6. 单层工业厂房的大门洞口尺寸是如何确定的？常用的洞口尺寸有哪些？

7. 单层工业厂房屋面的排水方式有哪些？保温和隔热在构造上是怎样处理的？

8. 厂房天窗的类型有哪些？常用的矩形天窗由哪些构件组成？它们的作用是什么？

9. 厂房地面由哪些构造层次组成？它们有什么作用？

10. 厂房的钢梯有哪些类型？

单元十三

轻钢结构厂房

知识目标

1. 了解轻钢结构厂房的特点、适用范围和组成。
2. 熟悉一般轻钢结构厂房的结构形式。
3. 了解一般轻钢结构厂房的围护构件及主要节点构造。

能力目标

1. 能够描述轻钢结构厂房的特点和组成。
2. 能够识别轻钢结构厂房的主要结构形式，能描述各结构构件的名称。
3. 能够识别轻钢结构厂房的围护构件并识读懂简单的节点构造详图。

13.1 ▶ 概　述

一、轻钢结构厂房的特点及适用范围

随着我国建筑业的不断发展，钢结构具有建设速度快、用途广泛等特点，建造数量越来越多，其特有的构造形式已受到普遍关注。钢结构厂房按其承重结构的类型可分为普通钢结构厂房和轻钢结构厂房两种形式，普通钢结构厂房在构造组成上与钢筋混凝土厂房大同小异。轻钢结构是在普通钢结构的基础上发展起来的一种新型结构形式，它包括所有轻型屋面下采用的钢结构。轻钢结构厂房具有以下特点：

（1）施工速度快　轻型门式刚架厂房构造相对简单，构件加工制作工厂化，现场安装的预制装配化程度较高。

（2）自重轻　屋面、墙面采用压型钢板及冷弯薄壁型钢等材料制成，屋面、墙面的质量较轻；用于承重的门式刚架质量较轻，基础尺寸较小。

（3）绿色环保　由于钢材可以回收利用，厂房也可搬迁重复利用，因此是绿色环保建筑。

轻钢结构适用于跨度 9～36m、柱距 6～9m、柱高 4.5～12m、设有起重机但起重量较小的单层工业房屋或公共建筑（超市、车站候车室、码头建筑等）。

二、轻钢结构厂房的组成

（1）门式刚架　门式刚架一般用焊接 H 型钢（等截面或变截面）、热轧 H 型钢（等截面）作为主要承重骨架。

（2）檩条、墙梁　一般用冷弯薄壁型钢（C 型钢、Z 型钢）制作檩条、墙梁，轻钢结构厂房屋面、墙面所受荷载通过檩条、墙梁传给门式刚架。

（3）屋面、墙面　一般以压型钢板制作屋面、墙面。当需要保温时，可采用内外两层压型钢板，中间放置聚苯乙烯泡沫塑料、硬质聚氨酯泡沫塑料、岩棉、玻璃丝棉等作为保温隔热材料。在多数轻钢结构厂房中，为防止物体对墙面的碰撞，标高在 1.2m 以下的墙体一般做成砖墙。

（4）支撑、系杆　由于轻钢结构厂房纵向结构刚度较弱，需要沿厂房的纵向设置支撑、系杆，以增加纵向结构的刚度。同时，支撑、系杆还能将作用在建筑物纵向上的风、起重机、地震等荷载从其作用点传到柱基础，最后传到地基。

（5）基础　门式刚架结构的基础一般采用钢筋混凝土独立基础，刚架与基础用锚栓连接。

轻钢结构厂房的组成如图 13-1 所示。

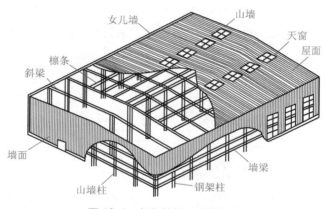

图 13-1　轻钢结构厂房的组成

13.2 ◈ 门式刚架结构

微课：门式刚架

在轻钢结构厂房中，一般采用门式刚架承重，在纵向通过设置支撑、系杆、檩条、墙梁、隅撑、拉杆等与门式刚架组成空间结构。

一、门式刚架的形式及尺寸

（一）门式刚架的形式

门式刚架的常用形式有单跨、双跨或多跨的单、双坡门式刚架（根据需要可带挑檐或毗屋）（图 13-2）。根据通风、采光的需要，采用这种刚架的厂房可设置通风口、采光带和天窗架等。

（二）门式刚架的尺寸

（1）跨度　门式刚架的跨度是指横向刚架柱轴线之间的距离。

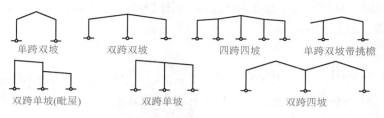

图 13-2　门式刚架的形式

（2）高度　门式刚架的高度是指地坪至柱轴线与横梁轴线交点的高度，根据使用要求的室内净高确定。无起重机时，高度一般为 4.5~9m；有起重机时，应根据轨顶标高和起重机净空要求确定，一般为 9~12m。

（3）柱距　门式刚架的柱距宜为 6m，通常为 4.5~9m。

（4）檐口高度　门式刚架的檐口高度是指地坪至房屋外侧檩条上缘的高度。

（5）最大高度　门式刚架的最大高度是指地坪至房屋顶部檩条上缘的高度。

（6）房屋宽度　门式刚架的房屋宽度是指屋两侧墙墙梁外皮之间的距离。

（7）房屋长度　门式刚架的房屋长度是指房屋两端山墙墙梁外皮之间的距离。

（8）屋面坡度　门式刚架的屋面坡度宜取 1/20~1/8，在雨水较多的地区可取较大值。

二、门式刚架的梁、柱形式

门式刚架的梁多采用焊接 H 形变截面构件，可做成 2 个、4 个或 6 个安装单元。门式刚架的柱多采用焊接 H 形变截面构件或 H 型钢，1 个柱是 1 个安装单元。安装单元内部采用焊接，安装单元和安装单元之间采用高强度螺栓连接。门式刚架的构造如图 13-3 所示。

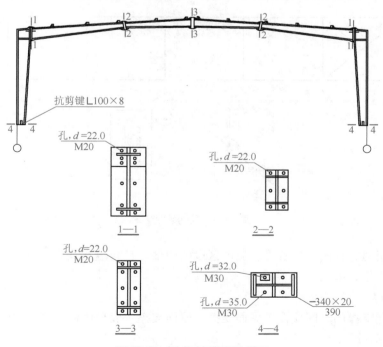

图 13-3　门式刚架的构造详图

当无起重机时，柱脚可与基础采用铰接，如图 13-4a、b 所示；当有起重机时，柱脚可与基础采用刚接，如图 13-4c、d 所示。

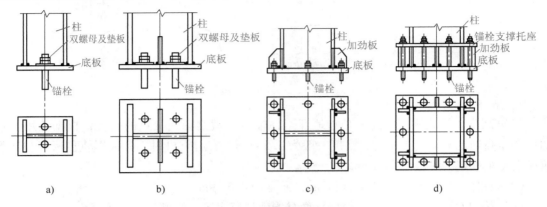

图 13-4　柱脚的铰接和刚接

a）、b）铰接　c）、d）刚接

三、支撑体系

门式刚架的支撑体系包括柱间支撑、屋面支撑和刚性系杆。

1. 柱间支撑

柱间支撑一般设在厂房两端的第一个开间中，当设在第二个开间时，应在第一个开间的相应位置增加刚性系杆。柱间支撑的间距，当无起重机时，一般为 30～45m，柱间支撑的材料一般采用带张紧装置的十字交叉圆钢支撑（柔性支撑），如图 13-5 所示。

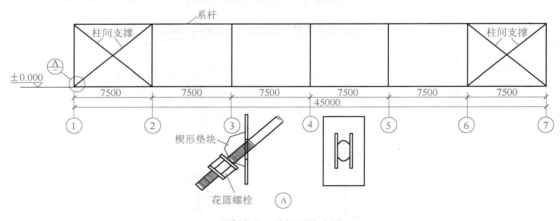

图 13-5　柱间柔性支撑

当有起重机时，柱间支撑宜设在温度区段的中部，且间距不宜大于 60m，柱间支撑材料一般采用刚性支撑，如图 13-6 所示。

2. 屋面支撑

在设置柱间支撑的开间应设置屋面支撑。屋面支撑一般采用带张紧装置的十字交叉圆钢支撑，如图 13-7 所示。

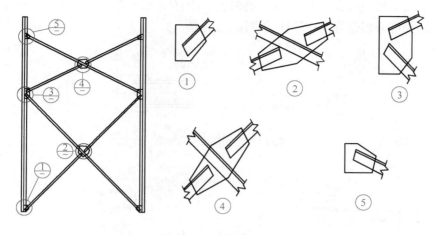

图 13-6　柱间刚性支撑

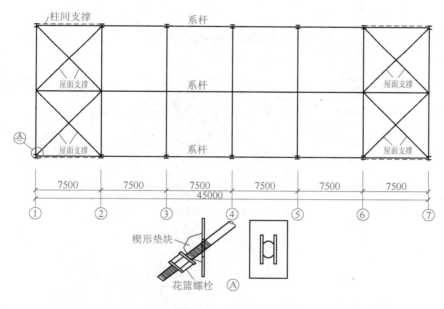

图 13-7　屋面支撑

3. 刚性系杆

在柱顶、屋脊处应沿厂房全长设置刚性系杆，刚性系杆的构造及与钢柱的连接分别如图 13-8、图 13-9 所示。

四、屋面檩条、拉杆、撑杆及隔撑

檩条一般采用 C 型和 Z 型冷弯薄壁型钢，跨度由主刚架柱的柱距确定，间距根据屋面板宽度确定。檩条通过檩托与钢架连接，如图 13-10 所示。

拉杆（图 13-11a～c）和撑杆（图 13-11d）是提高檩条侧向稳定性的重要构造措施。拉杆仅传递拉力，一般采用直径 8~16mm 的圆钢；撑杆主要承受压力，既可采用钢管、方管或角钢做成，也可采用钢管内设拉杆的做法。

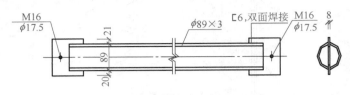

图 13-8　刚性系杆的构造

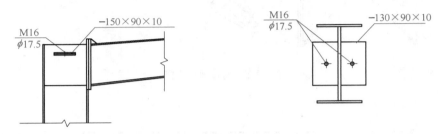

图 13-9　刚性系杆与钢柱的连接

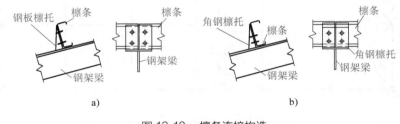

图 13-10　檩条连接构造
a）钢板檩托　b）角钢檩托

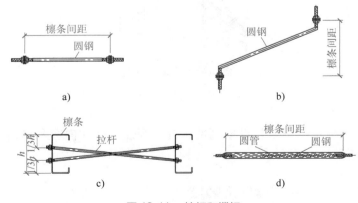

图 13-11　拉杆和撑杆
a）直拉杆　b）斜拉杆　c）剪刀拉杆　d）撑杆

当屋面坡度 $i \geqslant 1/10$ 或檩条跨度 $l > 4m$ 时，应在檩条跨中受压翼缘处设置一道拉杆

（图 13-12）；当跨度大于 6m 时，宜在檩条三分点处各设一道拉杆。

为保证钢架梁下翼缘和柱内翼缘的平面外稳定性，可在梁与檩条或柱与墙梁之间增设隔撑，如图 13-13 所示。

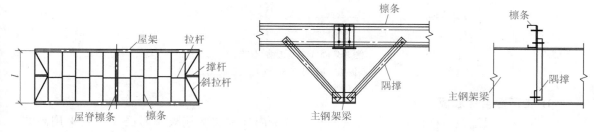

图 13-12　拉杆和撑杆的布置　　　　　　　　　　图 13-13　隔撑构造

五、墙面墙梁

墙梁一般采用 C 型和 Z 型冷弯薄壁型钢，墙梁跨度为 4~6m 时，宜在跨中设一道拉杆；当墙梁跨度大于 6m 时，宜在跨间三分点处各设一道拉杆。当墙梁单侧挂墙板时，拉杆应连接在墙梁挂墙板的一侧 1/3 处；当墙梁两侧均挂有墙板时，拉杆宜连接在墙梁重心处。墙梁的布置还应考虑门窗的位置，如图 13-14 所示。

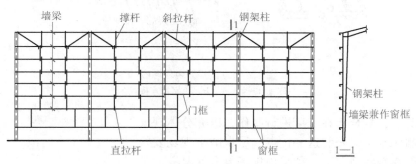

图 13-14　墙面墙梁布置

13.3 ▷ 轻钢结构厂房的围护构件及节点构造

一、围护构件的类型

轻钢结构厂房的屋面和墙面是由彩色压型钢板（又称为彩钢板或压型板）、保温隔热层组成的围护结构。

彩钢板采用热涂锌钢板或彩色涂锌钢板经辊压冷弯成各种波形，具有轻质高强、抗震、防火、施工方便、美观等优点。彩钢板很薄，包括涂层在内，厚度也仅为 0.5~0.6mm。彩钢板按波形截面可分为高波板，波高大于 75mm，宜用作屋面板；中波板，波高为 50~75mm，宜用作楼面板和中小跨度的屋面板；低波板，波高小于 50mm，宜用作墙面板，如图 13-15 所示。

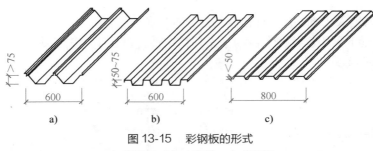

图 13-15 彩钢板的形式

a）高波板 b）中波板 c）低波板

1. 工厂复合保温板

工厂复合保温板也称为复合板或夹芯板，是由内外两层彩钢板作面层（外层采用高波彩钢板，内层采用低波彩钢板），以自熄性聚苯乙烯泡沫塑料等作芯材，通过高强度黏合剂黏合而成的板材，如图 13-16 所示。

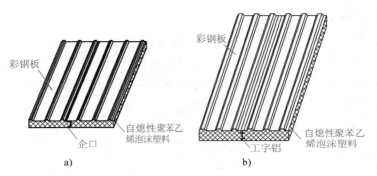

图 13-16 工厂复合保温板

a）企口插入式 b）工字铝连接式

一般情况下，复合板在工厂进行制作，以充分体现钢结构工厂制作、工地安装这一优点，尽量减少现场安装工作量。但在有些情况下，须采用现场复合保温板。

2. 现场复合保温板

现场复合保温板是以内外两层彩钢板作面层（外层采用高波彩钢板，内层采用低波彩钢板），固定在檩条（墙梁）两侧，中间填充玻璃丝棉或岩棉作保温层，如图 13-17 所示。

现场复合保温板与工厂复合保温板相比有以下特

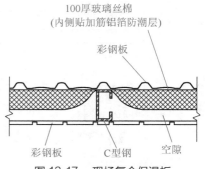

图 13-17 现场复合保温板

点：①檩条不外露，整个厂房内部显得比较整齐；②内外金属板之间存在一定的空隙，保温效果更好；③由于屋面板是在施工现场辊压冷弯成各种波形，板长不受限制，防水效果较好；④由于现场复合工作量较大，施工难度较大。

二、主要节点构造

（一）彩钢板之间的暗扣式连接

为解决屋面漏水问题，彩钢板之间的侧缝应采用暗扣式连接。这种连接方式是在施工现场将彩钢板用咬边机将其连接在一起，由于没有孔洞，因此不会漏水，如图 13-18 所示。

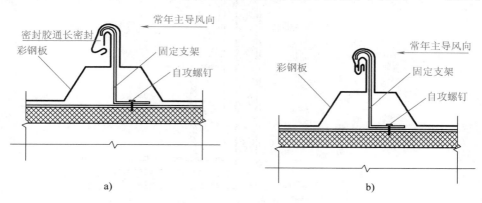

图 13-18　彩钢板暗扣式连接

a）连接前　b）连接后

（二）彩钢板和檩条的连接

彩钢板和檩条一般通过固定支架进行连接，这种固定支架用自攻螺钉固定在檩条上。这种固定支架可防止彩钢板接缝两侧的错动，又允许由于气候的影响彩钢板发生热胀冷缩时沿板长方向的移动，如图 13-19 所示。

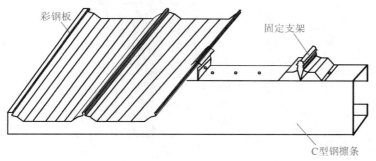

图 13-19　彩钢板和檩条的连接

（三）外墙构造

轻钢结构厂房的外墙，为防止发生碰撞，在墙底部 1.2m 高度范围内采用砖墙，1.2m 高度以上采用彩钢板。彩钢板外墙构造力求简单，施工方便，与墙梁连接可靠，转角等细部构造应有足够的搭接长度，以保证防水效果。外墙转角构造如图 13-20 所示，外墙窗包角构造如图 13-21 所示，彩钢板与外墙砖墙连接构造如图 13-22 所示，外墙雨篷构造如图 13-23 所示。

（四）屋顶构造

轻钢结构厂房彩钢板屋顶应满足防水、保温、隔热等要求。有时，需要设置平天窗解决采光问题，设置通风器满足通风要求。山墙与屋顶处连接构造如图 13-24 所示，女儿墙泛水构造如图 13-25 所示，内天沟构造如图 13-26 所示，屋脊节点构造如图 13-27 所示，屋顶采光带构造如图 13-28 所示，屋顶变形缝构造如图 13-29 所示。

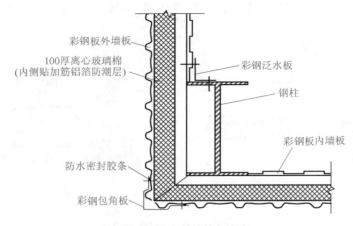

图 13-20　外墙转角构造

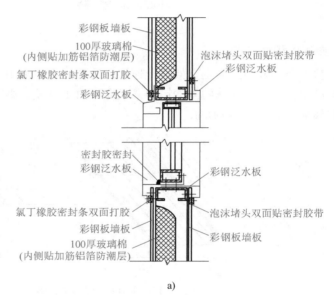

a)

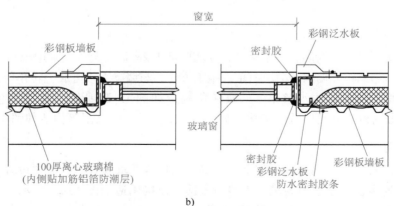

b)

图 13-21　外墙窗包角构造

a) 窗顶、窗台包角　b) 窗框包角

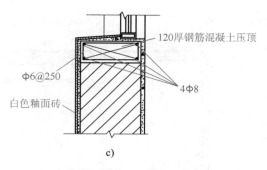

c)

图 13-21　外墙窗包角构造（续）

c）砖窗台包角

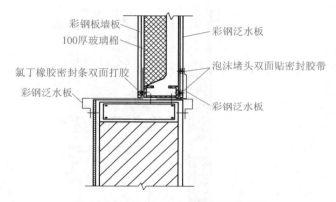

图 13-22　彩钢板与外墙砖墙连接构造

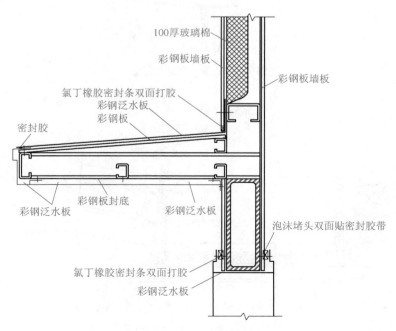

图 13-23　外墙雨篷构造

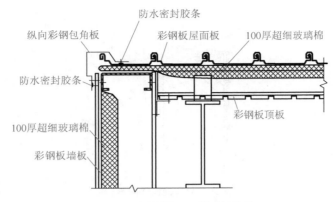

图 13-24　山墙与屋顶处连接构造

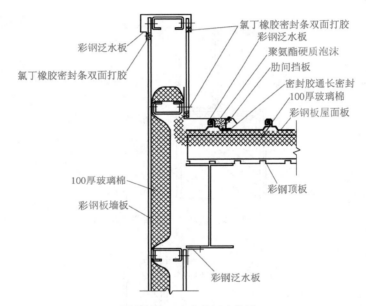

图 13-25　女儿墙泛水构造

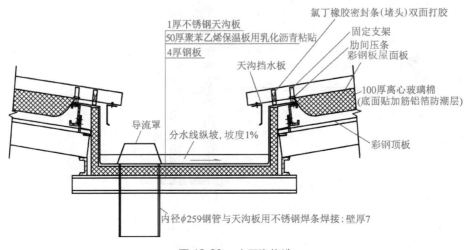

图 13-26　内天沟构造

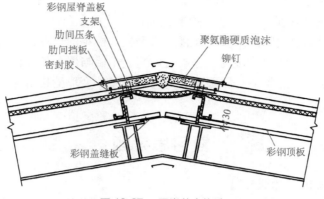

图 13-27 屋脊节点构造

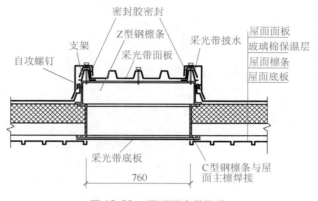

图 13-28 屋顶采光带构造

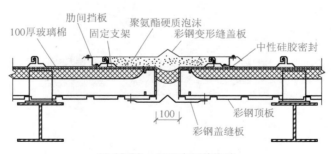

图 13-29 屋顶变形缝构造

小 结

1. 轻钢结构厂房具有施工速度快、自重轻、绿色环保等特点，其组成包括门式刚架、檩条、墙梁、屋面、墙面、支撑、系杆以及基础等部分。

2. 轻钢结构厂房的主要结构形式——门式刚架，其主要构件包括梁、柱，支撑体系，屋面檩条、拉杆、撑杆、隅撑，以及墙梁等。

3. 轻钢结构厂房的围护构件及节点构造：围护构件由彩色压型钢板、保温隔热层组成；主要节点构造包括彩钢板之间的暗扣式连接、彩钢板和檩条的连接、外墙转角构造、外墙窗包角构造、彩钢板与外墙砖墙连接构造、雨篷构造、山墙与屋顶处连接构造、女儿墙泛水构造、内天沟构造、屋脊节点构造、屋顶采光带构造和屋顶变形缝构造等。

复习思考题

1. 轻钢结构厂房由哪几部分组成？
2. 轻钢结构厂房采用哪种结构形式？此结构中包含哪些构件？
3. 轻钢结构厂房的围护构件有哪些？主要连接节点构造有哪些？

参 考 文 献

[1] 赵研. 建筑识图与构造 [M]. 3 版. 北京：中国建筑工业出版社，2014.

[2] 滕春，朱缨. 建筑识图与构造 [M]. 武汉：武汉理工大学出版社，2012.

[3] 李东锋，唐文锋，王文杰. 建筑工程制图 [M]. 北京：化学工业出版社，2014.

[4] 王文仲. 建筑识图与构造 [M]. 4 版. 北京：高等教育出版社，2018.

[5] 刘军旭，雷海涛. 建筑工程制图与识图 [M]. 2 版. 北京：高等教育出版社，2018.

[6] 王海平，呼丽丽. 建筑施工图识读 [M]. 武汉：武汉理工大学出版社，2014.

[7] 白丽红. 建筑工程制图与识图 [M]. 2 版. 北京：北京大学出版社，2014.

[8] 向欣. 建筑构造与识图 [M]. 北京：北京邮电大学出版社，2013.

[9] 张喆，武可娟. 建筑制图与识图 [M]. 北京：北京邮电大学出版社，2016.

[10] 李伟珍，张煜，曹杰. 建筑构造 [M]. 天津：天津大学出版社，2016.

[11] 李元玲. 建筑制图与识图 [M]. 2 版. 北京：北京大学出版社，2016.

[12] 郭学明. 装配式混凝土建筑构造与设计 [M]. 北京：机械工业出版社，2018.

[13] 王宝申. 装配式建筑建造基础知识 [M]. 北京：中国建筑工业出版社，2018.

[14] 杨维菊. 房屋建筑构造 [M]. 北京：中国建筑工业出版社，2017.

[15] 王万江，曾铁军. 房屋建筑学 [M]. 重庆：重庆大学出版社，2017.

[16] 肖芳. 建筑构造 [M]. 北京：北京大学出版社，2016.

[17] 聂洪达. 房屋建筑学 [M]. 北京：北京大学出版社，2016.

[18] 彭国. 房屋建筑构造 [M]. 北京：北京邮电大学出版社，2018.